"十三五"国家重点出版物出版规划项目

卓越工程能力培养与工程教育专业认证系列规划教材

（电气工程及其自动化、自动化专业）

工 程 导 论

彭熙伟　郑戍华　李怡然　柴森春　编著

王向周　主审

机 械 工 业 出 版 社

为适应现代工程和经济社会发展，工程教育认证标准对工程类专业毕业生明确提出了工程与社会、环境和可持续发展、职业规范和项目管理等非技术方面的毕业要求。因此，加强工程类专业学生的工程技术素养、职业素养、社会素养及安全、法律、伦理等方面的教育十分重要和紧迫。本书结合工程教育非技术方面的毕业要求，以工程为主线，阐述了工程与社会、环境保护与可持续发展、职业能力与职业道德、项目管理、工程安全、法律法规等非技术方面的基础知识。每章后附有阅读材料和习题与思考题。

　　本书可作为高等院校工程类专业学生工程导论课程的教材，也可作为高等院校本科生素质教育课程的教材，还可作为工程类专业的研究生、职业学校学生学习工程导论课程的参考用书。

图书在版编目（CIP）数据

工程导论/彭熙伟等编著 . —北京：机械工业出版社，2019. 12（2023.7 重印）

"十三五"国家重点出版物出版规划项目　卓越工程能力培养与工程教育专业认证系列规划教材 . 电气工程及其自动化、自动化专业

ISBN 978-7-111-64321-0

Ⅰ. ①工…　Ⅱ. ①彭…　Ⅲ. ①工程技术 – 高等学校 – 教材　Ⅳ. ①TB

中国版本图书馆 CIP 数据核字（2019）第 268873 号

机械工业出版社（北京市百万庄大街 22 号　邮政编码 100037）
策划编辑：路乙达　　　　　责任编辑：路乙达　王小东
责任校对：张　薇　张　征　封面设计：鞠　杨
责任印制：张　博
北京中科印刷有限公司印刷
2023 年 7 月第 1 版第 4 次印刷
184mm×260mm · 15 印张 · 371 千字
标准书号：ISBN 978-7-111-64321-0
定价：39. 80 元

电话服务　　　　　　　　　网络服务
客服电话：010 – 88361066　　机　工　官　网：www.cmpbook.com
　　　　　010 – 88379833　　机　工　官　博：weibo. com/cmp1952
　　　　　010 – 68326294　　金　书　网：www. golden – book. com
封底无防伪标均为盗版　　机工教育服务网：www.cmpedu.com

序

工程教育在我国高等教育中占有重要地位，高素质工程科技人才是支撑产业转型升级、实施国家重大发展战略的重要保障。当前，世界范围内新一轮科技革命和产业变革加速进行，以新技术、新业态、新产业、新模式为特点的新经济蓬勃发展，迫切需要培养、造就一大批多样化、创新型卓越工程科技人才。目前，我国高等工程教育规模世界第一。我国工科本科在校生人数约占我国本科在校生总数的1/3。近年来我国每年工科本科毕业生占世界工科本科毕业生总数的1/3以上。如何保证和提高高等工程教育质量，如何适应国家战略需求和企业需要，一直受到教育界、工程界和社会各方面的关注。多年以来，我国一直致力于提高高等教育的质量，组织实施了多项重大工程，包括卓越工程师教育培养计划（以下简称卓越计划）、工程教育专业认证和新工科建设等。

卓越计划的主要任务是探索建立高校与行业企业联合培养人才的新机制，创新工程教育人才培养模式，建设高水平工程教育教师队伍，扩大工程教育的对外开放。计划实施以来，各相关部门建立了协同育人机制。卓越计划要求试点专业要大力改革课程体系和教学形式，依据卓越计划培养标准，遵循工程的集成与创新特征，以强化工程实践能力、工程设计能力与工程创新能力为核心，重构课程体系和教学内容，加强跨专业、跨学科的复合型人才培养，着力推动基于问题的学习、基于项目的学习、基于案例的学习等多种研究性学习方法，加强学生创新能力训练，"真刀真枪"做毕业设计。卓越计划实施以来，培养了一批获得行业认可、具备很好的国际视野和创新能力、适应经济社会发展需要的各类型高质量人才，教育培养模式改革创新取得突破，教师队伍建设初见成效，为卓越计划的后续实施和最终目标达成奠定了坚实基础。各高校以卓越计划为突破口，逐渐形成各具特色的人才培养模式。

2016年6月2日，我国正式成为工程教育"华盛顿协议"第18个成员，标志着我国工程教育真正融入世界工程教育，人才培养质量开始与其他成员达到了实质等效，同时，也为以后我国参加国际工程师认证奠定了基础，为我国工程师走向世界创造了条件。专业认证把以学生为中心，以产出为导向和持续改进作为三大基本理念，与传统的内容驱动、重视投入的教育形成了鲜明对比，是一种教育范式的革新。通过专业认证，把先进的教育理念引入我国工程教育，有力地推动了我国工程教育专业教学改革，逐步引导我国高等工程教育实现从以教师为中心向以学生为中心转变、从以课程为导向向以产出为导向转变、从质量监控向持续改进转变。

在实施卓越计划和开展工程教育专业认证的过程中，许多高校的电气工程及其自动化、自动化专业结合自身的办学特色，引入先进的教育理念，在专业建设、人才培养模式、教学内容、教学方法、课程建设等方面积极开展教学改革，取得了较好的效果，建设了一大批优质课程。为了将这些优秀的教学改革经验和教学内容推广给广大高校，中国工程教育专业认证协会电子信息与电气工程类专业认证分委员会、教育部高等学校电气类专业教学指导委员会、教育部高等学校自动化类专业教学指导委员会、中国机械工业教育协会自动化学科教学委员会、中国机械工业教育协会电气工程及其自动化学科教学委员会联合组织规划了卓越工程能力培养与工程教育专业认证系列规划教材（电气工程及其自动化、自动化专业）。本套教材通过国家新闻出版广电总局的评审，入选了"十三五"国家重点出版物出版规划项目。本套教材密切联系行业和市场需求，以学生工程能力培养为主线，以教育培养优秀工程师为目标，突出学生工程理念、工程思维和工程能力的培养。本套教材在广泛吸纳相关学校在"卓越工程师教育培养计划"实施和工程教育专业认证过程中的经验和成果的基础上，针对目前同类教材存在的内容滞后、与工程脱节等问题，紧密结合工程应用和行业企业需求，突出实际工程案例，强化学生工程能力的教育培养，积极进行教材内容、结构、体系和展现形式的改革。

经过全体教材编审委员会委员和编者的努力，本套教材陆续跟读者见面了。由于时间紧迫，各校相关专业教学改革推进的程度不同，本套教材还存在许多问题，希望各位老师对本套教材多提宝贵意见，以使教材内容不断完善提高。也希望通过本套教材在高校的推广使用，促进我国高等工程教育教学质量的提高，为实现高等教育的内涵式发展积极贡献一份力量。

卓越工程能力培养与工程教育专业认证系列规划教材
（电气工程及其自动化、自动化专业）
编审委员会

前　言

现代工程具有系统性、综合性、复杂化、大规模等特征，在工程项目的规划、决策、设计、建造、运行、管理等环节中，不仅要考虑技术问题，还要考虑社会、经济、环境、健康、安全、法律、伦理等问题。因此，现代工程技术人员不仅要具备专业知识和技术能力，还要具备工程技术素养、职业素养、社会素养及工程安全、工程法律等非技术方面的素养和知识，健全知识结构，以跟上时代的发展，满足现代工程对工程人才提出的要求。

为适应现代工程的要求，进一步推进工程教育改革，工程教育认证标准对工程类专业的毕业生提出了工程与社会、环境和可持续发展、职业规范和项目管理等非技术方面的毕业要求，使工程专业人才的培养面临新的挑战。因此，迫切需要加强学生非技术方面的知识、能力和素质教育。例如，在工程实践中，要求学生能够理解工程项目的实施不仅要考虑技术可行性，还必须考虑其市场相容性，即是否符合社会、健康、安全、法律以及文化等外部制约因素的要求；必须建立环境和可持续发展的意识，能够关注、理解和评价环境保护、社会和谐，以及经济可持续、生态可持续、人类社会可持续的问题；能够理解并遵守工程职业道德和规范，履行责任；能在多学科环境下，在设计开发解决方案的过程中，运用工程管理与经济决策方法等。

本书立足于工程类专业学生的工程技术素养、职业素养、社会素养及工程安全、工程法律法规等非技术方面的教学需求，以工程为主线，注重基本素养、基本规范、基本技能的培养。全书共6章，内容包括：工程与社会、环境保护与可持续发展、职业能力与职业道德、项目管理、工程安全和法律法规。

根据本书教学内容的特点，采用专题专论的结构和形式，各专题注重基础知识的整体性和系统性，力求科学性、知识性和实用性相结合，以案例分析来增加可读性、引导性，非常适宜作为大学本科生工程导论课程的教材。

本书第1~3章由彭熙伟编写，第5章和第6章6.4节、6.5节由郑戍华编写，第4章、全书习题与思考题和插图由李怡然编写，第6章6.1~6.3节由柴森春编写。全书由彭熙伟统稿，王向周主审。

希望本书的出版有助于加强工程类专业学生非技术方面的素养教育，开阔学生的知识面和专业视野，培养出全面发展的、符合现代工程建设需要的工程科技人才。

由于作者的水平和能力有限，书中的错误、疏漏之处是难免的，恳请学界、工程界同仁和读者提出批评意见和建议。

北京理工大学

彭熙伟

目　　录

第1章 工程与社会

1.1 工程的概念、本质和特征

1.1.1 工程的概念

在人类文明的历史上，工程活动经历了一个漫长、曲折、复杂的发展历程。人类在适应自然、改造自然和利用自然资源的过程中，通过修建道路、运河以及开采矿产资源等工程活动，推动了技术进步和生产力的发展。我国自古以来就取得了很多伟大的工程成就，例如图1-1所示的都江堰水利工程。战国时期（公元前256年），秦国蜀郡太守李冰及其子率众修建的一座以无坝引水为特征的宏大水利工程——都江堰水利工程，它利用地形与水势，以鱼嘴、飞沙堰、宝瓶口三大工程，解决了泄洪、排沙两大难题。2200多年来，该大型水利工程依旧在灌溉田畴，是造福人民的伟大水利工程，被誉为"世界水利文化的鼻祖"和世界古代水利工程的典范。

图1-1 都江堰水利工程

什么是工程？《大英百科全书》将工程定义为"应用科学原理，将自然资源以优化的方式转换成结构、机器、产品、系统及工艺，以造福人类的方法"。《辞海》关于工程的定义是："将自然科学的原理应用到工农业生产部门中去而形成的各学科的总称。这些学科是应用数学、物理学、化学等基础科学原理，结合在生产实践中所积累的技术经验而发展出来的。其目的在于利用和改造自然来为人类服务，如土木工程、水利工程、冶金工程、机电工程、化学工程等。主要内容有：对工程基地的勘测、设计、施工，原材料的选择研究，设备和产品的设计制造，工艺和施工方法的研究等。"因此，工程是科学和数学的某种应用，通过这一应用，使自然界的物质和能源的特性能够通过各种结构、机器、产品、系统和过程，以最短的时间和最少的人力、物力做出高效、可靠且对人类有用的东西。工程是将自然科学的理论应用到具体工农业生产部门中形成的各学科的总称。简单一点，可以把工程理解为综合应用科学的理论和技术手段去改造客观世界的具体实践活动以及由此取得的实际成果。

1.1.2　工程领域

原始时期，人类开始制造石器工具、用火、建筑居所、迁移等，从事一些十分有限、技术水平较低的工程活动。

古代文明时期，随着生产力的进步，人类已经能够制作陶器、青铜器、铁器，出现了大型水利工程、大型建筑结构。例如古埃及雄伟的金字塔，古罗马宏大的斗兽场，中国的万里长城、南北大运河、都江堰水利工程，法国的巴黎圣母院、罗浮宫等，反映了人类工程活动中已具有越来越高的生产力水平、组织管理水平和土木建造技术以及其他相关的工程技术。

近代时期，工程领域的扩大和发展需要强大的动力，在寻求这种动力的过程中，爆发了第一次工业革命。蒸汽机的发明和使用成为工程发展中划时代的标志，它陆续导致出现了机械工程、采矿工程、纺织工程、结构工程、海洋工程等，在这期间，蒸汽机车、机器抽水、岩石机械、纺织机、钢结构桥梁、内燃机等相继出现，使人类真正进入了工业社会。

现代时期，基于电学理论而引发的电力革命使人类在19世纪末20世纪初迎来了"电气化时代"。生产力的发展更是以几何级数快速增长，标志生产力进步的工程达到了前所未有的规模和水平。远洋航道的不断开辟，四通八达的公路，地铁和隧道工程，冶金工程、飞机制造和空中运输，电子计算机的发明和使用等，越来越多的工厂建立，越来越多的城市出现，把工程扩展到越来越大的空间。现代的航天工程、原子能工程、计算机工程、海洋工程、生物工程、通信工程、新材料工程等，使工程进一步向广度和深度拓展。

现代工程的范围、领域、学科、分支、专业多样性在不断扩大，这些分支都从土木、机械、电气、化工和电子工程衍变而来，通常以大学院系、行业组织或现有组织中新部门的成立为标志。所有的工程学科都需要大量的物理知识，而化学、材料工程还需要大量的化学知识。不同学科之间相互交叉、融合、渗透而出现新兴学科，例如化学与生物学的交叉形成了生物化学工程，量子物理与计算机科学交叉形成了量子信息工程等。这些交叉学科的不断发展大大地推动了科学进步，因此学科交叉研究体现了工程科学向综合性发展的趋势。

1. 土木工程

土木工程是建造各类土地工程设施的科学技术的统称。土木工程是指为新建、改建或扩建各类工程的建筑物、构筑物和相关配套设施等所进行的勘察、规划、设计、施工、安装和维护等各项技术工作及其完成的工程实体。

古时，人类就修建了城池、运河、宫殿以及其他各种建筑物，许多著名的工程设施显示出人类在这个历史时期的创造力。例如中国的长城、都江堰、大运河、赵州桥，埃及的金字塔，希腊的巴台农神庙，罗马大斗兽场，以及其他许多著名的教堂、宫殿等。

现代土木工程取得了突飞猛进的发展，在世界各地出现了规模宏大的工业厂房、摩天大厦、核电站、高速公路和铁路、大跨桥梁、大直径管道、长隧道、大运河、大堤坝、大飞机场、大海港等。图1-2是中国的三峡工程，设计这种大型结构需要丰富的专业知识，包括土壤力学、水力学、理论力学、材料力学、结构力学、混凝土工程等科学知识和施工实践知识。

2. 机械工程

机械工程是一门涉及利用物理定律为机械系统做分析、设计、制造及维修的工程学科。机械工程是以有关的自然科学和技术科学为理论基础，结合生产实践中的技术经验，研究和

图1-2 中国的三峡工程

解决在开发、设计、制造、安装、运用和维修各种机械中的全部理论和实际问题的应用学科。涉及机械运动的任何装置（如图1-3所示），汽车、工程机械、高铁、飞机、舰船、发动机、机床、电机、工业设备、洗衣机等都需要机械工程师的专业知识。机械工程师把理论力学、材料力学、结构力学、流体力学、热力学、机械设计、机械加工、热处理等专业知识应用于各种工程问题中，包括精密加工、环境工程、流体系统、发电系统、机器人、运输与制造系统、燃烧系统等。机械工程一直在技术的推动下向前发展，以增加生产、提高劳动生产率、提高生产的经济性，降低资源消耗，发展洁净的再生能源，治理、减轻以至消除环境污染为目标来研制和发展新的机械产品。

图1-3 机械工程产品

a）起重机 b）挖掘机 c）工业机器人 d）发动机

3. 电气工程

传统的电气工程定义为用于创造产生电气与电子系统的有关学科的总和。但随着科学技术的飞速发展，21世纪的电气工程概念已经远远超出上述定义的范畴，今天的电气工程涵盖了几乎所有与电子、光子有关的工程行为。电气工程是现代科技领域中的核心学科和关键学科，正是电子技术的巨大进步才推动了以计算机网络为基础的信息时代的到来，并将改变人类的生活工作模式等。

电在当代社会中主要起两个重要作用：传递动力和信息。传递动力涉及发电机、电动机、变压器、高功率设备、太阳能、风能以及基于电力的交通系统，包括电动汽车、混合动力汽车、高铁、轨道交通等，如图1-4所示；而传递信息涉及微电子技术、电子系统、数据通信技术、计算机技术、控制器等。

电气工程师应具有物理、数学方面的基础知识以及电子电路、电磁学、信号处理、通信技术、计算机技术和控制系统等专业知识，对所涉及电的产品进行设计、开发、建设、操作和维护。

a)   b)

图1-4 高铁与风力发电
a) 高铁 b) 风力发电

4. 航空航天工程

航空航天工程学是航空工程学与航天工程学的总称，涉及航空飞行器与航天飞行器有关的工程领域。它包含航空动力学、固体力学、空气动力学、天体力学、热力学、导航、航空电子、自动控制、电机工程学、机械工程、通信工程、材料科学和制造等领域。航空工程师利用这些知识来设计和制造火箭、飞机、导弹、宇宙飞船等，如图1-5所示。航空工程师与其他领域的科学家和工程师合作，使人类探索太空成为可能，取得了一些万众瞩目的成就，包括阿波罗登月计划、国际空间站、深空探测、火星探测等。

a)   b)

图1-5 航空航天工程
a) 民航飞机 b) 火箭发射宇宙飞船

5. 计算机工程

计算机工程研究计算机的设计与制造，并利用计算机进行有关的信息表示、收发、存储、处理、控制等。计算机工程包括硬件、软件、数字通信及互联网等很多门类。计算机硬件工程师设计和制造计算机，包括嵌入式处理器（见图1-6）和微控制器、个人计算机、超级计算机等；而软件工程师则设计开发应用软件，包括操作系统、网站设计、数据库管理、人机界面、客户端应用程序设计等。

随着计算机技术和通信技术各自的进步，以及社会对于将计算机联成网络以实现资源共享的要求日益增长，计算机技术与通信技术也已紧密地结合起来，将成为社会的强大物质技术基础。

a)   b)

图1-6 嵌入式处理器

a) ARM 电路板   b) FPGA 电路板

6. 材料工程

材料工程是研究、开发、生产和应用金属材料、无机非金属材料、高分子材料和复合材料的工程领域。材料工程师能够将关于材料属性的各种知识应用到工程问题的解决方案中。在当今高科技社会中，对于所有工程活动来说，材料都至关重要。例如，航天飞船返回舱的热保护层、节能车辆的轻型复合材料、潜艇的高强度合金材料、隐形飞机的涂层材料、航空发动机材料、电能的传输材料等。图1-7 所示是两种战斗机尾喷管设计，通常战斗机尾喷管设计成圆形的，而 F–22 隐形战斗机尾喷管设计成方形的，上下最大都可偏转 20°，不仅提高了 F–22 的敏捷性，还降低了喷气系统的雷达和红外特征，提高了隐身性。但是方形尾喷管对材料提出了很高的要求。

a)   b)

图1-7 战斗机尾喷管设计

a) 圆形尾喷管战斗机   b) F–22 隐形战斗机的方形尾喷管

随着社会和科技进步，人们不仅要求性能更为优异的各类高强、高韧、耐热、耐磨、耐腐蚀的新材料，而且需要各种具有光、电、磁、声、热等特殊性能及其耦（或复）合效应的新材料，同时对材料与环境的协调性等方面的要求也日益提高。生物材料、信息材料、能源材料、智能材料及生态环境材料等将成为材料研究的重要领域。研究和解决传统材料的质量和工程问题，不断挖掘传统材料的潜力，将成为材料生产技术改造的重点。

7. 化学工程

化学工程研究化学工业和其他过程工业生产中所进行的化学过程和物理过程共同规律的一门工程学科。从实验室到工业生产特别是大规模的生产，都要解决一个装置的放大问题。生产规模扩大和经济效益提高的重要途径是装置的放大，以节省投资，降低消耗。但是，在大装置上所能达到的某些指标，通常低于小型试验结果，原因是随着装置的放大，物料的流动、传热、传质等物理过程的因素和条件发生了变化。化学工程的一个重要任务就是研究有关工程因素对过程和装置的效应，特别是在放大中的效应，以解决关于过程开发、装置设计和操作的理论和方法等问题。它以物理学、化学和数学的原理为基础，广泛应用各种实验手段，与化学工艺相配合，解决工业生产问题，包括石油产品、石油化工、塑料合成、化妆品、生物制药、食品加工等，如图 1-8 所示。

a)   b)

图 1-8 化学工程

a）石油化工厂 b）生物制药厂

8. 生物医学工程

生物医学工程主要运用工程技术手段，研究和解决生物学、医学中的有关问题，涉及生物材料、人工器官、生物医学信号处理方法、医学成像和图像处理方法等，在疾病的预防、诊断、治疗、康复等方面发挥着巨大的作用。例如，人工器官、超声波成像技术、CT、核磁共振等技术，现在已经在临床医学中广泛使用，这些改变人类生命轨迹的伟大成就来自于生物医学工程技术。

9. 农业工程

农业工程是为农业生产、农民生活服务的基本建设与工程设施的总称。农田水利建设，水土保持设施，农业动力和农业机械工程，农业环境保护工程，精准农业、农副产品的加工、储藏、运输工程，园艺工程，温室结构与工程，生物能源和水产养殖工程等都属农业工程，如图 1-9 所示。在如何提高农作物产量，如何增加粮食产量，如何提高土地利用率，如何建立高效环保的病虫害防治和耕作方法等问题上，农业工程师发挥着重要作用。

10. 其他工程

随着人类文明的进步，现代工程领域得到进一步拓展。例如，采矿和石油钻采工程、环境工程、工业工程、海洋工程、交通工程、船舶工程、核工程等，如图 1-10 所示。这些工程可以看作传统工程领域的分支或延伸。

a)　　　　　　　　　　　　　b)

图 1-9　农业工程

a）联合收割机　b）无人机植保精准农业

a)　　　　　　　　　　　　　b)

图 1-10　其他工程

a）海洋石油钻井　b）交通工程

现代工程是人们运用现代科学知识和技术手段，在社会、经济和时间等因素的限制范围内，为满足社会某种需要而创造新的物质产品的过程。工程设计方案的选择和实施，往往要受到社会、经济、技术设施、法律、公众等多种因素制约。解决现代工程技术问题，需要综合运用多种专业知识。因此，现代工程技术人员不能满足于专门知识和具体经验的纵向积累，必须广泛汲取各类知识，建成有机的知识网络，以便适应现代工程这一综合性系统的要求。

对于一个成功的工程项目来说，不但在技术上是先进的和可行的，在经济上也应当是高效益的，即要求工程方案的成本最低，效益最大。同时，必须在尽可能做到的范围内实现综合平衡。因为在工程活动中存在许多不确定的因素和相互矛盾的要求，只有进行系统的综合平衡，才能最大限度地满足社会需要，取得满意的社会效益和经济效益。

现代工程呈现自动化、智能化、信息化、动态化的发展趋势。科学技术的飞速发展，必然使现代工程出现大量新的特点，为适应这些情况的变化，工程人员必须及时掌握工程技术信息，不断提高自身的主观素养，掌握多种技术能力，健全知识结构，以跟上时代的发展，满足现代社会提出的要求。

1.1.3　工程的本质和特征

1. 工程的本质

工程是直接的生产力，工程活动是一种既包括技术要素又包括非技术要素的、以系统集成为基础的物质实践活动。也就是说，当人们调动各种成熟的技术要素和非技术要素来实现某一具体的项目，建成某一设施、某一工程系统以解决某些工程问题时，才能称之为工程。技术要素包括决策、规划、设计、建造、运行、管理等活动，技术要素构成了工程的基本内涵；非技术要素包括资源、资本、市场、环境、健康、安全、法律、伦理等，非技术要素是工程的重要内涵。技术要素和非技术要素在一起构成了工程的基本结构，如图1-11所示。

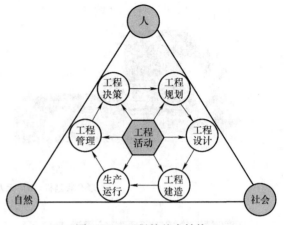

图 1-11　工程的基本结构

因此，工程的本质可以理解为工程要素与各种资源的集成整合，有以下几个层面的意义：

1）工程是一种利用各种技术手段和非技术手段，去创造和构建集成物的实践活动，因而是直接的生产力。

2）工程活动的结果是构建新的存在物，即各种各样的工程产品，工程是"造物"。

3）工程项目是通过具体的决策、规划、设计、建造、运行、管理等一系列实施过程来完成的，是一个复杂的构建过程。

4）工程不仅体现人与自然的关系，而且体现人与社会的关系。真正优秀的工程是对先进的技术要素以及资源、资本、市场、环境、健康、安全、法律、伦理等相关非技术要素的合理选择，有效地集成建造产物，这个过程实际上体现着工程集成的创新。

2. 工程的基本特征

工程科技是人类文明进步的发动机，工程活动是社会存在和发展的基础。从工程活动的基本构成和基本过程看，工程和工程活动具有建构性、实践性、集成性、创造性、系统性、复杂性和社会性和公众性等。

（1）工程的建构性和实践性

一个工程过程大体上有规划、设计、建造和使用等四个主要环节。这四个环节依次递进、动态衔接、相互渗透，并由此构成工程的过程性。在工程过程中，规划是工程的起点，包括工程目标、工程理念、工程决策、设计方法、管理制度、组织规则等方面，是一个综合的建构过程。工程设计是根据规划要求、体现工程理念，把规划变成"蓝图"的过程，是一个能动的充满创意的过程，是保证建造成功的决定性环节。建造环节就是生产环节，工程的建造就是各种物资资源配置、加工、能量转化、信息传输变换等实践过程，工程产品逐渐生成直至最终完成的过程。工程的使用阶段就是工程产品的"消费"阶段，包括运转、运行、磨损、维护、淘汰等运动过程。

因此，工程活动具有鲜明的主体建构性和直接的实践性，并且表现为建构性与实践性的高度统一。工程的建构性既是工程目标、工程理念、设计方法、管理制度等主观概念建构，又是工程建设、管理运行的物质建构过程。工程的实践性，不仅体现在工程项目的物资建设过程中，更重要的是体现在项目建成后的工程运行中。工程运行效果能反映工程建设的质量和水平。

（2）工程的集成性和创造性

工程的集成性着眼于构成工程的各种技术要素、科学要素和社会要素的集成，这是工程集成的主体部分。

技术是工程的基本要素，是直接的工程生产力。工程生产力是由劳动者、劳动资料和劳动对象三个基本要素构成，而支撑这三个基本要素的就是技术。科学理论不直接构成工程，但是科学理论转化为技术并在生产中应用，可以成为直接的工程生产力。现代工程活动涉及因素众多、系统复杂、规模宏大，工程设计与建造等各个环节所需要的知识都超出了个人的经验，都必须依据一定的科学理论，同时还要考虑到管理、组织等社会科学的制约。只有这样，才能把大量的不同性质的工程要素，集合成具有科技含量的工程集成物。没有现代宇宙学、航天医学、新材料、控制理论、信息通信和系统论等的发展，就不会有载人航天、探月工程、空间站等航天工程的发展；没有现代生物学、遗传学、生态学、生理生化学的发展，就不会有杂交水稻、转基因食品等生物工程的发展。

任何一个工程过程都是把技术要素、科学要素转化为现实生产力从而建造集成物的经济活动，是创造物资财富，实现经济发展的基本途径，因此工程集成建构的过程就是工程创造、创新的过程。工程创造、创新活动不仅是组合各种生产要素，而且是重新组合各种社会要素的过程。工程创造、创新活动是多方面的，并且贯穿于工程规划、工程理念、工程设计、工程建造、工程使用、工程管理等全过程，它是系统集成性和创造性的高度统一。

（3）工程的系统性和复杂性

工程是一个系统，系统最显著的特征是它的整体性。现代工程活动越来越具有复杂系统的特征。在工程集成建造的过程中，包含了人力、物料、设备、技术、信息、资金、土地、管理等要素，并受到自然、社会、政治、经济、文化等诸多因素的影响，形成工程与社会、自然复合的复杂系统。

工程系统是由规划、设计、建造和使用几个基本环节构成的系统整体，即使是工程过程的某一个环节，也是由许多复杂因素构成的系统整体。因此，工程本质上是一个具有复杂结构和功能的整体，工程的系统性关联着复杂性，工程的复杂性依存于工程的系统性，体现了复杂性与系统性的统一。

（4）工程的社会性和公众性

工程活动是社会主体在一定时期和一定社会环境中开展的社会实践活动。工程活动不是单纯的技术过程，还集成了众多社会因素，包括经济的、政治的、法律的、文化的各种因素。

工程活动从规划、设计、建造到使用的过程中，社会性表现为实施工程主体的社会性。我国三峡工程总工期17年，集防洪、发电和航运于一体，静态投资900多亿元，总库容393亿立方米，动迁113万人，涉及生态保护和经济社会变迁，这主要不是一个技术问题，而是一个社会问题，需要用社会知识去解决。工程建设中的征地拆迁问题，也主要不是一个技术问题，而是一个社会问题、经济问题，需要业主、施工单位在地方政府的配合下，运用经济、法律、政策等手段，兼顾各方利益，加上人文关怀，才能解决好。

工程的社会性也表现出它的公众性特点。大型工程项目一般会引发社会公众对工程质量和工程效果的关心与评论。他们会关心工程项目对自己的生活与工作环境的影响，关心工程项目的风险状况、生态环境影响、能源消耗及工程所引发的社会伦理问题等。工程项目的社会经济作用与公众所感受到的社会经济文化影响不一定一致，某些情况下，公众舆论会影响工程决策、工程建设和工程运行。

（5）工程的效益性和风险性

工程作为创造集成物的物质生产活动，为人类的存在和发展提供各种各样有价值的工程产品。工程的价值主要表现为经济价值、社会价值、生态环境价值以及文化价值、政治价值、科技价值等。

任何工程产品都有投入和产出的问题，通过投入人力、物力和财力生产出工程产品，应该以较少的投入获得较大的建造价值，工程建造活动要处理好投入与产出的关系，做到质量和效益的统一。

工程改变社会，即改变生产方式、生活方式和思维方式。工程建造活动推动生产力的发展，现代化工厂自动化水平越来越高，提高了生产效率，缩短了工作时间；高速铁路、高速公路和航空等现代化交通工程，使人们出行方便、眼界开阔；通信工程、网络工程的建设，使人们获取信息、人际交往、学习与工作等出现了新形态，拓展思维、丰富知识。

工程活动及其产品要实现人与自然、生态环境的和谐。在工程规划和决策阶段要进行生态环境影响评价，建造过程要实施生态环境保护，最后建成的工程产品必须是体现人与自然和谐的产品。例如，青藏铁路就是一个工程与生态环境协同的典型，从规划、设计、建造到使用，采取植被移植养护、修建30处野生动物通道以及进行冻土区植被恢复等一系列环境保护措施，使青藏高原水环境没有发生明显变化，生态植被和野生动物得到了有效保护。图1-12所示是青藏铁路在桥梁下方设置野生动物通道，以保障野生动物的正常生活、迁徙和繁衍。

图1-12　青藏铁路在桥梁下方设置野生动物通道

工程活动不仅是经济活动、社会活动，也与文化、政治和科技等相关。工程产品的文化内涵涉及审美、人文、科技元素、民族文化等。青藏铁路建成通车，不仅具有经济意义，还具有政治意义。高速铁路工程、载人航天工程、港珠澳大桥工程等，在建造过程中就创造出很多新技术、新工艺、新方法，并上升为科学的理论，体现突出的科技价值。

然而，在工程实践中，任何工程都隐含着各种各样的风险，风险和效益是相关联的。工程活动包括规划、决策、设计、建造、运行和维护等，诸多环节不可能完全做到科学、准确和无偏差的整合，都会面临一些不确定因素，因而都有一定的风险性。例如，经济效益总是伴随着市场风险、资金风险、环境负荷风险；社会效益则伴随着就业风险、社区和谐、劳动安全风险；生态环境效益又伴随着成本风险等。正确地认识工程风险、积极地规避风险、化解工程风险，是工程有效运行的重要条件。

1.2　工程理念、工程思维和工程方法

1.2.1　工程理念

理念是指理性的认识和观念。工程理念是从工程实践中概括出来的理性认识和观念。以来自工程实践的理念指导工程活动，表明工程活动是人类有目的、有计划、有组织、有理想的造物活动，而不是自发的活动。工程理念是人类关于为何造物和怎样造物的理念。

任何工程活动都是在一定的工程理念指导下进行的。一定的工程理念必包含一定的目的。如节能工程、人性化工程、生态环保工程、智能交通等，都是基于人的需要为目的的工程理念的体现，又是在这一工程理念指导下的工程实践。而那些高能耗、缺少人性化、破坏生态环境的工程，都是工程理念上出了错误，工程目的不正确。

一般地说，工程理念主要从指导原则和基本方向上指导工程活动，工程理念先于工程的构建和实施。因此，工程规划要以一定的工程理念为指导，一定的工程理念总要通过具体的规划体现出来。例如，为了解决我国北方地区，尤其是黄淮海流域的水资源短缺问题，形成了南水北调东线工程、中线工程和西线工程的工程规划。东线工程、中线工程已经完工并向北方地区调水；西线工程也在规划中，目的是解决我国西部的严重干旱问题。这就是实现中国水资源优化配置、促进区域协调发展格局理念下产生的结果。

工程理念不仅指导规划，而且贯穿于工程活动的全过程。对于工程活动，工程理念深刻地影响和渗透到工程活动的各个阶段、各个环节，具有根本的重要性，从根本上决定着工程的优劣和成败。

当代工程的规模越来越大、复杂程度越来越高，对社会、经济、环境、文化等方面的影响越来越大，需要全面认识和把握工程的本质和发展规律，树立新的工程理念，使人与自然、人与社会协调发展。

1.2.2　工程思维

思维方式是一定时代人们的理性认识方式，是按一定的结构、方法和程序把思维诸要素结合起来的相对稳定的思维运行样式。人的思维活动与实践活动是密切联系在一起的，依据不同的实践方式而划分出相应的思维方式和类型。例如，与工程实践、科学实践、艺术实践等不同的实践方式相对应，分别形成了工程思维、科学思维、艺术思维等不同的思维类型。

在工程活动中，从规划、决策、设计、建造、运行和维护等各个环节，都蕴含了工程思维的内容，工程思维具有以下几方面的特征。

1. 工程思维的筹划性和集成性

工程活动是以人为主体的物资生产活动，包括规划、设计、建造和使用等各个环节。工程思维的筹划性体现为：以选择和制定工程行动目标、行动计划、行动模式、行动路径以及筹谋做什么、如何做，并进行多种约束条件下的运筹为思维内容与核心，它是人类改变世界的实践智慧的集中体现和生动展示。因此，在工程思维中，如何对各种资源进行统筹协调以

找到最优的解决方案，并考虑可行性、可操作性、运筹性等问题成为工程思维活动的核心问题。例如，上海地铁一号线，在每一个站的室外出口都设计了三级台阶（如图1-13所示），这样在下雨天可以阻挡雨水倒灌，从而减轻地铁的防洪压力。

图1-13　上海地铁一号线常熟路站

此外，工程活动是在一定的经济、社会、文化、生态环境下各种技术要素与非技术要素的集成体，即把不同方面的要素、技术、资源、信息汇集在一起，使其相互渗透、相互融合、彼此作用、合为一体，在综合集成的基础上实现系统创新。因此，综合集成思维就成为工程思维最显著的特征。工程活动中的综合集成性思维还包括对多领域、多学科、跨学科的多种理论、方法与技术的综合运用、跨界集成与深度融合，在集成与融合中，涌现出前所未有的思维能力与方法。

2. 工程思维的逻辑性和非逻辑性

逻辑性思维是按照既有的规则进行的思维，运用比较、分类、分析、综合等逻辑方法，借助概念、判断、推理等思维形式，去揭示和把握认识对象的本质或规律的思维过程。非逻辑性思维是不受逻辑规则约束的思维，包括想象、直觉和灵感。

工程思维过程中首先包含着逻辑思维的内容，表现在人们常常依据科学原理进行判断、推理，进而进行思维构建。例如，桥梁工程师设计和建造桥梁的活动必须遵守桥梁结构学、风动力学等一般逻辑，根据工程需求、目标、现实条件及环境约束，利用已有的经验和知识进行判断和推理，选择并确定工程设计方案与操作蓝图，进行思维构建。这种思维构建符合逻辑规则，遵循逻辑规律，并且其正确与否最终必须由实践来检验。

同时，工程思维过程中也存在着大量的非逻辑思维，例如在工程思维中，尤其是在规划、设计过程中，经验、直觉、想象、直观、灵感、顿悟、洞察力等往往发挥着重要的作用，产生很好的思维效果。如北京奥运会标志性建筑"鸟巢"，从外形到内部结构都是设计师打破常规，充满想象力的设计，如图1-14所示。

图1-14　北京奥运会标志性建筑"鸟巢"

可以说，工程思维往往是在逻辑思维与非逻辑思维的相互交织、渗透、融合与贯通过程中实现的。此外，在工程活动中，往往存在着相互矛盾、彼此冲突的目标、要求与内容。例如经济目标与生态目标的冲突，不同利益相关者群体的利益冲突，技术维度要求与人文社会维度要求的冲突等。这就需要对各种矛盾、冲突进行调和，统筹兼顾，权衡协调，使其在工程总体目标统摄下彼此妥协，相互包容，彼此整合为一体。因此，在工程思维中，在整体上以及不同层次、界面上各种矛盾、冲突可以并应该进行合理协调、彼此妥协与包容共存，实现非逻辑的复合，这就需要采用非逻辑思维，也有学者把它称为超协调逻辑。可见，工程思维是逻辑思维与非逻辑思维相统一的思维。

3. 工程思维的科学性与艺术性

工程思维具有科学性。一方面，现代工程思维往往以科学知识为支撑，其想象、构思、计划、设计与模型建构都要有科学依据，遵循科学原理，符合科学规律，并自始至终由理性或理智主导；另一方面，科学规律为设计师和工程师的工程思维设置了工程活动中存在"不可能目标"和"不可能行为"的"严格限制"。因此，合格的设计师和工程师不会存在以违反科学规律的方法进行设计的幻想，否则工程失败就不可避免。

同时，由于思维主体的个性化与创造性品质，工程思维又表现出艺术性。现实中的每一个工程建构都有自己的独特性质与不同模式，呈现出不同的艺术特色与个性魅力。工程思维的艺术性突出地表现为工程系统的要素、结构、单元、环节、层次等在纵向、横向上存在着各种各样不同的组合、选择、集成与建构的路径、方式与方法，这就为思维主体的艺术"创作"与"运作"提供了广阔的舞台与可能空间。例如，同样是长江大桥工程，由于思维主体建构艺术上的差异，则表现出不同的工程个性与艺术魅力，如图1-15所示。科学性思维保证工程建构、运行及实施的现实性、可行性与操作性，艺术性思维则保证工程实施与建造的独特性、艺术性与审美性。正因如此，工程思维少不了艺术思维，工程造物往往被同时视为一个艺术创作的过程。1828年，英国土木工程师学会章程就把工程定义为："利用丰富的自然资源为人类造福的艺术。"1852年，美国土木工程师学会章程把工程定义为："把科学知识和经验知识运用于设计制造或完成对人类有用的建设项目、机器和材料的艺术。"可见，工程思维是科学性与艺术性兼容的思维。

a)   b)

图1-15 长江大桥

a）九江长江大桥 b）芜湖长江大桥

4. 工程思维中问题求解的唯一性

科学思维和工程思维都可以被看作是一个问题求解的过程，科学思维需要解答的是自然界某种规律的原因，而工程思维解答的是如何有效地建构一个新的存在物。两种问题求解在性质上却有很大不同，其中最根本的区别之一就是工程问题的答案是非唯一的；而科学问题的答案一般来说具有唯一性；工程思维需要考虑工程系统的所有因素，技术要素中技术路线不是唯一的；非技术要素中，各种社会经济环境因素更是因时因地不断发生变化，再加上工程思维主体（设计师、工程师、管理者等）独特的思考方式（比如工程的个性美），都决定了工程思维问题求解的非唯一性。以桥梁工程为例，不但桥梁选址问题的答案是非唯一的，而且桥梁结构、桥梁设计、桥梁材料、架桥技术、施工方案等都不可能只有唯一答案。在现代社会中，业主方之所以常常对工程项目采用招标的方法，其"前提"和"基础"就正是因为工程问题的求解具有非唯一性。

5. 工程思维的可靠性和容错性

任何工程都是具有一定程度的风险性的，世界上不可能存在没有任何风险的工程。由于客观方面存在着许多不确定性因素，再加上主观方面人的认识中必然存在一定的缺陷和盲区，这就使工程思维成为不可避免地带有风险性和不确定性的思维。

工程风险和失败来源于两个方面：外部条件方面的原因而导致的（例如发生地震导致的工程风险）；决策者、设计者、施工者的认识和思维中出现错误而导致的。一般地说，可错性是任何思维方式都不可避免的，不但工程思维具有可错性，科学思维也具有可错性，但是，人们却绝不能把这两种可错性等同视之。人们可以"允许"科学家在科学实验中几十次甚至几百次的失败，可是，政府、社会、国民决不允许长江三峡工程之类的重大工程在失败后重来。于是，工程项目在实践上"不允许失败"的要求和人的认识具有不可避免的可错性的状况就发生了尖锐的矛盾，而如何认识和解决这个矛盾就成为推动工程思维进展的一个重要动因。

工程思维必须面对可能出现的可错性和可靠性、安全性的矛盾，在工程思维、工程设计中如何将矛盾统一起来，成为推动工程思维发展的一个内部动因。工程思维应该永远把可靠性作为工程思维的一个基本要求，同时又必须永远对工程思维的可错性保持最高程度的清醒意识。

为了提高工程思维和工程活动的可靠性，设计师和工程师往往要加强对工程"容错性"问题的研究。所谓"容错性"就是指在出现了某些错误的情况和条件下仍然能够继续"正常"地工作或运行。例如，在双机容错系统中，一台机器出现问题时，另一台机器可以取而代之，从而保证系统的正常运行，这就是"容错性"在发挥作用。可以看出，"容错性"概念正是设计师和工程师在研究可靠性和可错性的对立统一关系中提出的一个新概念，而"容错性"方法也已经成为设计师和工程师为提高可靠性、对付可错性而经常采用的一个重要方法。

1.2.3 工程方法

工程是现实的、直接的生产力，工程活动的规划、决策、设计、建造过程及其结果，都是通过工程方法而实现的。工程方法的基本任务就是形成和实现"现实生产力"的途径、手段和方法。工程方法有以下基本特征。

1. 选择性、集成性和协调性

工程活动是一个实现现实生产力的过程，其内在特征是集成和构建。在集成、构建活动中，当采用工程方法对构成工程的要素进行识别和选择时，工程主体必须进行必要的工程管理，依据一定的协调原则进行协调工作，然后将被选择的要素进行整合、协同、集成，构建出工程产品。

2. 结构化、功能化、效率化和和谐化

工程具有整体性，并在一定条件下发挥这一工程体系的功能、效率、效力。首先，要求工程系统实现整体结构优化，以实现工程的整体性功能；其次，在工程的技术要素与非技术要素的相互作用和动态耦合中，追求效率、卓越，实现工程整体目标；最后，工程活动要与自然、社会、人文相适应、相和谐，这关系到工程的质量、市场竞争力、可行性和可持续发展。

3. 过程性和产业性

工程活动是一个包括决策、规划、设计、建造、运行、退役等阶段在内的"全生命周期过程"，而不能忽视运行、维护、退役等阶段活动，例如矿山资源枯竭、产品报废等善后处理问题等，否则将导致一系列的社会问题和环境问题。

工程活动的突出特点是划分出了不同的行业和专业，例如机械工程、电气工程、通信工程、交通工程、航天工程、船舶工程等。不同的行业和专业都各有自身的行业性、专业性的工程方法论。

1.3 工程与科学、技术

科学、技术、工程是三个不同性质的对象、行为和活动。科学以探索、发现为核心，技术以发明革新为核心，工程以集成建造为核心，这就是所谓的"三元论"。在区分三者不同的性质和特征的同时，也要看到它们之间的关联性和互动性。

1.3.1 工程与科学

什么是科学？科学是使主观认识与客观实际实现具体统一的实践活动，是通往预期目标的桥梁，是联结现实与理想的纽带。也可以说科学是使主观认识符合客观实际（客观事物的本来面貌，包括事物的本质属性、实际联系、变化规律）和创造符合主观认识的客观实际（使主观认识转化为客观实际事物、条件、环境）的实践活动。这是科学的内涵。

科学的突出特征是探索发现，工程的突出特征是集成建造；科学是知识形态的存在，工程是物资形态的存在。

科学研究的目的在于认识世界，揭示自然界的客观规律，解决有关自然界"是什么"和"为什么"的问题；在研究的过程和方法上，科学研究过程追求的是精确的数据和完备的理论，主要采用实验推理、归纳、演绎等；在成果性质和评价标准上，科学研究获得的最终成果主要是知识形态的理论或知识体系，具有公共性或共享性；在研究取向和价值观念上，科学具有好奇取向，与社会现实的联系相对较弱。

工程是以集成建构为核心的工程活动，遵循"计划—实施—观测—反馈—修正"的路线。例如隧道工程，在设计阶段靠钻孔探测获得的知识往往比较粗浅，在施工过程中需要不断进行监测，随时修改设计方案，决定合适的施工对策。科学不直接构成工程，但是作为工程基本要素的诸项技术后面都有其基本的科学原理作为前提。

因此，工程必须遵循科学理论的指导，符合科学的基本原则和定律。工程的失败正是科学知识不足造成的。典型的例子如黄河三门峡工程（如图1-16所示），正是由于当时的规划设计者对黄河泥沙的规律性认识不足而造成库区严重淤积。但失败是成功之母，在工程失败的基础上，人们逐渐取得了正确的认识，对三门峡泄流工程进行了几次改建，改变运用方式，以达到冲淤平衡、保持长期有效库容，为水库的可持续利用和发展奠定了坚实的基础。

科学探索发现的规律和原则，对工程建造活动有指导和促进作用；同时，工程建造活动中发现的新问题，又促进科学有新发现。例如，美国华盛顿州塔科马海峡大桥于1940年7月建成，11月7日大桥受到强风的吹袭引起卡门涡街，由于桥面厚度不足，使桥身摆动，当卡门涡街的振动频率和吊桥自身的固有频率相同时，引起吊桥剧烈共振并发生扭曲变形，风能最终战胜了钢的挠曲变形，使钢梁发生断裂，导致大桥坍塌，如图1-17所示。塔科马海峡大桥坍塌事件成为研究卡门涡街引起建筑物共振破坏力的活教材，并使得空气动力学和共振实验成为建筑工程学的必修课。塔科马海峡大桥也被记载为20世纪最严重的工程设计错误之一。

图1-16 黄河三门峡工程

图1-17 卡门涡街引起塔科马海峡大桥变形

科学与工程这两种相对独立的实践活动，处于互为条件、双向互动的辩证过程之中。这就是说，工程建立在科学之上，科学又寓于工程之中。

1.3.2 工程与技术

关于技术，在《工程哲学》一书中的解释是："人类社会为了满足社会需要，运用科学知识，在改造、控制、协调多种要素的实践活动中所创造的劳动手段、工艺方法和技能体系的总称，是人类合理改造自然、巧妙利用自然规律的方式和方法，是构成社会生产力的重要部分。"

技术的突出特征是发明革新。技术是工程的基本要素。工程作为有目的、有组织地改造世界的活动或结果，是由不同形态的技术要素的系统集成，是诸多核心技术和相关支撑技术的有序集成，如机器、设备、工具、生产线、工艺、程序、设计图样、技能、方法、规则、步骤等。所以这些体现技术的要素存在于工程建造过程的活动中。

工程不是一种简单的技术活动，而是技术与自然、社会、经济、政治、文化及环境等因素综合集成的产物，是自然科学、社会科学、人文科学多方面知识综合集成构建的活动或结果。这就是说，工程不仅要集成"技术要素"，还要集成"非技术要素"，如经济要素、环境要素、社会要素等。因此，工程的成功与失败不仅仅是技术问题就能决定的，还要研究和解决很多非技术问题。

工程作为改造世界的活动，必须有技术的支撑。工程中的关键技术正是工程的支撑点，例如前面提到的青藏铁路中的冻土路基保护技术。但时至今日，人们掌握的技术手段还十分有限。因此，在飓风来临时，人们还只能像动物一样去逃命。这是因为人们还没有掌握控制飓风的关键技术，从而无法实施控制飓风的气象工程。由此可见，技术是某一工程能否成立的关键因素。

工程促进技术的发展有两个方面，即工程是技术发展的动力和工程是技术成熟化道路上的桥梁。关于工程的动力作用，例如青藏铁路，在高原冻土上修这样的铁路，世界上还没有过。这一工程的关键技术是冻土路基的保护，因为冻土融解，路基就会坍塌。为此国家投入大量人力、物力进行冻土路基保护技术的攻关，终于取得了突破，保证了青藏铁路工程的顺利实施。

关于工程的桥梁作用，一项复杂技术的成熟过程也可分为三个阶段，即技术研发阶段、中间试验阶段、继续改进阶段。第一阶段可以在实验室条件下得出样机。第二阶段是要把该技术摆到施工或生产条件下进行中间试验，中间试验正体现了工程的桥梁作用。中间试验成功后，该技术还可能存在成本较高、性能不够完善等缺点，需要继续改进。

工程活动不断提出需要解决的新问题，有力地推动着技术的不断创造。恩格斯说："社会一旦有技术上的需求，这种需求就会比十所大学更能把科学推向前进。"技术的不断发明革新，又必将促进工程活动质和量的不断提升。

1.4　工程与社会

工程、技术与科学的发展和应用，支持和推动了经济社会的可持续发展。工程、技术与科学在满足人类基本需求、减少贫困、实现可持续发展等方面发挥着关键的作用。

1.4.1　工程的社会性

工程活动通过其创造的技术产物影响着社会。工程产物无处不在，并确确实实地渗透进人们生活的方方面面，与政治、经济、文化、科技、地理和艺术等相互交织、相互作用。马路、水管、运河等让城市生活成为可能，蒸汽机的出现引起了 18 世纪的工业革命，电力与工业推动了世界的发展，通信、网络与计算机技术使人类进入信息时代。

工程活动不单纯是技术活动，工程活动不仅引起自然界的变化，而且也引起社会的变化，引起人类生活方式的变化，引起人与自然关系的变化。

1. 工程活动的社会性

任何工程都是具有社会性的工程。在工程活动中，投资者、管理者、设计师、工程师、工人等共同组成工程活动的主体，从规划、设计、建造到使用，不但要解决各种复杂的技术难题，还需要协调好各方利益冲突、解决各种社会问题，考虑人文价值、社会效益和文化意义等。同时，人文和社会环境还作为结构性因素影响着工程活动，并通过工程活动渗透到"工程物"中。金字塔、埃菲尔铁塔、故宫、长城、三峡大坝等，都折射出特定的政治社会背景。

此外，工程活动还受政策、法律、法规等因素的影响。工程活动不但要遵守各种技术规范，还要遵守各种法律、伦理、社会、文化、宗教和社会习俗等。例如房地产行业过热、房价不断攀升的时候，国家出台控制房地产的房贷政策，各地方政府出台购买政策等，以便房市降温。而例如招投标规则、国际通行的工程建设"菲迪克条款"等，既是技术规范，也是经济、社会的规则。

2. 工程活动的经济性

工程活动是一个技术过程，也是一个按照经济规律运作的生产过程。在工程活动中，涉及建设资金、原材料、市场信息、成本核算、利润取得、劳动力使用等经济因素，都有经济成本。在经济成本和社会效益的关系上，有的工程以经济效益为主，有的工程以社会效益为主。许多公共、公益工程，其首要目标不是经济效益，而是社会效益。例如城市地铁、道路是为城市提供便捷的交通条件；而像三峡工程、南水北调工程等具有国家战略意义的大型工程，其目的是为长期的社会经济发展服务，而不仅仅是短期的经济利益。

在市场经济条件下，为了生存和发展，企业都会把经济效益和企业赢利作为工程活动的主要目标。但是，随着时代的进步和认识的提高，人们越来越深刻地意识到企业还承担着重要的社会责任。只有那些符合社会发展需求，符合可持续发展理念的工程，才是具有生命活力的工程。

1.4.2　工程文化

任何工程活动都渗透、融会、贯穿和彰显人类文明成就和文化思想方面的人文或人本主义价值精神追求，因此，工程产品也是具有文化意义的产品，工程必定是一个内涵了文化的系统。今天，人们对工程所蕴含的文化理解更广泛和深刻，提出了工程文化、工程精神、工程美学、工程伦理等概念。

工程文化始终渗透在工程活动的各个环节，又凝聚在工程活动的成果、产物中。在工程规划阶段，应当把工程文化理念作为一个重要因素纳入决策者的视野；在工程设计阶段，设计师应当力求设计出具有很高文化品位的工程蓝图，设计师需要有深厚的文化底蕴和艺术修养，把工程精神、工程思维、工程审美、价值取向、社会责任、道德、习俗等工程文化在设计过程和设计成果中体现出来；在工程建造阶段，建设者必须要贯彻设计师的文化理念、文化要求，把建造标准、管理制度、施工程序、劳动纪律、安全制度、后勤保障等体制化成果表现出来；在工程集成物的使用阶段，工程产品成果及其消费使用是工程文化的集合或结晶。与埃及金字塔和巴台农神庙一样，现代建筑、汽车、大桥等均是文化、艺术与技术的完美体现。

20世纪50年代，北京十大建筑中的民族文化宫、民族饭店、钓鱼台国宾馆、北京火车站、全国农业展览馆，就是体现了中国传统文化、具有鲜明特色的工程产品。故宫、颐和园、天坛以及意大利的比萨斜塔、法国的凯旋门、美国的白宫等（如图1-18所示），无一不是历久不衰的美的杰作。

而那些具有代表性的国家工程，都会形成体现民族凝聚力、战斗力的精神价值，如青藏铁路工程形成了"挑战极限，勇创一流"青藏铁路精神；航天工程铸就了"特别能吃苦、特别能战斗、特别能攻关、特别能奉献"的载人航天精神，这些是最有意义的文化元素，是中华民族宝贵的精神财富。

1.4.3　工程伦理

虽然工程是有计划、有目的、有组织的物资生产活动，但是工程活动不是单纯的技术活动和物资生产活动，而是涉及经济、社会、政治、环境、管理等各种复杂社会因素的活动。

图 1-18　世界著名建筑

a）故宫　b）比萨斜塔

在工程活动中，不仅涉及与工程活动相关的工程师、工人、管理者、投资方等多种利益相关方，还涉及工程与人、自然、社会的共生共存，因而面临着多种复杂交叠的利益关系。同时，由于工程是在部分无知的情况下实施的，工程活动既有可能满足人们的需求，也有可能导致非预期的不良后果。这样，在工程活动中，必然涉及一系列的选择问题，例如工程目标的选择、设计原则的选择、建造方法和路径的选择、建造质量，以及工程师的责任和义务等。应该怎样选择？都有一个价值原则和道德评价问题，有一个好与坏、正当和不正当的问题，这就是工程伦理问题。工程活动不仅要进行科学评价、技术评价、经济评价、社会评价，而且要进行伦理评价。工程活动受到伦理的影响和制约，伦理贯穿于工程活动的全过程。

工程在人类社会发展的历史长河中有着举足轻重的作用，无论是古代的水利工程、建筑工程，还是现代的工业工程、信息与通信工程、计算机与网络工程、交通工程、能源工程、军事工程、航空航天工程等。可以说离开创造性的工程活动，很难想象人类社会生活的图景会是怎样。通过工程的造物活动，创造了灿烂的物质文明和精神文明。然而，尽管工程取得了如此显著的成就，人们同样尝到了由工程带来的种种恶果，无论是挑战者号航天飞机爆炸，还是日本福岛核电站泄漏，工程尤其是当代工程给人们带来福祉的同时，也使人们生活的社会充满了风险，其中包括环境破坏、能源消耗、资源问题、公众健康危害、安全问题等，这些问题促使人们必须对工程活动进行深刻的伦理反思。对某些有害于环境保护、可持续发展、影响公众健康、安全、福祉的工程，要从更广泛的伦理范围进行约束。

工程活动既是应用科学知识和技术手段、方法改造物资世界的自然实践，也是改进社会生活和调整利益关系的社会实践。在工程活动全过程的各个环节包含以下三个方面的伦理问题。

（1）工程的技术伦理问题

工程的技术伦理问题涉及工程的质量和安全。质量和安全是产品的生命，工程产品的质量和安全是其发挥功能、实现其价值的基础。所以，几乎所有的工程规范都要求把公众的安全、健康和福祉放在优先的位置。保证良好的工程质量是实现这一目标的基本条件。如果工程产品是劣质的，就会给国家和人民的财产和健康、生命安全带来巨大的危害。

在确保工程质量和安全上，工程师承担的责任重大。世界工程组织联盟的伦理规范有关规定要求工程师重视工程安全，全美职业工程师协会章程也要求工程师进行安全设计、遵守公认的工程标准。工程师作为工程的设计者、管理者、技术监督者，在工程设计、建造和运行的过程中，要严格按照工程规范、技术标准和伦理原则进行工作，否则工程就有可能出现这样或那样的质量和安全问题。现实中存在的工程质量和安全问题，可能有决策不当、设计缺陷、施工过程中偷工减料，甚至管理腐败等问题，所有这些问题的原因之一，是工程师没有履行自己的职责。

（2）工程的环境伦理问题

工程技术推动经济社会的快速发展，城市化加快，工业化程度不断提高，人类对自然的开发力度逐渐加大，产生一系列的陆地污染、海洋污染、水污染、大气污染、噪声污染、放射性污染等，对自然环境造成越来越明显的影响。例如全球变暖、臭氧层破坏、酸雨、淡水资源危机、能源短缺、森林资源锐减、土地荒漠化、物种加速灭绝、垃圾成灾、有毒化学品污染等众多方面，这些直接威胁着生态环境，威胁着人类的健康和子孙后代的生存。人与自然的关系问题成为当代工程活动必须面临的问题。

工程的环境伦理问题不仅涉及工程决策、规划的正确性和合理性，工程设计和工程建造的安全与效率等基本准则，还涉及工程原料的利用和工程从建造到使用过程中对环境的影响。工程活动不仅要通过对技术责任的严格遵守来承担对人的生命与健康的义务，同时在保护自然环境、维护生态平衡方面，工程活动主体也负有道义责任，应当将生态价值和工程价值协调起来，做到工程的社会经济和科技功能与自然界的生态功能相互协调和相互促进，在工程活动的各个环节都要减少对环境的负面影响，实现工程的可持续发展。

（3）工程的社会伦理问题

工程活动涉及决策者、投资者、设计者、建造者、使用者以及受到工程影响的其他群体，能够尽量地公平协调不同利益群体的相关诉求，同时争取实现利益最大化，是工程活动所要解决的基本问题之一。

一方面，工程活动主体的决策者、投资者、工程师作为专业群体对工程的效果比一般公众具有更专业的判断力，更有责任预测和评估工程可能产生的各种后果，他们有责任评估工程的负面效应，有责任防止危害公众安全和健康的工程决策和设计，有责任、有义务发明与发展有意义的技术和技术问题的解决办法。

另一方面，工程主体负有让最广大的公众对影响较大的工程活动获得知情权，尽量征得公众同意。在公共、公益工程中，例如城市地铁修建，公众既是投资者，也是利益相关者。在商业工程中，工程对自然和社会产生的影响是公共的，公众是重要的利益相关者。若工程与公众个人利益直接相关，公众在享有知情权的基础上，还应享有选择权。例如在转基因食品对健康影响问题尚未有定论的情况下，公众有权自主决定是否使用转基因食品。对于那些可能产生重大环境与社会影响的大型工程，公众在享有知情权的基础上，还享有表达意见的权利，甚至是某种形式的决策参与权。

1.4.4　经济、社会和环境的可持续发展

今天社会对工程的需求之大前所未有，无论是迅速发展的城市化进程所产生的需求，还是对关键资源的可利用、气候变化的后果与逐渐增多的自然与人为灾害的日益担忧。工程与社会不仅面临史无前例的技术挑战，还要面对一系列需要发展全球工程伦理学才能解决的新

的伦理问题。

在为经济可持续发展服务的工程领域中，挑战在于要设计技术和体系来使全球商业更加便利，促进技术创新和创业精神，帮助增加就业岗位，改变传统的以"高投入、高消耗、高污染"为特征的生产模式和消费模式，实施清洁生产和文明消费，以提高经济活动中的效益，节约资源和减少废物，要把对环境的影响最小化。

在社会领域，对工程的挑战来自于要设计一种体系促进教育和健康的发展，改善人类生活质量，提高人类健康水平，减少全球贫困，创造一个保障人们平等、自由、教育、人权和免受暴力的社会环境。在每一个方面，工程都不是独立发挥作用，如果没有政治和经济力量的密切协作，是注定要失败的。面对一个出现的挑战工程还要发展技术方法，来帮助阻止或减弱敌对行为，减少自然灾害的影响，减少对地球资源的索取。

在资源的索取中，工程的传统角色——从水到食物、能源和材料——需要通过新方法得到加强和扩展，在节约资源及废物利用方面，工程技术越来越重要。

水是一切生命赖以生存、社会经济发展不可缺少和不可替代的重要自然资源和环境要素。但是，现代社会的人口增长、工农业生产活动和城市化的急剧发展，对有限的水资源及水环境产生了巨大的冲击。在全球范围内，水质的污染、需水量的迅速增加以及部门间竞争性开发所导致的不合理利用，使水资源进一步短缺，水环境越加恶化。

由于经济快速发展、人口增加，导致对食物供给的需求量增加，而农耕用地越来越多地被用于城市化发展、工业建设，食品面临供给不足的危险境地，增加了对农业工程的新需求。

在能源方面，能源需求持续增长，能源供需矛盾也越来越突出，工程受到的挑战包括：太阳能、风能、地热能、海洋能、生物能等可再生能源的开发和利用；可燃冰新型能源的开发技术；能源存储技术；提高能源利用率，在电力、钢铁、水泥、化工等高耗能行业，加快技术进步，淘汰落后产能，推动产业升级和节能减排，尽可能减少能源和其他自然资源的消耗；不断提高勘探开发、综采成套装备、发电等能源科技装备水平。

在环境领域，工程面临的挑战主要是帮助减少人类生活和活动对环境造成的侵害，这些侵害包括：人类栖息地不断扩大对环境的破坏，没有节制的矿产资源开采，人造水坝对野生动物的影响，工业排放威胁人类健康，全球气温变暖等。此外，工程面临更紧迫的挑战还有：提高资源的使用率，适度消费，材料回收，寻求可替代的新能源等。废品处理问题也越来越重要，其中包括棘手的核废料问题，这些关系人类健康和环境保护。同时，保护其他物种的栖息地，使它们与人类活动共存，这需要对社会经济活动进行科学合理的规划。

可持续发展要求经济建设和社会发展要与自然承载能力相协调。发展的同时必须保护和改善地球生态环境，保证以可持续的方式使用自然资源和环境成本，使人类的发展控制在地球承载能力之内。因此，可持续发展强调了发展是有限制的，没有限制就没有发展的持续。生态可持续发展同样强调环境保护，但不同于以往将环境保护与社会发展对立的做法，可持续发展要求通过转变发展模式，从人类发展的源头、从根本上解决环境问题。

阅读材料

【阅读材料1-1】

青藏铁路

工程简介：

青藏铁路简称青藏线，是一条连接青海省西宁市至西藏自治区拉萨市的国铁Ⅰ级铁路，是中国新世纪四大工程之一，是通往西藏腹地的第一条铁路，也是世界上海拔最高、线路最长的高原铁路，如图1-19所示。

图1-19 青藏铁路

青藏铁路分两期建成，一期工程东起西宁市，西至格尔木市，1958年开工建设，1984年5月建成通车；二期工程东起格尔木市，西至拉萨市，2001年6月29日开工，2006年7月1日全线通车。

青藏铁路由西宁站至拉萨站，线路全长1956km，其中西宁至格尔木段814km，格尔木至拉萨段1142km；共设85个车站，设计的最高速度为160km/h（西宁至格尔木段）、100km/h（格尔木至拉萨段）。截至2015年3月，青藏铁路的运营速度为140km/h（西宁至格尔木段）、100km/h（格尔木至拉萨段）。

青藏线大部分线路处于高海拔地区和"生命禁区"，面临着三大世界铁路建设难题：千里冻土的地质构造、高寒缺氧的环境和脆弱的生态。

技术难题：

青藏铁路建设创造了西藏铁路运输史上的多项纪录。青藏铁路是世界海拔最高的高原铁路：铁路穿越海拔4000m以上地段达960km，最高点为海拔5072m。青藏铁路也是世界最长的高原铁路：青藏铁路格尔木至拉萨段，穿越戈壁荒漠、沼泽湿地和雪山草原，全线总里程达1142km。青藏铁路还是世界上穿越冻土里程最长的高原铁路：铁路穿越多年连续冻土里程达550km。海拔5068m的唐古拉山车站，是世界海拔最高的铁路车站。海拔4905m的风火山隧道，是世界海拔最高的冻土隧道。全长1686m的昆仑山隧道，是世界最长的高原冻土隧道。海拔4704m的安多铺架基地，是世界海拔最高的铺架基地。全长11.7km的清水河特大桥，是世界最长的高原冻土铁路桥。青藏铁路冻土地段时速达到100km，非冻土地段达到120km，是世界高原冻土铁路的最高时速。

- 千里冻土

青藏铁路要穿越连续多年冻土区550km，不连续多年冻土区82km。在这一地区施工，带来的问题主要有两方面，一是全球变暖带来的气温升高，会使冻土消融；二是人类工程活动会改变冻土相对稳定的水热环境，使地下水位下降，土壤水分减小，导致植被死亡等，将涉及更大面积的冻土消融。

为了攻克冻土难题，中国科学家采取了以桥代路、片石通风路基、通风管路基（主动降温）、碎石和片石护坡、热棒、保温板、综合防排水体系等措施，解决了千年冻土所带来的难题。

- 高原反应

为了战胜高寒缺氧的恶劣环境，保障铁路建设者的生命健康。铁道部、卫生部在中国工程建设史上第一次联合下文，对医疗卫生保障专门做出详细规定，并投入近2亿元，在全线建立医疗卫生保障点，建立健全了三级医疗保障机构。铁路沿线共设立医疗机构115个，配备医务人员600多名，职工生病在半小时内即可得到有效治疗。对职工进行定期体检，安排职工到低海拔地区轮休。青藏铁路在关注建设者的生命健康方面也创造出了许多新纪录。青藏铁路开工以来，累计接诊病人45.3万多人次，治疗脑水肿427例，肺水肿841例，无一例死亡，创造了高原医学史上的奇迹。

- 生态环保

青藏铁路穿越了可可西里、三江源、羌塘等中国国家级自然保护区，因地处世界"第三极"，生态环境敏感而脆弱。对此，青藏铁路从设计、施工建设到运营维护，始终秉持"环保先行"理念，如为保障藏羚羊等野生动物的生存环境，铁路全线建立了33个野生动物专用通道；为保护湿地，在高寒地带建成世界上首个人造湿地；为保护沿线景观，实现地面和列车的"污物零排放"；为改善沿线生态环境，打造出一条千里"绿色长廊"。这些独具特色的环保设计和建设运营理念，也使青藏铁路成为中国第一条"环保铁路"。

价值意义：

- 政治意义

西藏处于中国的西南边陲，地理位置十分重要。青藏铁路的建成运行使国内主要城市与尼泊尔贸易的陆路运输时间从12至18天缩短到一周以内。同时，青藏铁路加强国内其他广大地区与西藏联系，促进藏族与其他各民族的文化交流，增强了民族团结。

- 经济意义

青藏铁路对改变青藏高原贫困落后面貌，增进各民族团结进步和共同繁荣，促进青海与西藏经济社会又快又好发展产生了广泛而深远的影响。

青藏铁路有利于促进西藏在工业、旅游业等产业的发展，优化西藏的产业结构，实现中国地区经济的平衡、协调发展；有利于西藏矿产资源的开发，发挥资源优势；有利于降低进出西藏货物的运输成本，提高经济效益；有利于西藏的对外开放，加强与其他地区及国外的经济交流与合作；有利于西藏市场机制的完善和人们市场意识的增强，促进经济的发展；有利于西藏人民生活水平的提高和全国人民的共同富裕；有利于促进中国各民族的共同繁荣，进一步巩固平等团结互助的新型民族关系。

青藏铁路完善了中国铁路网布局，实现西藏自治区的立体化交通，为青、藏两省区的经济发展提供更广阔空间，使其优势资源得以更充分发展；开发青海、西藏两省区丰富的旅游资源，促进青海、西藏两省区的旅游事业飞速发展，使之成长为两省区国民经济的支柱产业之一；改变西藏不合理的能源结构，从根本上保护青藏高原生态环境的长远需要。

社会评价：

青藏铁路被列为"十五"四大标志性工程之一，名列西部大开发12项重点工程之首。媒体评价青藏铁路"是有史以来最困难的铁路工程项目""它将成为世界上最壮观的铁路之一"。

青藏铁路推动西藏进入铁路时代，密切了西藏与国内其他地区的时空联系，拉动了青藏带的经济发展，被人们称为发展路、团结路、幸福路。

【阅读材料1-2】

中国载人航天工程

工程简介：

1986年，我国批准实施"863"计划，并把发展航天技术列入其中。当时论证了很多方案，最后专家们建议以载人飞船开始起步，最终建成我国的空间站。

1992年9月21日，中共中央政治局常委会批准实施载人航天工程，并确定了三步走的发展战略：

第一步，发射载人飞船，建成初步配套的试验性载人飞船工程，开展空间应用实验。

第二步，在第一艘载人飞船发射成功后，突破载人飞船和空间飞行器的交会对接技术，并利用载人飞船技术改装、发射一个空间实验室，解决有一定规模的、短期有人照料的空间应用问题。

第三步，建造载人空间站，解决有较大规模的、长期有人照料的空间应用问题。

中国载人空间站工程于2010年10月正式启动实施。载人空间站方案如图1-20所示。

载人航天工程实行专项管理机制。设立中国载人航天工程办公室，作为统一管理工程的

图1-20 载人空间站方案

专门机构和组织指挥部门，也是工程两总和重大专项领导小组（一组）的办事机构。办公室对内行使工程管理职能，在工程两总直接领导下，负责组织指导、协调各任务单位开展研制建设和试验任务，在技术方案、科研计划、条件保障、质量控制、运营管理上实施全方位、全过程、全寿命的组织管理。办公室对外代表中国政府与世界其他国家（地区）航天机构和组织开展载人航天国际合作与交流。

系统组成：

中国载人航天工程是我国航天史上迄今为止规模最大、系统组成最复杂、技术难度和安全可靠性要求最高的跨世纪国家重点工程之一，由航天员、飞船应用、载人飞船、运载火箭、发射场、航天测控与通信和着陆场七大系统组成。

● 航天员系统

负责航天员的选拔、训练，对航天员进行医学监督和医学保障，研制航天员的个人装备和飞行过程中对航天员进行医学监督、数据传输的有关设备，对飞船的工程设计提出医学要求。另外，航天员系统还要负责航天员的环境控制，其环控生保分系统要给航天员创造一个适于生活、工作的大气环境。

- 飞船应用系统

负责载人航天工程的空间科学与应用研究。装载在飞船舱内的科学实验仪器，可进行空间对地观测和各种科学实验。实验内容非常广泛，研究成果将广泛用于医药发展、食品保健、防治疑难病症以及工业、农业等各行业之中。

- 载人飞船系统

主要是研制神舟号载人飞船。载人飞船采用轨道舱、返回舱和推进舱组成的三舱方案，额定乘员3人，可自主飞行7天。按照神舟飞船目前运行模式，飞船在太空自主飞行试验结束后，返回舱按预定轨道返回地面，轨道舱可留航轨运行半年时间，执行一些对地观测及其他预定任务。

- 运载火箭系统

主要是研制用于发射飞船的长征二号F型运载火箭。它是国内目前可靠性、安全性最高的运载火箭之一，可靠性超过99.9%。运载火箭系统要解决靶场发射、运输、故障诊断和宇航员安全逃逸等方面的问题。

- 发射场系统

由中国酒泉航天发射中心载人航天发射场承担，负责飞船、火箭的测试及其发射、上升阶段的测控任务。载人航天发射场由技术区、发射区、试验指挥区、首区测量区、试验协作区和航天员区六大区域组成，于1998年正式投入使用，采用了具有国际先进水平的"垂直总装、垂直测试、垂直运输"及远距离测试发射模式。

- 航天测控与通信系统

主要是执行飞行任务的地面测量和控制，负责飞船从发射、运行到最终返回的全程测量和遥控，是飞船升空后和地面唯一的联系途径。中国航天测控与通信系统目前包括4艘远洋测量船、6个陆上测量站和3个活动测量站。在原有卫星测控通信网的基础上，研制了符合国际标准体制，可进行国际联网的S波段统一测控通信系统，形成了陆海基载人航天测控通信网。

- 着陆场系统

负责对飞船返回再入的捕获、跟踪和测量，搜索回收返回舱，并对航天员返回后进行医监医保、医疗救护。着陆场区主要包括内蒙古中部的主着陆场和酒泉卫星发射中心内的副着陆场以及若干陆、海应急救生区。

中国载人航天工程的七大系统涉及学科领域广泛、技术含量密集，全国110多个研究院所、3000多个协作单位和几十万工作人员承担了研制建设任务。

飞行任务：

从1992年启动载人航天工程以来，中国航天不断取得新突破，成为世界上第三个独立掌握载人航天技术、独立开展空间实验、独立进行出舱活动的国家。表1-1给出了中国航天飞船、飞行器发射情况。

表1-1   中国航天飞船、飞行器发射情况

神舟一号	1999年11月20日	酒泉航天发射中心	第一艘实验飞船
神舟二号	2001年1月10日	酒泉航天发射中心	第一艘正样无人航天飞船
神舟三号	2002年4月1日	酒泉航天发射中心	正样无人飞船
神舟四号	2002年12月30日	酒泉航天发射中心	第三艘正样无人飞船
神舟五号	2003年10月15日	酒泉航天发射中心	载人航天飞行器
神舟六号	2005年10月12日	酒泉航天发射中心	载人飞船
神舟七号	2008年9月25日	酒泉航天发射中心	载人飞船
神舟八号	2011年11月1日	酒泉卫星发射中心	载人飞船
神舟九号	2012年6月16日	酒泉卫星发射中心	载人飞船
神舟十号	2013年6月11日	酒泉卫星发射中心	载人飞船
神舟十一号	2016年10月17日	酒泉卫星发射中心	载人飞船
天舟一号	2017年4月20日	文昌航天发射中心	无人货运飞船
天宫一号	2011年9月29日	—	目标飞行器
天宫二号	2016年9月15日	—	太空实验室

工程意义：

20多年来，我国攻克并掌握了一大批尖端核心技术，建设形成了基本完整配套的研制试验体系，并在大型系统工程组织管理方面积累了宝贵经验；工程带动诸多领域和行业的创新发展与产业提升，形成了巨大的拉动和辐射效应；凝聚、培养和造就了新一代航天高科技人才队伍，形成了"特别能吃苦、特别能战斗、特别能攻关、特别能奉献"的载人航天精神，极大激发了广大民众特别是青少年热爱祖国、崇尚科学、探索未知的热情。我国载人航天工程对经济社会发展起到了积极而显著的推动作用，产生了深刻而长远的社会影响。

● 维护国家安全利益的需要

载人航天技术源于国防和军事需求，是冷战时期苏联和美国军备竞赛的产物，最初目的是提高军事威慑能力，保持军备竞赛优势，维护国家传统安全与现实利益。随着世界科技的迅猛发展，人类的生存空间与发展视野不断延伸，国家安全边界得到拓展，利益空间范围得到扩大，宇宙空间的战略意义更加突出，客观上为载人航天技术的进一步发展持续增添新的需求和动力。

● 巩固提升大国地位的需要

载人航天是我国航天事业和科技发展的新里程碑，是国际竞争中的重大战略行动，凸显中国人的探索与创造能力。载人航天工程作为一个民族勇于探索、敢于超越的重要标志，对于激发民族自豪感，增强民族凝聚力，使中华民族以崭新面貌屹立于世界民族之林，意义十分重大。

● 促进人类文明进步的需要

探索未知世界是人类文明与进步的永恒动力，是人类拓展生存空间的必然选择。纵观人类社会发展的历史，其活动疆域和生存空间的每一次拓展，都极大地增强了人类认识自然、改造自然的能力，推动生产力跨越式发展。正如人类从陆地进入海洋、飞向天空一样，进入外层空间并向深空进发，认识、开发和利用太空资源，是人类不可回避的历史使命，对茫茫

宇宙不懈探索，将始终伴随人类向未来更高文明层次迈进。

● 推动社会经济发展的需要

航天产业的技术含量高、产业链条长、产业辐射性强，对许多行业领域发展具有很强的带动作用，可以为经济发展注入持久动力。载人航天融合众多学科和高新技术，解决人类在极端环境和高风险条件下的生存、工作等问题，体现了对航天产业的最高要求，推动科技进步，带动相关产业发展的作用尤为明显。

【阅读材料1-3】

北京地铁8号线的文化特色

工程简介：

北京地铁8号线（以下简称"8号线"）是一条纵贯北京南北的中轴线路，分南北两段运营。北段位于北京市域中北部，南起东城区中国美术馆站，北至昌平区朱辛庄站；南段位于北京市域中南部，南段南起大兴区瀛海站，北至东城区珠市口站。设35座车站、2座车辆基地，线路标识色为深绿色。

8号线一期工程（奥运支线）于2008年7月19日开通，并直接服务于北京奥运会。8号线二期全线于2013年12月28日开通，使这条规划中贯穿北京南北的中轴轨道再次延长，开通区间为朱辛庄站至南锣鼓巷站。三期工程南段与四期工程于2018年12月开通，预计2021年底8号线三期工程北段开通，届时8号线将全线贯通运营。

北京地铁8号线是贯穿北京南北的交通大动脉，号称北京的地下中轴线，地理环境特殊、文化底蕴丰厚。因此，8号线装修设计风格体现了环境、地域的文化因素。

车站设计：

为了迎接2008年第29届北京奥运会，8号线一期奥运支线先期建设，8号线一期的4座车站中，北土城站可以与10号线换乘，奥林匹克公园站可以与15号线换乘。4座车站都进行了专门的室内设计：北土城站的8号线部分为青花瓷设计元素（如图1-21所示），奥体中心站采用了运动主题的设计元素（如图1-22所示），奥林匹克公园站的天花板加入了"水泡泡"的设计元素，森林公园南门站整体是森林的设计元素。

图1-21　北土城站　　　　　　　　　　　　图1-22　奥体中心站

除北土城站外，各个车站均在奥运中心区内。奥体中心站位于奥体中心旁，另一侧是中华民族园。奥林匹克公园站位于奥林匹克公园中央地带，为国家体育场"鸟巢"、国家游泳中心"水立方"、国家体育馆、国家会议中心等设施提供服务。森林公园南门站位于奥林匹克森林公园南门外。

8号线二期北段的6座车站中，除朱辛庄站外，其他车站天花板均采用类似马赛克拼接的装饰风格，天花板中部设置灯带，取中轴线的寓意。这6座车站的风格相同，但是灯带和天花板的色调每站并不相同，一座车站使用一种颜色。

8号线二期南段6座车站中，鼓楼大街站仿照鼓的圆形灯饰，与车站所在地鼓楼的地域特色相呼应。什刹海站的装修风格贴近北京传统古建风格（如图1-23所示），设计上以北京传统市井的灰色调和青砖的肌理为背景。南锣鼓巷站位于北京市保存最完整的四合院区，车站装饰仿照四合院的灰砖、檩条、砖雕等元素（如图1-24所示），突出展现了老北京民居特色与风俗文化。美术馆站用黄公望的《富春山居图》作为装饰，体现了中国美术馆站的特色。

图1-23　什刹海站

图1-24　南锣鼓巷站

地铁8号线三期及四期工程以"门"的形象创意体现和延续"中轴"概念，以"门观中轴"作为其整体线路设计理念。例如，天桥站的站厅和站台层吊顶是拱形顶，宛如城门。同时，车站艺术品设计也体现出中轴线的文化底蕴。站厅层的两幅巨型壁画是点睛之笔，尽显天桥两种截然不同的文化。西侧的磨漆壁画长20.7m、高3.2m，取名"天子赴祭"（如图1-25所示），将再现当年皇帝率众赶赴天坛祭拜以求上苍保佑天下太平、五谷丰登的宏大场景。画中一座砖石桥梁，是天子出前门后过龙须沟的必经之桥，也就是"天桥"。与《天子赴祭》相对的，是以天桥平民文化见长的《天桥遗韵》（如图1-26所示）。这幅壁画长达32.7m，分三个部分表现不一样的天桥文化：中间一幅是天桥杂耍与民间艺术，百姓造型淳朴，一人一姿态；左右两边分别是天桥地区的各式小吃与杂货买卖，造型写实、构图密集，栩栩如生的画面和大理石特有的岁月感，充分展现旧时天桥的热闹繁盛。

图1-25　天子赴祭

图1-26　天桥遗韵

在整体概念下，8号线三、四期其他各站也充分参考了中轴线的古文化特点和所在车站的地域特点，站域内的公共艺术品充满了"文化味儿"。例如，珠市口站结合周边胡同文化特点，打造"流金岁月"主题："流"意为车水马龙，川流不息；"金"象征财富与繁荣；整幅壁画展现了过去的胡同烟雨，旧城繁华，追忆胡同"流金岁月"。永定门外站的拱形车站顶是模拟中国古建筑设计的藻井，使现代化的车站增添了京城中轴古韵。墙壁上的艺术作品为"石幢燕墩"，描绘的是燕京八景之一——"石幢燕墩"，地域色彩显著。海户屯古时是为皇家饲养马匹的场所，因此海户屯展厅内设计了《奔马图》壁画，展现出一幅万马奔腾的壮观场面。火箭万源站临近中国运载火箭技术研究院，外观造型和内部设计也极具航天特色，其装修设计主题为"空天之门"，整个站厅层充满了科技感，乘客行走在地铁站内，抬头就能看到拱顶上的蓝色星空，仿佛置身于浩瀚的宇宙中。

列车设计：

8号线采用中国南车青岛四方机车车辆股份有限公司制造的SFM12型列车，不锈钢色的外表，显得车身厚实刚硬，深绿色的两条长线镶嵌其中。车厢里的座椅也是统一的深绿色，黄色的为老幼座椅。不锈钢材质增加了车门硬度，比一般车门更安全，也防止拥挤时车门被挤坏。新车采用第三轨上部接触受电。同时，客室车窗单独设有两个可打开的活动窗，位于每个车厢的前端和后端的斜对角。另外，车头左边还设有逃生门，遇突发状况乘客可逃生。

习题与思考题

1-1　什么是工程？

1-2　在古代和现代，工程的发展有什么不同？

1-3　如何理解工程的本质？工程有哪些基本特征？

1-4　工程为什么总是伴随着风险？

1-5　当代工程的规模越来越大、复杂程度越来越高，需要树立什么样的工程理念？

1-6　什么是工程思维？工程思维有哪些特征？

1-7　什么是工程方法？工程方法有哪些特征？

1-8　科学、技术、工程有什么不同？

1-9　简述工程与科学的关系。

1-10　举例说明科学探索发现的规律和原则，以及对工程建造活动的指导和促进作用。

1-11　举例说明工程建造活动中发现的新问题，它们怎样促进科学有新发现？

1-12　简述工程与技术的关系。

1-13　举例说明工程作为改造世界的活动必须有技术的支撑。

1-14　举例说明工程促进技术的发展。

1-15　如何理解工程活动的社会性和经济性？

1-16　如何理解工程文化？

1-17　什么是工程伦理问题？

1-18　工程活动全过程的各个环节包含哪三个方面的伦理问题？

1-19　如何理解工程师的环境伦理责任？

1-20　为什么说经济、社会和环境要可持续发展？

1-21　结合本章阅读材料，简述工程活动有什么特点。

1-22 结合阅读材料 1-1 和相关网络材料，分析工程与社会的关系。如果你是青藏铁路总设计师，根据青藏铁路的建设条件，你会考虑哪些社会、环境、伦理、经济因素？请具体说明。

1-23 结合阅读材料 1-2，分析工程与科学技术是如何相互促进、共同发展的？同时分析工程应用与科学技术的不同。

1-24 结合阅读材料 1-3，分析北京地铁 8 号线体现了哪些工程思维和工程文化理念。

1-25 你还能想到身边有哪些工程项目在设计、施工过程中充分体现工程与社会的关系，试结合具体案例给出分析。

第 2 章　环境保护与可持续发展

2.1　环境问题

2.1.1　环境的概念

1. 环境的概念

环境，是指影响人类生存和发展的各种天然和经过人工改造的自然因素的总体，包括大气、水、海洋、土地、矿藏、森林、草原、野生动物、自然遗迹、人文遗迹、自然保护区、风景名胜区、城市和乡村等。其中，"影响人类生存和发展的各种天然和经过人工改造的因素的总体"，就是环境的科学而又概括的定义。它有两层含义：第一，是指以人为中心的人类生存环境，关系到人类的毁灭与生存。同时，环境又不是泛指人类周围的一切自然的和社会的客观事物整体，比如，银河系并不包括在环境这个概念中。所以，环境保护所指的环境，是人类赖以生存的环境，是作用于人类并影响人类未来生存和发展的外界物质条件的综合体，包括自然环境和社会环境。第二，随着人类社会的发展，环境概念也在发展。如现阶段没有把月球视为人类的生存环境，但是随着宇宙航行和空间科学的发展，月球将有可能会成为人类生存环境的组成部分。

2. 环境问题

环境问题一般指由于自然界或人类活动作用于人们周围的环境引起环境质量下降或生态失调，以及这种变化反过来对人类的生产和生活产生不利影响的现象。人类在改造自然环境和创建社会环境的过程中，自然环境仍以其固有的自然规律变化着。社会环境一方面受自然环境的制约，也以其固有的规律运动着。人类与环境不断地相互影响和作用，因而产生环境问题。

2.1.2　环境问题分类

环境问题可分为以下两大类。

1. 原生环境问题

原生环境问题也称第一类环境问题，它是由自然因素的破坏和污染等原因所引起的。如：火山活动、地震、风暴、海啸等产生的自然灾害，因环境中元素自然分布不均引起的地方病，以及自然界中放射物质产生的放射病等。这类灾难危害严重，例如 1976 年 7 月 27 日深夜我国唐山发生的 7.8 级大地震，所释放的能量相当于日本广岛原子弹的 400 倍，把一座拥有百万人口的工业城市夷为平地，共造成 24 万多人死亡，16 多万人受伤，是 20 世纪十大自然灾害之一。

2. 次生环境问题

次生环境问题也称第二类环境问题。它是由人为因素造成的环境污染和自然资源与生态环境的破坏。在人类生产、生活活动中产生的各种污染物（或污染因素）进入环境，超过了环境容量的容许极限，使环境受到污染和破坏；人类在开发利用自然资源时，超越了环境自身的承载能力，使生态环境质量恶化，有时候会出现自然资源枯竭的现象，这些都可以归结为人为造成的环境问题。

人们通常所说的环境问题，多指人为因素所作用的结果。当前人类面临着日益严重的环境问题，这里"虽然没有枪炮，没有硝烟，却在残杀着生灵"，但没有哪一个国家和地区能够逃避不断发生的环境污染和自然资源的破坏，它直接威胁着生态环境，威胁着人类的健康和子孙后代的生存。于是人们呼吁"只有一个地球"，"文明人一旦毁坏了他们的生存环境，他们将被迫迁移或衰亡"，强烈要求保护人类生存的环境。

环境问题的产生，从根本上讲是经济、社会发展的伴生产物。具体说可概括为以下几个方面：

1）由于人口增加而对环境造成的巨大压力。

2）伴随人类的生产、生活活动产生的环境污染。

3）人类在开发建设活动中造成的生态破坏的不良变化。

4）由于人类的社会活动，如军事活动、旅游活动等，造成的人文遗迹、风景名胜区、自然保护区的破坏、珍稀物种的灭绝以及海洋等自然和社会环境的破坏与污染。

2.1.3 环境问题的产生和发展

自然环境的运动，一方面有它本身固有的规律，同时也受人类活动的影响。自然的客观性质和人类的主观要求、自然的发展过程和人类活动的目的之间不可避免地存在着矛盾。

1. 早期的环境问题

人类社会早期，因乱采、乱捕破坏人类聚居的局部地区的生物资源而引起生活资料缺乏甚至饥荒，或者因为用火不慎而烧毁大片森林和草地，迫使人们迁移以谋生存。

以农业为主的奴隶社会和封建社会，在人口集中的城市，各种手工业作坊和居民随意丢弃生活垃圾，曾出现环境污染。

2. 近代的环境问题

产业革命以后到 20 世纪 50 年代出现了大规模环境污染，局部地区的严重环境污染导致"公害"病和重大公害事件的出现。自然环境的破坏造成资源稀缺甚至枯竭，开始出现区域性生态平衡失调现象。

3. 当代世界的环境问题

当前，普遍引起全球关注的环境问题主要有：全球气候变化、酸雨污染、臭氧层耗损、有毒有害化学品和废物越境转移和扩散、生物多样性的锐减、海洋污染等。还有发展中国家普遍存在的生态环境问题，如水污染、水资源短缺（如图 2-1 所示）、大气污染（如图 2-2 所示）、能源短缺、森林资源锐减、水土流失、土地荒漠化、物种加速灭绝、垃圾成灾等众多方面。

环境污染出现了范围扩大、难以防范、危害严重的特点，自然环境和自然资源难以承受高速工业化、人口剧增和城市化的巨大压力，世界自然灾害显著增加。

目前环境问题的产生有以下几点：

1）各类生活污水、工业农业废水导致的水体污染。

图 2-1　水资源短缺

图 2-2　大气污染

2）工业烟尘废气、交通工具产生的尾气导致的大气污染。

3）各类噪声污染。

4）各类残渣、重金属以及废弃物产生的污染。

5）过度放牧以及滥砍滥伐导致的水土流失、生态环境恶化。

6）过度开采各类地下资源导致的地层塌陷与土壤结构破坏。

7）从油船与油井漏出来的原油，农田用的杀虫剂和化肥，工厂排出的污水，矿场流出的酸性溶液，它们使得大部分的海洋湖泊都受到污染，不但海洋生物受害，鸟类和人类也可能因吃了这些生物而中毒，并进入生物链。

8）由于人类活动而造成物料、人体、场所、环境介质表面或者内部出现超过国家标准的放射性物质或者射线。

9）大量使用不可再生能源导致的能源资源枯竭。

2.1.4　环境问题的特点

全球环境问题虽然是各国各地环境问题的延续和发展，但它不是各国家或地区环境问题的相加之和，因而在整体上表现出其独特的特点。

1. 全球化

过去的环境问题虽然发生在世界各地，但其影响范围、危害对象或产生的后果主要集中在污染源附近或特定的生态环境中，其影响空间有限。而全球性环境问题，其影响范围扩大到全球。原因如下：

1）一些环境污染具有跨国、跨地区的流动性，如一些国际河流，上游国家造成的污染可能危及下游国家；一些国家大气污染造成的酸雨，可能会降到别国等。

2）当代出现的一些环境问题，如气候变暖、臭氧层空洞等，其影响的范围是全球性的，它们产生的后果也是全球性的。

3）当代许多环境问题涉及高空、海洋甚至外层空间，其影响的空间尺度已远非农业社会和工业化初期出现的一般环境问题可比，具有大尺度、全球性的特点。

2. 综合化

过去，人们主要关心的环境问题是环境污染对人类健康的影响问题。而全球环境问题已远远超过这一范畴而涉及人类生存环境和空间的各个方面，如森林锐减、草场退化、沙漠扩大、沙尘暴频繁发生、大气污染、物种减少、水资源危机、城市化问题等，已深入到人类生产、生活的各个方面。因此，解决当代全球环境问题不能只简单地考虑本身的问题，而是要将这一区域、流域、国家乃至全球作为一个整体，综合考虑自然发展规律、贫困问题的解决与经济的可持续发展、资源的合理开发与循环利用、人类人文和生活条件的改善与社会和谐等问题，这是一个复杂的系统工程，要解决好，需要考虑各方面的因素。

3. 社会化

过去，关心环境问题的人主要是科技界的学者、环境问题发生地受害者以及相关的环境保护机构和组织，如绿色和平组织等。而当代环境问题已影响到社会的各个方面，影响到每个人的生存与发展。因此，当代环境问题已绝不是限于少数人、少数部门关心的问题，而成为全社会共同关心的问题。

4. 高科技化

随着当代科学技术的迅猛发展，由高新技术引发的环境问题越来越多。如核事故引发的环境问题、电磁波引发的环境问题、噪声引发的环境问题、超音速飞机引发的臭氧层破坏、航天飞行引发太空污染等，这些环境问题技术含量高、影响范围广、控制难、后果严重，已引起世界各国的普遍关注。

5. 累积化

虽然人类已进入现代文明时期，进入后工业化、信息化时代，但历史上不同阶段所产生的环境问题在当今地球上依然存在并影响久远。同时，现代社会又产生了一系列新的环境问题。因为很多环境问题的影响周期比较长，所以形成了各种环境问题在地球上日积月累、组合变化、集中暴发的复杂局面。

6. 政治化

随着环境问题的日益严重和全社会对环境保护认识的提高，各个国家也越来越重视环境保护。因此，当代的环境问题已不再是单纯的技术问题，而成为国际政治、各国国内政治的重要问题。其主要表现在：

1）环境问题已成为国际合作和国际交流的重要内容。

2）环境问题已成为国际政治斗争的导火索之一，如各国在环境责任和义务的承担、污染转嫁等问题上经常产生矛盾并引起激烈的政治斗争。

3）世界上已出现了一些以环境保护为宗旨的组织，如绿色和平组织等，这些组织在国际政治舞台上已占有一席之地，成为一股新的政治势力。

总之，环境问题已成为需要国家通过其根本大法、国家规划和综合决策进行处理的国家大事，成为评价政治人物、政党的政绩的重要内容，也已成为社会环境是否安定、政治是否开明的重要标志之一。

2.2　环境与健康

2.2.1　人类和环境的关系

人类生命始终处于一定的自然环境、社会环境及人为环境中，经常在物质和精神心理的双重因素影响之下。人类为了生存发展，提高生活质量，维护和促进健康，需要充分开发利用环境中的各种资源，但是也会由于自然因素和人类社会行为的作用，使环境受到破坏，影响人体健康。当这种破坏和影响在一定限度内时，环境和人体所具有的调节功能有能力使失衡的状态恢复原有的面貌；如果超过环境和机体所能承受的限度，可能造成生态失衡及机体生理功能破坏，甚至导致人类健康近期和远期的危害。因此人类应该通过提高自己的环境意识，认清环境与健康的关系，规范自己的社会行为（防止环境污染，保持生态平衡，促进环境生态向良性循环发展），建立保护环境的法规和标准，避免环境退化和失衡，这是正确处理人类与环境关系的重要准则。

2.2.2　环境污染的危害

环境污染会给生态系统造成直接的破坏和影响，如沙漠化、森林破坏，也会给生态系统和人类社会造成间接的危害，有时这种间接的环境效应的危害比当时造成的直接危害更大，也更难消除。例如，温室效应、酸雨和臭氧层破坏就是由大气污染衍生出的环境效应。这种由环境污染衍生的环境效应具有滞后性，往往在污染发生的当时不易被察觉或预料到，然而一旦发生就表示环境污染已经发展到相当严重的地步。当然，环境污染的最直接、最容易被人所感受的后果是使人类环境的质量下降，影响人类的生活质量、身体健康和生产活动。例如城市的空气污染造成空气污浊，人们的发病率上升等；水污染使水环境质量恶化，饮用水源的质量普遍下降，威胁人的身体健康，引起胎儿早产或畸形等。严重的污染事件不仅带来健康问题，也造成社会问题。随着污染的加剧和人们环境意识的提高，由于污染引起的人群纠纷和冲突逐年增加。

1. 环境污染对生物的不利影响

环境污染对生物的生长发育和繁殖具有十分不利的影响，污染严重时，生物在形态特征、生存数量等方面都会发生明显的变化。下面分别讲述环境污染在酸雨、有害化学药品、重金属和水体富营养化五个方面对生物的危害。

（1）酸雨对生物的危害

酸雨使土壤和河流酸化，并且经过河流汇入湖泊，导致湖泊酸化。湖泊酸化以后不仅使生长在湖中和湖边的植物死亡，而且威胁着湖内鱼、虾和贝类的生存，从而破坏湖泊中的食物链，最终可以使湖泊变成"死湖"。酸雨还直接危害陆生植物的叶和芽，使农作物和树木死亡，如图 2-3 所示。

现在，酸雨造成的危害日益严重，已经成为全球性环境污染的重要问题之一。二氧化硫是形成酸雨的主要污染物之一。随着经济的发展，人类将燃烧更多的煤、石油和天然气，产生更多的二氧化硫等污染物（如图 2-4 所示）。因此，今后酸雨造成的危害有可能更加严重。我国是世界上大量排放二氧化硫的国家之一，一些地区已经出现了酸雨。例如，我国西南某地区，1982 年的三个月内就降了四次酸雨，雨水的 pH 为 3.6～4.6，致使大面积农作物受害。

早在 19 世纪中叶，人们就注意到地衣和苔藓植物不能在空气污染严重的城市中存活，烟囱附近的植物叶片往往出现病斑。科学家们经过研究后发现，这些现象都与该地区的大气污染有关，并且可以利用一些植物来监测某个地区大气污染的状况。不同的植物对二氧化硫等大气污染物的敏感程度不同。例如，大气中二氧化硫的含量比较高时，紫花苜蓿、向日葵等的叶片就会很快褪绿，或者叶脉间出现褐色斑块，严重时叶片逐渐坏死。这些植物对大气污染反应敏感，可以用来监测大气污染的状况，称为大气污染指示植物。

图 2-3　酸雨造成树木死亡

图 2-4　发电厂排放二氧化硫

（2）有害化学药品对生物的危害

农药是一类常见的有害化学药品。人们在利用农药杀灭病菌和害虫时，也会造成环境污染，对包括人类在内的多种生物造成危害。

许多农药是不易分解的化合物，被生物体吸收以后，会在生物体内不断积累，致使这类有害物质在生物体内的含量远远超过在外界环境中的含量，这种现象称为生物富集作用。生物富集作用随着食物链的延长而加强。例如，几十年前 DDT 作为一种高效农药，曾经广泛用于防治害虫。美国某地曾经使用 DDT 防治湖内的孑孓，使湖水中残存有 DDT，而浮游动物体内 DDT 的含量则达到湖水的一万多倍。小鱼吃浮游动物，大鱼又吃小鱼，致使 DDT 在这些大鱼体内的含量竟高达湖水的八百多万倍。

（3）重金属对生物的危害

有些重金属如 Mn、Cu、Zn 等是生物体生命活动必需的微量元素，但是大部分重金属如 Hg、Pb 等对生物体的生命活动有毒害作用。生态环境中的 Hg、Pb 等重金属，同样可以通过生物富集作用在生物体内大量浓缩，从而产生严重的危害。

科学家们发现，自然界中的 Hg 在水体中经过微生物的作用，能够转化成毒性更大的甲基汞。在被甲基汞污染了的海水中，藻类植物改变了颜色，海鱼也大量死亡。科学家们还发现，质量浓度仅为 $4mg/L$ 的 $PbCl_2$ 溶液，就能明显地抑制菠菜和番茄正常地进行光合作用。可见，Hg、Pb 等重金属对于生物的正常生命活动是十分有害的。

（4）水体富营养化对生物的危害

富营养化是指因水体中 N、P 等植物必需的矿质元素含量过多而使水质恶化的现象。水体中含有适量的 N、P 等矿质元素，这是藻类植物生长发育所必需的。但是，如果这些矿质元素大量地进入水体，就会使藻类植物和其他浮游生物大量繁殖。这些生物死亡以后，先被需氧微生物分解，使水体中溶解氧的含量明显减少。接着，生物遗体又会被厌氧微生物分解，产生出硫化氢、甲烷等有毒物质，致使鱼类和其他水生生物大量死亡。发生富营养化的湖泊、海湾等流动缓慢的水体，因浮游生物种类的不同而呈现出蓝、红、褐等颜色。富营养化发生在池塘和湖泊中称为"水华"，发生在海水中称为"赤潮"。工业废水、生活污水和农田排出的水中含有很多 N、P 等植物必需的矿质元素，这些植物必需的矿质元素大量地排到池塘和湖泊中，会使池塘和湖泊出现富营养化现象。池塘和湖泊的富营养化不仅影响水产养殖业，而且会使水中含有亚硝酸盐等致癌物质，严重地影响人畜的安全饮水。自 20 世纪 80 年代以来，由于人类大规模的生产生活和对湖区资源的不合理开发利用，人类活动产生的工业污染、农业污染、居民生活污染等造成滇池、洞庭湖、太湖、洪泽湖、巢湖等湖泊水体富营养化、污染严重，每年国家投入巨资治理，但水质仍没有根本好转。例如，2007 年 5 月至 6 月，江苏太湖爆发严重的蓝藻污染（如图 2-5 所示），造成无锡全城自来水污染，生活用水和饮用水严重短缺，超市、商店里的桶装水被抢购一空。太湖污染事件主要是由于水源地附近蓝藻大量堆积，厌氧分解过程中产生了大量的 NH_3、硫醇、硫醚以及硫化氢等异味物质。

图 2-5　太湖蓝藻污染

2. 环境与人体健康

随着环境污染的日益严重，许多人终日呼吸着污染的空气，饮用着污染的水，吃着从污染的土壤中生长出来的农产品，耳边响着噪声。环境污染严重地威胁着人体健康。

（1）大气污染与人体健康

大气污染主要是指大气的化学性污染。大气中化学性污染物的种类很多，对人体危害严重的多达几十种。我国的大气污染属于煤炭型污染，主要的污染物是烟尘和二氧化硫，此外还有氮氧化物和一氧化碳等。这些污染物主要通过呼吸道进入人体内，不经过肝脏的解毒作用，直接由血液运输到全身。所以，大气的化学性污染对人体健康的危害很大。这种危害可以分为以下三种。

1）慢性中毒。大气中化学性污染物的浓度一般比较低，对人体主要产生慢性毒害作用。科学研究表明，城市大气的化学性污染是慢性支气管炎、肺气肿和支气管哮喘等疾病的重要诱因。

2）急性中毒。在工厂大量排放有害气体并且无风、多雾时，大气中的化学污染物不易散开，就会使人急性中毒。例如，1961 年，日本四日市的三家石油化工企业，因为不断地大量排放二氧化硫等化学性污染物，再加上无风的天气，致使当地居民哮喘病大面积发生。后来，当地的这种大气污染得到了治理，哮喘病的发病率也随着降低了。

3）致癌作用。大气中化学性污染物中具有致癌作用的有多环芳烃类和含 Pb 的化合物等，其中苯并芘引起肺癌的作用最强烈。燃烧的煤炭、行驶的汽车和香烟的烟雾中都含有很多的苯并芘。大气中的化学性污染物还可以降落到水体和土壤中以及农作物上，被农作物吸收和富集后，进而危害人体健康。

大气污染还包括大气的生物性污染和大气的放射性污染。大气的生物性污染物主要有病原菌、霉菌孢子和花粉。病原菌能使人患肺结核等传染病，霉菌孢子和花粉能使一些人产生过敏反应。大气的放射性污染物主要来自原子能工业的放射性废弃物和医用 X 射线源等，这些污染物容易使人患皮肤癌和白血病等。

（2）水污染与人体健康

河流、湖泊等水体被污染后，对人体健康会造成严重的危害，这主要表现在以下三个方面。

1）饮用污染的水和食用污水中的生物，能使人中毒，甚至死亡。例如，1956年，日本熊本县的水俣湾地区出现了一些病因不明的患者。患者有痉挛、麻痹、运动失调、语言和听力发生障碍等症状，最后因无法治疗而痛苦地死去，人们称这种怪病为水俣病。科学家们后来的研究表明，这种病是由当地含Hg的工业废水造成的。Hg转化成甲基汞后，富集在鱼、虾和贝类的体内，人们如果长期食用这些鱼、虾和贝类，甲基汞就会引起以脑细胞损伤为主的慢性甲基汞中毒。孕妇体内的甲基汞，甚至能使患儿发育不良、智能低下和四肢变形。

2）被人畜粪便和生活垃圾污染了的水体，能够引起病毒性肝炎、细菌性痢疾等传染病，以及血吸虫病等寄生虫疾病。

3）一些具有致癌作用的化学物质，如砷（As）、铬（Cr）、苯胺等污染水体后，可以在水体中的悬浮物、底泥和水生生物体内蓄积，长期饮用这样的污水容易诱发癌症。

（3）固体废弃物污染与人体健康

固体废弃物是指人类在生产和生活中丢弃的固体物质，如采矿业的废石、工业的废渣、废弃的塑料制品以及生活垃圾，如图2-6所示。应当认识到，固体废弃物只是在某一过程或某一方面没有使用价值，实际上往往可以作为另一生产过程的原料被利用，因此固体废弃物又叫"放在错误地点的原料"。但是，这些"放在错误地点的原料"，大多含有多种对人体健康有害的物质，如果不及时加以利用，长期堆放，越积越多，就会污染生态环境，对人体健康造成危害。

（4）噪声污染与人体健康

凡是干扰人们休息、学习和工作以及对所要听的声音产生干扰的声音，即不需要的声音，统称为噪声。当噪声对人及周围环境造成不良影响时，就会形成噪声污染。各种机械设备的创造和使用，现代化高铁、飞机以及小轿车快速增长，给人类带来了繁荣和进步，但同时也产生了越来越多而且越来越强的噪声，如图2-7所示。噪声对人的危害包括以下方面。

图2-6　固体废弃物

图2-7　小轿车对环境产生影响

1）损伤听力。长期在强噪声中工作，听力就会下降，甚至造成噪声性耳聋。

2）干扰睡眠。当人的睡眠受到噪声的干扰时，就不能消除疲劳、恢复体力。

3）诱发多种疾病。噪声会使人处在紧张状态，致使心率加快、血压升高，甚至诱发胃肠溃疡和内分泌系统功能紊乱等疾病。

4）影响心理健康。噪声会使人心情烦躁，不能集中精力学习和工作，并且容易引发工伤和交通事故。因此，人们应当采取多种措施，防治环境污染，使包括人类在内的所有生物都生活在美好的生态环境下。

3. 环境污染对生物的影响

环境污染往往具有使人或哺乳动物致癌、致突变和致畸的作用，统称"三致作用"。"三致作用"的危害一般需要经过比较长的时间才显露出来，有些危害甚至影响到后代。

（1）致癌作用

致癌作用是指导致人或哺乳动物患癌症的作用。早在 1775 年，英国医生波特就发现清扫烟囱的工人易患阴囊癌，他认为患阴囊癌与经常接触煤烟灰有关。1915 年，日本科学家通过实验证实，煤焦油可以诱发皮肤癌。污染物中能够诱发人或哺乳动物患癌症的物质称为致癌物。致癌物可以分为化学性致癌物（如亚硝酸盐、石棉和生产蚊香用的双氯甲醚）、物理性致癌物（如镭的核聚变物）和生物性致癌物（如黄曲霉毒素）三类。

（2）致突变作用

致突变作用是指导致人或哺乳动物发生基因突变、染色体结构变异或染色体数目变异的作用。人或哺乳动物的生殖细胞如果发生突变，可以影响妊娠过程，导致不孕或胚胎早期死亡等。人或哺乳动物的体细胞如果发生突变，可以导致癌症的发生。常见的致突变物有亚硝胺类、甲醛、苯和敌敌畏等。

（3）致畸作用

致畸作用是指作用于妊娠母体，干扰胚胎的正常发育，导致新生儿或幼小哺乳动物先天性畸形的作用。20 世纪 60 年代初，西欧和日本出现了一些畸形新生儿。科学家们经过研究发现，原来孕妇在怀孕后的 30~50 天内，服用了一种叫作"反应停"的镇静药，这种药具有致畸作用。目前已经确认的致畸物有甲基汞和某些病毒等。

综上所述，环境污染的危害是巨大的，它涉及面广、危害程度大、侵袭性强，且难以治理。人们必须做好每一步环境污染防止的工作，坚持预防为主、防止结合、综合治理的原则，真正地把环境保护与治理同经济、社会持续发展相协调。

2.3　环保方针、政策及管理制度

2.3.1　中国环境保护的基本方针

1. 中国环境保护基本情况

我国环境保护起于 20 世纪 70 年代初，也经历了从认识到实践的不同阶段和过程。

20 世纪 70 年代初，在中国工业化进程中，长期积累的环境污染问题爆发出来，发生了诸如官厅水库污染、松花江汞污染等影响颇大的污染事件。时任国务院总理周恩来在 1970 年前后曾多次指示国家有关部门和地区切实采取措施防治环境污染。

从 1972 年我国派代表团参加人类环境会议，1973 年国务院召开第一次全国环境保护会议，提出环保工作"三十二字"方针，到党的十一届三中全会是第一阶段。

第二阶段是从党的十一届三中全会到 1992 年，把保护环境确立为基本国策，提出环境管理八项制度。

从 1992 年到 2002 年是第三阶段，把实施可持续发展确立为国家战略，制定实施《中国 21 世纪议程》，大力推进污染防治。

第四阶段是 2002 年到 2012 年这 10 年，以科学发展观为指导，加快推进环境保护历史性转变，让江河湖泊休养生息，积极探索环境保护新道路，努力构建资源节约型、环境友好型社会。

第五阶段是党的十八大以来，将生态文明建设纳入中国特色社会主义事业总体布局，要求大力推进生态文明建设，努力建设美丽中国，实现中华民族永续发展的阶段。

2. 中国环境保护的"三十二字"方针

中国环境保护工作方针是："全面规划，合理布局，综合利用，化害为利，依靠群众，大家动手，保护环境，造福人民"，即"三十二字"方针。这条方针是 1972 年中国在联合国人类环境会议上提出的，在 1973 年举行的中国第一次环境保护会议上得到了确认，并写入 1979 年颁布的《中华人民共和国环境保护法（试行）》。

"三十二字"方针指明了环境保护是国民经济发展规划的一个重要组成部分，必须纳入国家的、地方的和部门的社会经济发展规划，做到经济与环境的协调发展；在安排工业、农业、城市、交通、水利等项建设事业时，必须充分注意对环境的影响，既要考虑近期影响，又要考虑长期影响；既要考虑经济效益和社会效益，又要考虑环境效益；全面调查，综合分析，做到合理布局；对工业、农业、人民生活排放的污染物，不是消极地处理，而是要开展综合利用，做到化害为利，变废为宝；依靠人民群众保护环境，发动各部门、各企业治理污染，使环境的专业管理与群众监督相结合，使实行法制与人民群众自觉维护相结合，把环境保护事业作为全国人民的事业；保护环境是为国民经济健全持久的发展和为广大人民群众创造清洁优美的劳动和生活环境服务，为当代人和子孙后代造福。这一方针是符合中国当时的国情和环境保护的实际的，在相当长一段时间对我国环境保护起积极作用。

3. 环境保护的"三同步、三统一"方针

20 世纪 80 年代以后，国家政治、经济形势发生了重大变化，中国进入现代化建设时期。伴随着经济改革的深入，我国经济社会快速发展，环境污染问题日益突出，人类对环境问题认识不断深化，我国环境保护形势也发生很大变化。

在认真总结过去 10 年环境保护实践的基础上，1983 年 12 月 31 日，国务院召开第二次全国环境保护会议，将环境保护确立为基本国策，制定了"三同步、三统一"的环境保护战略方针，确定把强化环境管理作为当前工作的中心环节，初步规划出到 20 世纪末中国环境保护的主要指标、步骤和措施。这次会议标志着中国环境保护工作进入了发展阶段，在我国环境保护发展史上具有重大意义。

"三同步、三统一"方针是指经济建设、城乡建设和环境建设同步规划、同步实施、同步发展，实现经济效益、社会效益、环境效益相统一。这一指导方针是对环境保护"三十二字"方针的重大发展，体现了环境保护与经济社会协调发展的战略和思想，也体现了可持续发展的观念，指明了解决环境问题的正确途径，是环境管理思想与理论的重大进步。这也是至今为止一直在指导我国环境保护实践的基本方针。

"三同步"的前提是同步规划，实际上是预防为主思想的具体体现。它要求把环境保护作为国家发展规划的一个组成部分，在计划阶段将环境保护与经济建设和社会发展作为一个整体同时考虑，通过规划实现工业的合理布局。

"三同步"的关键是同步实施，实质是将经济建设、城乡建设和环境建设作为一个系统整体纳入实施过程，以可持续发展思想为指导，采取各种有效措施，运用各种管理手段落实规划目标。

"三同步"的目标是同步发展，是制定环境规划的出发点和落脚点，既要求把环境问题解决在经济建设和社会发展过程中，又要求不能以牺牲环境为代价，而是实现持续、高质量的发展。

"三统一"是贯穿于"三同步"的一条基本原则，旨在克服只顾经济发展的观点，强调整体的综合利益，使经济的发展既能满足人们对物质经济利益的需求，又有满足人民对生存环境质量的需要，也可以认为是各项工作的一条基本准则。

2.3.2　中国环境保护的政策

1. 环境保护是我国的一项基本国策

所谓国策，是建国之策、治国之策、兴国之策。只有对国家经济建设、社会发展和人民生活具有全局性、长期性和决定性影响的谋划和策略，才可称为国策。把保护环境确定为一项基本国策，有以下几方面的原因：

1）环境是人类生存的基本条件，是经济发展的物质基础。我国是一个拥有十多亿人口的社会主义大国，经济要发展，众多的人口要穿衣吃饭，要提高生活水平，都要依赖于自然资源的科学合理开发和利用，依赖于建设一个良好的自然生态环境。我国自然资源从总量上虽多，但由于人口众多，按人均占有量计算远远低于世界平均水平，一些地方的环境问题正逐步显现，这就决定了我国必须采取十分珍惜自然资源、科学合理开发利用自然资源、保护生态环境的政策。

2）长期以来，由于人们对环境问题认识不足，对环境保护重视不够，造成了十分严重的人为的环境污染和自然生态破坏。土地沙化、水土流失、森林减少、植被破坏、水资源短缺、沙尘暴肆虐、大气和水遭受严重污染，这一系列的环境问题，不仅直接影响人民的生活和健康，威胁着人类的生存和发展，而且也成为经济发展的制约因素。

3）当前，我国正致力于大规模发展经济建设，把经济搞上去，是全党的中心任务。经济要发展，人民生活要提高，势必加快对自然资源的开发利用，给环境带来很大的压力。在这样的形势下，我们必须保持头脑清醒，在各项开发建设中，在重大的经济决策中，都要十分重视保护环境，维护自然生态平衡，绝不能掉以轻心。否则，就有可能造成在决策和工作上的重大失误，给环境造成灾难性而又难以弥补的严重破坏，使人类遭受大自然的报复带来的严重损失，付出重大代价。

4）我国是社会主义国家，发展生产的目的是不断提高人民的物质和文化生活水平，把国家建设得繁荣昌盛，使人民安居乐业。经济要发展，环境要保护，这是人民的根本利益所在，是社会主义制度优越性的体现。因此，在任何情况下，我们都要在发展经济的基础上，不断改善人民的生活环境，避免环境公害的发生，并为后代人的建设和发展保留充足的自然资源，创造一个良好的生态环境。这是我们党和政府义不容辞的责任。

总之，人口众多和资源短缺的国情，环境污染和破坏严重的现实，经济发展和社会主义现代化建设长远发展的需要，可持续发展的战略目标的实现，人民的根本利益和社会主义性质，都决定了我们必须把环境保护作为社会主义现代化建设的一项战略任务，放到基本国策的地位，长抓不懈。

2. 中国环境保护的基本政策

中国环境保护的基本政策包括"预防为主、防治结合、综合治理"政策、"谁污染，谁治理"政策和"强化环境管理"政策，简称环境保护"三大政策"。这三大政策是以中国的基本国情为出发点，以解决环境问题为基本前提，在总结中国环境保护实践经验和教训的基础上而制定的具有中国特色的环境保护政策。

（1）"预防为主"政策

这一政策的基本思想是把消除污染、保护环境的措施实施在经济开发和建设过程之前或之中，从根本上消除环境问题得以产生的根源，大大减轻事后污染治理和生态保护所要付出的沉重代价。因此，预先采取措施，避免或者减少对环境的污染和破坏，是解决环境问题的最有效率的办法。贯彻预防为主政策，主要包括以下几方面内容：

1）按照"三同步、三统一"方针，把环境保护纳入到国民经济和社会发展计划之中，进行综合平衡，这是从宏观层次上贯彻预防为主的环境政策的先决条件。

2）环境保护与产业结构调整、优化资源配置相结合，促进经济增长方式的转变，这是从宏观和微观两个层次上贯彻预防为主环境政策的根本保证。

3）建设项目的环境管理，严格控制新污染源的产生，这是从微观层次上贯彻预防为主环境政策的关键。从建设项目管理入手，实施全过程控制，从源头解决环境问题，减少污染治理和生态保护所付出的沉重代价，转变所有发达国家都走过的"先污染、后治理"的环境保护道路。

（2）"谁污染，谁治理"政策

20世纪70年代初，经济合作与发展组织（OECD）将日本环境政策中的"污染者负担"作为一项经济原则提出，因为实行这一原则可以促进合理利用资源，防止并减轻环境损害，实现社会公平。所以这一原则得被世界上许多国家采取。中国"谁污染，谁治理"政策也从这一原则引申而来。

"谁污染，谁治理"的政策思想是：治理污染、保护环境是生产者不可推卸的责任和义务，由污染产生的损害以及治理污染所需要的费用，都必须由污染者承担和补偿，从而使外部不经济性内化到企业的生产中去。这项政策明确了经济行为主体的环境责任，开辟了环境治理的资金来源，其主要内容包括：对超过排放标准向大气、水体等排放污染物的企事业单位征收超标排污费，专门用于防治污染；对严重污染的企事业单位实行限期治理；结合企业技术改造防治工业污染。

（3）"强化环境管理"政策

三大政策中核心是强化环境管理。强化环境管理政策提出的背景，是基于当时的两个重要事实：一是没有足够的经济和科技实力治理污染，二是现有的许多环境问题是因为管理不善造成。

强化环境管理政策的主要目的是通过强化政府和企业的环境治理责任，控制和减少因管理不善带来的环境污染和破坏。其主要措施有：

1）逐步建立和完善环境保护法规与标准体系。我国已经建立了比较完整的环境保护法律体系，主要包括：《中华人民共和国环境保护法》《中华人民共和国水污染防治法》《中华人民共和国大气污染防治法》《中华人民共和国环境噪声污染防治法》《中华人民共和国放射性污染防治法》《中华人民共和国环境影响评价法》和《中华人民共和国清洁生产促进法》等。这些法规已经成为环境保护工作的依据和武器，在实践中发挥了重要作用。

2）建立了全国性的环境保护管理网络。在各级政府中都设立环境保护机构，依照法律规定对环境保护实施监督管理。同时，加强新闻媒介对环境违法行为的揭露和曝光，广泛动员民众参与环境保护，并在教育体系中逐步加强环境保护意识教育。

3）建立了健全环境管理制度。主要包括：环境影响评价制度、"三同时"制度、排污收费制度、环境保护目标责任制度、城市环境综合整治定量考核制度、排污许可证制度、污染集中控制制度和污染源限期治理制度等，使环境管理工作迈上了新的台阶。

2.3.3　中国环境管理制度

环境管理就是国家环境保护部门运用经济、法律、技术、行政、教育等手段，限制和控制人类损害环境质量、协调社会经济发展与保护环境、维护生态平衡之间关系的一系列活动。环境管理的目的是在于保证经济得到长期稳定增长的同时，使人类有一个良好的生存和生产环境。一般说来，社会经济发展对生态平衡的破坏和造成的环境污染，主要是由于管理不善造成的。

环境管理的内容涉及土壤、水、大气、生物等各种环境因素，环境管理的领域涉及经济、社会、政治、自然、科学技术等方面，环境管理的范围涉及国家的各个部门，所以环境管理具有高度的综合性。

《中华人民共和国环境保护法》第四章对我国长期以来实行的行之有效的环境管理制度进行了总结，目前我国环境管理的制度措施主要有八项，即：环境影响评价制度、"三同时"制度、排污收费制度、环境保护目标责任制、城市环境综合整治定量考核制度、排污许可证制度、污染集中控制制度和污染源限期治理制度。下面重点介绍环境影响评价制度、"三同时"制度、排污收费制度、城市环境综合整治定量考核制度和排污许可证制度五项。

1. 环境影响评价制度

为加强建设项目环境保护管理，严格控制新的污染，保护和改善环境，1986 年 3 月 26 日，全国保护委员会、国家计划委员会、国家经济委员会颁布了《建设项目环境保护管理办法》。该办法规定凡从事对环境有影响的建设项目都必须执行环境影响评价制度和"三同时"制度，并以此为出发点，对实行这两项制度的对象、主管部门、各有关部门间的职责分工、审批程序、环境影响报告书和环境影响报告表、环境影响评价资格审查、评价工作收费、项目初步设计中的环境保护篇章、环境保护设施的竣工验收报告、监督检查等做了具体规定。

国务院于 1998 年 11 月 29 日发布施行《建设项目环境保护管理条例》，第一次通过行政法规明确规定"国家实行建设项目环境影响评价制度"。《建设项目环境保护管理条例》主要内容包括以下几个方面：

1）规定了环境影响评价的适用范围，即对环境有影响的新建、改建、扩建、技术改造项目以及一切引进项目，包括区域建设项目都必须执行环境影响报告书审批制度。

2）规定了污染控制要求，建设产生污染的建设项目，必须遵守污染物排放的国家标准和地方标准。

3）改建、扩建项目和技术改造项目必须采取措施，治理与该项目有关的原有环境污染和生态破坏。

4）国家实行建设项目环境影响评价制度。

5）国家根据建设项目对环境的影响程度，对建设项目的环境保护实行分类管理：编制环境影响报告书、编制环境影响报告表、填报环境影响登记表。

6）规定了评价的时机，即建设项目环境影响评价报告书（报告表）必须在项目的可行性研究阶段完成。

7）规定了负责提出环境影响报告书的主体，即开发建设单位。

8）规定了环境影响评价报告书和环境影响评价报告表的基本内容。

9）规定了环境影响评价的程序，包括填写环境影响报告表或编报环境影响报告书的项目筛选程序；环境影响评价的工作程序和环境影响报告书的审批程序。

10）规定了承担评价工作单位和资格审查制度。

11）规定了环境影响评价的资金来源和工作费用的收取。

12）规定了环境保护设施建设。建设项目需要配套建设的环境保护设施，必须与主体工程同时设计、同时施工、同时投产使用。

13）规定了违反本条例规定，建设单位、从事建设项目环境影响评价工作的单位、技术机构、环境保护行政主管部门的工作人员应承担的法律责任。

《建设项目环境保护管理条例》颁布实施，对规范和推动建设项目环境保护工作发挥了重要作用。2015 年、2016 年《环境保护法》《环境影响评价法》相继修订、修改并颁布实施。根据新《环境保护法》、新《环境影响评价法》和环境影响评价体制改革新要求，2017年 6 月，国务院对《建设项目环境保护管理条例》进行了修改，主要包括四个方面的内容：一是简化、细化建设项目环评管理，取消和下放不适应形势发展需求的审批事项，激发企业和社会创业创新的活力；二是取消环保设施验收审批，加强事中事后管理，强化"三同时"监管；三是统一执法机关，加大违法行为处罚力度；四是注意问题，环境保护部门要进一步加大宣传力度，确保基层管理部门、建设单位准确理解改革要求，要及时完善配套规定，要全面准确严格执法。

环境影响评价制度为项目的决策、项目的选址、产品方向、建设计划和规模以及建成后的环境监测和管理提供了科学依据。

2. "三同时"制度

"三同时"制度是我国出台最早的一项环境管理制度。它是中国的独创，是在中国社会主义制度和建设经验的基础上提出来的，是具有中国特色并行之有效的环境管理制度。

所谓"三同时"是指新扩改项目和技术改造项目的环保设施要与主体工程同时设计、同时施工、同时投产。"三同时"制度是我国环境保护工作的一个创举，是在总结我国环境管理实践经验基础上，被我国法律所确认的一项重要的环境保护法律制度。这项制度最早规定于 1973 年的《关于保护和改善环境的若干规定》，在 1979 年的《环境保护法（试行）》中做了进一步规定。此后的一系列环境法律法规也都重申了"三同时"制度。1986 年颁布的《建设项目环境保护管理办法》对"三同时"制度做了具体规定，1998 年对《建设项目环境保护管理办法》做了修改并新颁布了《建设项目环境保护管理条例》，它对"三同时"制度做了进一步的具体规定。主要内容包括以下几方面：

1）在建设项目正式施工前，建设单位必须向环境保护行政主管部门提交初步设计中的环境保护篇章。在环境保护篇章中必须落实防治环境污染和生态破坏的措施以及环境保护设施投资概算。

2）环境保护篇章经审查批准后，才能纳入建设计划，并投入施工。建设项目的主体工程完工后，需要进行试生产的，其配套建设的环境保护设施必须与主体工程同时投入试运行。

3）建设项目竣工后，建设单位应当向审批该建设项目环境影响报告书（表）的环境保护行政主管部门，申请该建设项目需要配套建设的环境保护设施竣工验收。

环境保护设施竣工验收应当与主体工程竣工验收同时进行。需要进行试生产的建设项目，建设单位应当自建设项目投入试生产之日起3个月内，向审批该建设项目环境影响报告书（表）的环境保护行政主管部门申请验收该建设项目配套建设的环境保护设施。

4）分期建设、分期投入生产或者使用的建设项目，其相应的环境保护设施应当分期验收。

5）环境保护行政主管部门应当自收到环境保护设施竣工验收申请之日起30日内出具竣工验收手续。

6）对建设项目需要配套建设的环境保护设施未建成、未经验收或者经验收不合格，主体工程正式投入生产或者使用的，由审批该建设项目环境影响报告书（表）的环境保护行政主管部门责令停止生产或者使用。

"三同时"制度是从源头上消除各类建设项目可能产生的污染、保证环境保护设施与主体工程同时设计和建设、确保生产经营活动与污染治理同步进行及保证治理污染效果的有力举措，是我国"预防为主"方针的具体化、制度化。

3. 排污收费制度

2016年12月25日第十二届全国人民代表大会常务委员会第二十五次会议通过了《中华人民共和国环境保护税法》（以下简称《环境保护税法》），自2018年1月1日起施行。制定环境保护税法，是落实"推动环境保护费改税""用严格的法律制度保护生态环境"要求的重大举措，对于保护和改善环境、减少污染物排放、推进生态文明建设具有重要的意义。

为保障环境保护税法顺利实施，细化法律的有关规定，进一步明确界限、增强可操作性，2017年12月30日，国务院公布《中华人民共和国环境保护税法实施条例》（以下简称《条例》），自2018年1月1日起与环境保护税法同步施行，《排污费征收使用管理条例》同时废止。

《环境保护税法》和《条例》的主要内容包括以下几方面：

1）明确规定在中华人民共和国领域和中华人民共和国管辖的其他海域，直接向环境排放应税污染物的企业事业单位和其他生产经营者为环境保护税的纳税人，应当依照本法规定缴纳环境保护税。

2）明确环境保护税法所称应税污染物，是指本法所附《环境保护税税目税额表》《应税污染物和当量值表》规定的大气污染物、水污染物、固体废物和噪声。

3）明确不属于直接向环境排放污染物，不缴纳相应污染物的环境保护税：

一是企业事业单位和其他生产经营者向依法设立的污水集中处理、生活垃圾集中处理场所排放应税污染物的。

二是企业事业单位和其他生产经营者在符合国家和地方环境保护标准的设施、场所贮存或者处置固体废物的。

4）依法设立的城乡污水集中处理、生活垃圾集中处理场所超过国家和地方规定的排放标准向环境排放应税污染物的，应当缴纳环境保护税。

企业事业单位和其他生产经营者贮存或者处置固体废物不符合国家和地方环境保护标准的，应当缴纳环境保护税。

5）计税依据和应纳税额。对应税大气污染物和水污染物的污染当量数、固体废物的排放量和噪声的分贝数，分别确定计税依据和应纳税额计算方法。

6）税收减免规定。农业生产（不包括规模化养殖）排放应税污染物的；机动车、铁路机车、非道路移动机械、船舶和航空器等流动污染源排放应税污染物的；依法设立的城乡污水集中处理、生活垃圾集中处理场所排放相应应税污染物，不超过国家和地方规定的排放标准的；纳税人综合利用的固体废物，符合国家和地方环境保护标准的等，暂予免征环境保护税。

7）征收管理。环境保护税由税务机关依照《中华人民共和国税收征收管理法》和本法的有关规定征收管理。生态环境主管部门依照本法和有关环境保护法律法规的规定负责对污染物的监测管理。

8）实施条例在环境保护税法的框架内，重点对征税对象、计税依据、税收减免以及税收征管的有关规定作了细化，进一步明确了税务机关和环境保护主管部门在税收征管中的职责以及互相交送信息的范围，以更好地适应环境保护税征收工作的实际需要。

近些年来，通过开展环境保护宣传教育，特别是运用经济杠杆和法律手段进行环境监督，深入开展征收排污费工作，促进"谁污染谁治理"政策的落实。排污收费在环境管理中的地位和作用日益显示出来，主要表现在：有力地控制新污染源，促使排污单位加强经营管理，推动了综合利用，提高了资源、能源的利用率，为防治污染提供了大量专项资金，加强了环境保护部门自身建设，促进了环境保护工作。

4. 城市环境综合整治定量考核制度

城市环境综合整治定量考核制度，是指中国 20 世纪 80 年代在开展城市环境质量综合整治实践的基础上，对城市环境综合整治规定出可比的定量指标，定期进行考核评比，促进环境质量改善的一项重要制度。

1988 年 9 月，国务院环境保护委员会发布《关于城市环境综合整治定量考核的决定》，规定从 1989 年起，国家对北京、天津、上海等 32 个重点城市进行定量考核；城市环境综合整治是城市政府的一项重要职责，市长对城市的环境质量负责；这项工作应列入市长的任期目标，并作为考核政绩的重要内容；城市人民政府应按考核指标分级制定本市的环境综合整治目标，并在年度计划中分解落实到有关部门，组织实施。考核范围包括大气环境保护、水环境保护、噪声控制、固体废弃物处置和绿化五个方面，共 20 项指标。考核结果向群众公报，接受群众监督。该项制度使城市环境保护工作由定性管理转向定量管理，也使环境保护工作增加了透明度。

城市环境综合整治就是把城市环境作为一个系统、一个整体，运用系统工程的理论和方法，采取多功能、多目标、多层次的综合的战略、手段和措施，对城市环境进行综合规划、综合管理、综合控制，以较小的投入，换取城市环境质量最优化，做到"经济建设、城乡建设、环境建设同步规划、同步实施、同步发展"，以使复杂的城市环境问题得到有效的解决。

城市环境综合整治定量考核是由城市环境综合整治的实际需要而产生的，它不仅使城市环境综合整治工作定量化、规范化，而且增强了透明度，引入了社会监督的机制。因此，这项制度的实施使环保工作切实纳入了政府的议事日程。主要包括以下几方面：

1）定量考核的对象和范围。根据市长要对城市的环境质量负责的原则，城市环境综合整治定量考核的主要对象是城市政府。考核范围分为国家级考核和省（自治区）级考核。

2）定量考核的内容和指标。定量考核的内容：环境质量、污染控制、环境建设和环境管理四方面，共 27 项指标，总计 100 分。

5. 排污许可证制度

2016 年 11 月，为进一步推动环境治理基础制度改革，改善环境质量，国务院根据《中华人民共和国环境保护法》和《生态文明体制改革总体方案》等，制定并发布了《控制污染物排放许可制实施方案》，作为中国实施排污许可制的纲领性文件。

排污许可证制度是以改善环境质量为目标，以污染物总量控制为基础，对排污的种类、数量、性质、去向、方式等的具体规定，是一项具有法律含义的行政管理制度。主要包括以下几方面内容：

1）排污申报登记。排污申报登记是排污许可证的基础工作。一般要求申报如下内容：排污单位的基本情况；原料、资源、能耗消耗情况；污染排放状况（包括排放种类、排放去向、排放强度）；污染处理设施建设、运行情况；排污单位的地理位置和平面示意图。

2）排污指标的审定。环保部门对排污单位排污登记表进行核查，确定登记情况的准确性，从而审定排污许可证控制因子，然后分配排污单位污染物允许排放浓度、允许排放量。审定排污单位排污指标是排污许可证制度的核心。

3）发放排污许可证。向达到控制指标的排污单位发放排污许可证，对暂时达不到需要控制指标的排污单位发放临时许可证。

4）许可证的监督管理。环保部门要加强监督性检查，问题监督规范化，抽查监督制度化，对排污单位是否按排污许可证规定的排污要求进行排污做定期检查。

2.4 环境保护法

2.4.1 立法概述

保护环境是国家的基本国策，我国环境保护坚持保护优先、预防为主、综合治理、公众参与、损害担责的原则。

1989 年 12 月 26 日，第七届全国人民代表大会常务委员会第十一次会议通过了《中华人民共和国环境保护法》（以下简称《环保法》）。《环保法》是环境领域的基础性、综合性法律，主要规定环境保护的基本原则和基本制度，解决共性问题。《环保法》的实施，提高了广大干部和人民群众的法制观念和环境意识，推动了环境保护的法制建设，加强了环境管理，促进了环境保护事业的发展，对保护与改善我国的环境、防治污染与其他公害起到了积极作用。

随着我国经济、政治、文化等各个领域发生深刻的变化，当时的《环保法》越发暴露出与时代不相适应的缺陷。2014 年 4 月 24 日，第十二届全国人大常委会第八次会议表决通过了修订后的《环保法》，自 2015 年 1 月 1 日施行。修订后的《环保法》，充分体现了国家生态文明建设的要求，是目前现行法律中最严格的一部专业领域行政法，是针对目前我国严峻环境现实的一记重拳，是在环境保护领域内的重大制度建设，对于环保工作以及整个环境质量的提升都将产生重要的作用。

2.4.2 环境保护法的主要内容

修订后的《环保法》共七章七十条，主要内容包括以下几方面：

1. 强化了环境保护的战略地位

《环保法》增加规定"保护环境是国家的基本国策"，并明确"环境保护坚持保护优先、预防为主、综合治理、公众参与、损害担责"的原则。另外，《环保法》在第一条立法目的中增加"推进生态文明建设，促进经济社会可持续发展"的规定，并进一步明确"国家支持环境保护科学技术的研究、开发和应用，鼓励环境保护产业发展，促进环境保护信息化建设，提高环境保护科学技术水平"。这些规定进一步了强化环境保护的战略地位，将环境保护融入经济社会发展。

2. 突出强调了政府监督管理责任

强调了政府对环境保护的监督管理职责。具体体现在下面几个方面：

1）在监督管理措施方面，进一步强化了地方各级人民政府对环境质量的责任。地方各级人民政府应当对本行政区域的环境质量负责。未达到国家环境质量标准的重点区域、流域的有关地方人民政府，应当制定限制达标规划，并采取措施按期达标。

2）在政府对排污单位的监督方面，针对当前环境设施不依法正常运行、监测记录不准确等比较突出的问题，《环保法》第二十四条规定，县级以上人民政府环境保护主管部门及其委托的环境监察机构和其他负有环境保护监督管理职责的部门，有权对排放污染物的企业事业单位和其他生产经营者进行现场检查。

3）在上级政府机关对下级政府机关的监督方面，加强了地方政府对环境质量的责任。同时，增加规定了环境保护目标责任制和考核评价制度，并规定了上级政府及主管部门对下级部门或工作人员工作监督的责任。

4）对于履职缺位和不到位的官员，《环保法》第六十九条规定，领导干部虚报、谎报、瞒报污染情况，将会引咎辞职。出现环境违法事件，造成严重后果的，地方政府分管领导、环保部门等监管部门主要负责人，要承担相应的刑事责任。

3. 建立了环境监测和预警机制

近年来，以雾霾为首的恶劣天气增多，雾霾成了一些城市的最大危害。《环保法》对雾霾等大气污染做出了有针对性的规定。

1）国家建立健全环境与健康监测、调查和风险评估制度。鼓励和组织开展环境质量对公众健康影响的研究，采取措施预防和控制与环境污染有关的疾病。

2）国家建立环境污染公共监测预警的机制。县级以上人民政府建立环境污染公共预警机制，组织制定预警方案；环境受到污染，可能影响公众健康和环境安全时，依法及时公布预警信息，启动应急措施。

3）国家建立跨行政区域的重点区域、流域环境污染和生态破坏联合防治协调机制。

4. 划定了生态保护红线

作为保护我国生态资源的重要方式，生态保护红线受到社会各界的广泛关注。国家在重点生态功能区、生态环境敏感区和脆弱区等区域，划定生态保护红线，实行严格保护。《环保法》首次将生态保护红线写入法律。国家在重点生态保护区、生态环境敏感区和脆弱区等区域，划定生态保护红线，实行严格保护。《环保法》同时规定，省级以上人民政府应当组织有关部门或者委托专业机构，对环境状况进行调查、评价，建立环境资源承载能力监测预警机制。

5. 扩大了环境公益诉讼主体

借鉴国际惯例，扩大环境公益诉讼主体的规定。国际上对诉讼主体的要求是由环境公益诉讼的性质和作用来决定的。由于专业性比较强，要求起诉主体对环境的问题比较熟悉，要具有一定的专业性和诉讼能力和比较好的社会公信力，或者说宗旨是专门从事环境保护工作，要致力于公益性的活动，不牟取经济利益的社会组织，才可以提起公益诉讼。

《环保法》第五十八条扩大了环境公益诉讼的主体，规定凡依法在设区的市级以上人民政府民政部门登记的，专门从事环境保护公益活动连续五年以上且信誉良好的社会组织，都能向人民法院提起诉讼。

6. 加大了违法成本

新《环保法》被称为"史上最严环保法"，其针对企业事业单位和其他经营者环境违法行为规定如下处理措施：

1）设备扣押。《环保法》第二十五条规定，企业事业单位和其他生产经营者违反法律法规规定排放污染物，造成或者可能造成严重污染的，县级以上人民政府环境保护主管部门和其他负有环境保护监督管理职责的部门，可以查封、扣押造成污染物排放的设施、设备。

2）按日计罚。多年来，国家环境立法不少，但由于违法成本低，对违规企业的经济处罚并未取得应有的震慑效果，导致法律法规并未起到真正的约束作用。《环保法》第五十九条规定，企业事业单位和其他生产经营者违法排放污染物，受到罚款处罚，被责令改正，拒不改正的，依法做出处罚决定的行政机关可以自责令改正之日的次日起，按照原处罚数额按日连续处罚。

"按日计罚"是针对企业拒不改正超标问题等比较常见的违法现象采取的措施，目的就是加大违法成本，在中国现行行政法规体系里，这是一个创新性的行政处罚规则。环保部门在决定罚款时，应考虑企业污染防治设施的运行成本、违法行为造成的危害后果以及违法所得等因素，来决定罚款数额。

3）停业关闭。《环保法》第六十条规定，企业事业单位和其他生产经营者超过污染物排放标准或者超过重点污染物排放总量控制指标排放污染物的，县级以上人民政府环境保护主管部门可以责令其采取限制生产、停产整治等措施；情节严重的，报经有批准权的人民政府批准，责令停业、关闭。

4）行政责任。《环保法》第六十三条规定，企业事业单位和其他生产经营者有违反行为，尚不构成犯罪的，除依照有关法律法规规定予以处罚外，由县级以上人民政府环境保护主管部门或者其他有关部门将案件移送公安机关，违反行为包括：建设项目未依法进行环境影响评价，未取得排污许可证排放污染物，通过暗管、渗井、渗坑、灌注或者篡改、伪造监测数据或不正常运行防治污染设施等逃避监管的方式违法排放污染物的，生产、使用国家明令禁止生产、使用的农药等。

5）侵权责任。《环保法》第六十四条规定，因污染环境和破坏生态造成损害的，应当依照《中华人民共和国侵权责任法》的有关规定承担侵权责任。

6）连带责任。《环保法》第六十五条规定，环境影响评价机构、环境监测机构以及从事环境监测设备和防治污染设施维护、运营的机构，在有关环境服务活动中弄虚作假，对造成的环境污染和生态破坏负有责任的，除依照有关法律法规规定予以处罚外，还应当与造成环境污染和生态破坏的其他责任者承担连带责任。

7）刑事责任。《环保法》第六十九条规定，违反本法规定，构成犯罪的，依法追究刑事责任。

2.5 可持续发展

2.5.1 可持续发展的概念

1. 可持续发展的理论背景

可持续发展是指既满足当代人的需求，又不损害后代人满足需要的能力的发展。换句话说，就是指经济、社会、资源和环境保护协调发展，它们是一个密不可分的系统，既要达到发展经济的目的，又要保护好人类赖以生存的大气、淡水、海洋、土地和森林等自然资源和环境，使子孙后代能够永续发展和安居乐业。

可持续发展理论的形成经历了相当长的历史过程。20 世纪 50 至 60 年代，人们在经济增长、城市化、人口、资源等所形成的环境压力下，对"增长等于发展"的模式产生怀疑并展开争论。1962 年，美国女生物学家莱切尔·卡逊发表了一部引起很大轰动的环境科普著作《寂静的春天》，作者描绘了一幅由于农药污染所产生的可怕景象，惊呼人们将会失去"春光明媚的春天"，在世界范围内引发了人类关于发展观念上的争论。

10 年后，两位著名美国学者巴巴拉·沃德和雷内·杜博斯享誉全球的著作《只有一个地球》问世，把人类生存与环境的认识推向一个新境界，可持续发展的境界。同年，一个非正式国际著名学术团体罗马俱乐部发表了有名的研究报告《增长的极限》，明确提出"持续增长"和"合理的持久的均衡发展"的概念。

在这之后，随着公害问题的加剧和能源危机的出现，人们逐渐认识到把经济、社会和环境割裂开来谋求发展，只能给地球和人类社会带来毁灭性的灾难。源于这种危机感，可持续发展的思想在 20 世纪 80 年代逐步形成。

1980 年由世界自然保护联盟（IUCN）、联合国环境规划署（UNEP）、野生动物基金会（WWF）共同发表的《世界自然保护大纲》，明确提出了可持续发展（Sustainable Development）的概念，"必须研究自然的、社会的、生态的、经济的以及利用自然资源过程中的基本关系，以确保全球的可持续发展"。

1981 年，美国人布朗出版了《建设一个可持续发展的社会》，提出以控制人口增长、保护资源基础和开发再生能源来实现可持续发展。

1983 年 11 月，联合国成立了世界环境与发展委员会（WECD）。

1987 年，以挪威首相布伦特兰为主席的联合国世界环境与发展委员会发表了一份报告

《我们共同的未来》，这份报告正式使用了可持续发展概念，并对之做出了比较系统的阐述，产生了广泛的影响。

1992 年 6 月，联合国在里约热内卢召开的环境与发展大会通过了以可持续发展为核心的《里约环境与发展宣言》《21 世纪议程》等文件。随后，中国政府编制了《中国 21 世纪人口、环境与发展白皮书》，首次把可持续发展战略纳入我国经济和社会发展的长远规划。1997 年的中共十五大把可持续发展战略确定为我国现代化建设中必须实施的战略。可持续发展主要包括社会可持续发展、生态可持续发展、经济可持续发展。

2. 可持续发展的定义

对于可持续发展的概念，各个学科从各自的角度有不同的表述，但基本含义是一致的。可持续发展就是建立在社会、经济、人口、资源、环境相互协调和共同发展的基础上的一种发展，其宗旨是既能相对满足当代人的需求，又不能对后代人的发展构成危害。

（1）世界环境与发展委员会对可持续发展的定义

1987 年，世界环境与发展委员会发表了影响全球的题为《我们共同的未来》的报告，它分为"共同的问题""共同的挑战"和"共同的努力"三大部分。在集中分析了全球人口、粮食、物种和遗传资源、能源、工业和人类居住等方面的情况，并系统探讨了人类面临的一系列重大经济、社会和环境问题之后，这份报告鲜明地提出了三个观点：环境危机、能源危机和发展危机不能分割；地球的资源和能源远不能满足人类发展的需要；必须为当代人和下代人的利益改变发展模式。

在报告中，可持续发展被定义为"既满足当代人的需要，又不损害后代人满足需要的能力的发展"。报告深刻指出，在过去，人们关心的是经济发展对生态环境带来的影响，而现在，人们正迫切地感到生态的压力对经济发展所带来的重大影响。因此，人们需要有一条新的发展道路，这条道路不是一条仅能在若干年内、在若干地方支持人类进步的道路，而是一直到遥远的未来都能支持全球人类进步的道路。这一鲜明、创新的科学观点，把人们从单纯考虑环境保护引导到把环境保护与人类发展切实结合起来，实现了人类有关环境与发展思想的重要飞跃。

《我们共同的未来》中包含了两个重要内容，一是对传统发展方式的反思和否定，二是对规范的可持续发展模式的理性设计。报告指出，过去人们关心的是发展对环境带来的影响，而现在人们则迫切地感到了生态环境的退化对发展带来的影响，以及国家之间在生态学方面互相依赖的重要性。就对传统发展方式的反思和否定而言，报告明确提出要变革人类沿袭已久的生产方式和生活方式；就规范的可持续发展模式的理性设计而言，报告提出工业应当是高产低耗，能源应当被清洁利用，粮食需要保障长期供给，人口与资源应当保持相对平衡。有人总结说，这种转变也即是三个重要的理论转变：由人类中心论向物种共同进化论转变；由现世主义向世代伦理主义转变；由效益至上向公平和合理至上转变。可持续发展理论得到了全世界不同经济水平和不同文化背景国家的普遍认同，并为 1992 年联合国环境与发展大会通过的《21 世纪议程》奠定了理论基础。

（2）侧重自然方面的定义

"持续性"一词首先是由生态学家提出来的，即所谓"生态持续性"（Ecological Sustainability），意在说明自然资源及其开发利用程序间的平衡。1991 年 11 月，国际生态学联合会（INTECOL）和国际生物科学联合会（IUBS）联合举行了关于可持续发展问题的专题研讨会。

该研讨会的成果发展并深化了可持续发展概念的自然属性，将可持续发展定义为"保护和加强环境系统的生产和更新能力"，其含义为可持续发展是不超越环境、系统更新能力的发展。

（3）侧重于社会方面的定义

1991年，由世界自然保护同盟（IUCN）、联合国环境规划署（UNEP）和世界野生生物基金会（WWF）共同发表《保护地球——可持续生存战略》，将可持续发展定义为"在生存于不超出维持生态系统涵容能力之情况下，改善人类的生活品质"，并提出了人类可持续生存的九条基本原则。在这九条基本原则中，既强调了人类的生产方式与生活方式要与地球承载能力保持平衡，保护地球的生命力和生物多样性，同时又提出了人类可持续发展的价值观和130个行动方案，着重论述了可持续发展的最终落脚点是人类社会，即改善人类的生活质量，创造美好的生活环境。其认为，各国可以根据自己的国情制定各不相同的发展目标。但是，只有在"发展"的内涵中包括有提高人类健康水平、改善人类生活质量和获得必须资源的途径，并创造一个保持人们平等、自由、人权的环境，只有使人们的生活在所有这些方面都得到改善，才是真正的"发展"。

（4）侧重于经济方面的定义

爱德华·B. 巴比尔在其著作《经济、自然资源：不足和发展》中，把可持续发展定义为"在保持自然资源的质量及其所提供服务的前提下，使经济发展的净利益增加到最大限度"。皮尔斯认为："可持续发展是今天的使用不应减少未来的实际收入，当发展能够保持当代人的福利增加时，也不会使后代的福利减少。"当然，定义中的经济发展已不是传统的以牺牲资源和环境为代价的经济发展，而是"不降低环境质量和不破坏世界自然资源基础的经济发展"。

3. 侧重于科技方面的定义

斯帕思认为："可持续发展就是转向更清洁、更有效的技术——尽可能接近'零排放'或'密封式'，工艺方法——尽可能减少能源和其他自然资源的消耗。"还有的学者提出："可持续发展就是建立极少产生废料和污染物的工艺或技术系统。"他们认为，污染并不是工业活动不可避免的结果，而是技术差、效益低的表现。

4. 综合性定义

1989年，联合国环境发展会议专门为可持续发展的定义和战略通过了《关于可持续发展的声明》，认为可持续发展的定义和战略主要包括四个方面的含义：

1）走向国家和国际平等。

2）要有一种支援性的国际经济环境。

3）维护、合理使用并提高自然资源基础。

4）在发展计划和政策中纳入对环境的关注和考虑。

总之，可持续发展注重社会、经济、文化、资源、环境、生活等各方面协调发展，要求这些方面的各项指标组成的向量的变化呈现单调增态势（强可持续性发展），至少其总的变化趋势不是单调减态势（弱可持续性发展）。

可持续发展与环境保护既有联系，又不等同。环境保护是可持续发展的重要方面。可持续发展的核心是发展，但要求在严格控制人口、提高人口素质和保护环境、资源永续利用的前提下进行经济和社会的发展。发展是可持续发展的前提；人是可持续发展的中心体；可持续长久的发展才是真正的发展。

2.5.2　可持续发展的内涵、特征和原则

1. 可持续发展的内涵

2002 年，中共十六大把"可持续发展能力不断增强"作为全面建设小康社会的目标之一。可持续发展是以保护自然资源环境为基础，以激励经济发展为条件，以改善和提高人类生活质量为目标的发展理论和战略。它是一种新的发展观、道德观和文明观。可持续发展有以下几个方面的丰富内涵。

（1）共同发展

地球是一个复杂的巨系统，每个国家或地区都是这个巨系统不可分割的子系统。系统的最根本特征是其整体性，每个子系统都和其他子系统相互联系并发生作用，只要一个系统发生问题，都会直接或间接影响到其他系统的紊乱，甚至会诱发系统的整体突变，这在地球生态系统中表现最为突出。因此，可持续发展追求的是整体发展和协调发展，即共同发展。

（2）协调发展

协调发展包括经济、社会、环境三大系统的整体协调，也包括世界、国家和地区三个空间层面的协调，还包括一个国家或地区经济与人口、资源、环境、社会以及内部各个阶层的协调，持续发展源于协调发展。

（3）公平发展

世界经济的发展呈现出因水平差异而表现出来的层次性，这是发展过程中始终存在的问题。但是这种发展水平的层次性若因不公平、不平等而引发或加剧，就会因为局部而上升到整体，并最终影响到整个世界的可持续发展。可持续发展思想的公平发展包含两个纬度：一是时间纬度上的公平，当代人的发展不能以损害后代人的发展能力为代价；二是空间纬度上的公平，一个国家或地区的发展不能以损害其他国家或地区的发展能力为代价。

（4）高效发展

公平和效率是可持续发展的两个轮子。可持续发展的效率不同于经济学的效率，可持续发展的效率既包括经济意义上的效率，也包含着自然资源和环境的损益的成分。因此，可持续发展思想的高效发展是指经济、社会、资源、环境、人口等协调下的高效率发展。

（5）多维发展

人类社会的发展表现出全球化的趋势，但是不同国家与地区的发展水平是不同的，而且不同国家与地区又有着异质性的文化、体制、地理环境、国际环境等发展背景。此外，因为可持续发展又是一个综合性、全球性的概念，要考虑到不同地域实体的可接受性，因此可持续发展本身包含了多样性、多模式的多维度选择的内涵。因此，在可持续发展这个全球性目标的约束和制导下，各国与各地区在实施可持续发展战略时，应该从国情或区情出发，走符合本国或本区实际的、多样性、多模式的可持续发展道路。

2. 可持续发展的特征

可持续发展理论的基本特征可以简单地归纳为经济可持续发展（基础）、生态（环境）可持续发展（条件）和社会可持续发展（目的）。

1）可持续发展鼓励经济增长。它强调经济增长的必要性，必须通过经济增长提高当代人福利水平，增强国家实力和社会财富。但可持续发展不仅要重视经济增长的数量，更要追求经济增长的质量。这就是说经济发展包括数量增长和质量提高两部分。数量的增长是有限

的，而依靠科学技术进步，提高经济活动中的效益和质量，采取科学的经济增长方式才是可持续的。

2）可持续发展的标志是资源的永续利用和良好的生态环境。经济和社会发展不能超越资源和环境的承载能力。可持续发展以自然资源为基础，同生态环境相协调。它要求在保护环境和资源永续利用的条件下，进行经济建设，保证以可持续的方式使用自然资源和环境成本，使人类的发展控制在地球的承载力之内。要实现可持续发展，必须使可再生资源的消耗速率低于资源的再生速率，使不可再生资源的利用能够得到替代资源的补充。

3）可持续发展的目标是谋求社会的全面进步。发展不仅仅是经济问题，单纯追求产值的经济增长不能体现发展的内涵。可持续发展的观念认为，世界各国的发展阶段和发展目标可以不同，但发展的本质应当包括改善人类生活质量，提高人类健康水平，创造一个保障人们平等、自由、教育和免受暴力的社会环境。这就是说，在人类可持续发展系统中，经济发展是基础，自然生态（环境）保护是条件，社会进步才是目的。而这三者又是一个相互影响的综合体，只要社会在每一个时间段内都能保持与经济、资源和环境的协调，这个社会就符合可持续发展的要求。显然，在新的世纪里，人类共同追求的目标，是以人为本的自然、经济、社会复合系统的持续、稳定、健康的发展。

3. 可持续发展的原则

（1）公平性

所谓公平是指机会选择的平等性。可持续发展的公平性原则包括两个方面：一方面是本代人的公平，即代内之间的横向公平；另一方面是指代际公平性，即世代之间的纵向公平性。可持续发展要满足当代所有人的基本需求，给他们机会以满足他们要求过美好生活的愿望。可持续发展不仅要实现当代人之间的公平，而且也要实现当代人与未来各代人之间的公平，因为人类赖以生存与发展的自然资源是有限的。从伦理上讲，未来各代人应与当代人有同样的权力来提出他们对资源与环境的需求。可持续发展要求当代人在考虑自己的需求与消费的同时，也要对未来各代人的需求与消费负起历史的责任，因为同后代人相比，当代人在资源开发和利用方面处于一种无竞争的主宰地位。各代人之间的公平要求任何一代都不能处于支配的地位，即各代人都应有同样选择的机会空间。

（2）持续性

这里的持续性是指生态系统受到某种干扰时能保持其生产力的能力。资源环境是人类生存与发展的基础和条件，资源的持续利用和生态系统的可持续性是保持人类社会可持续发展的首要条件。这就要求人们根据可持续性的条件调整自己的生活方式，在生态可能的范围内确定自己的消耗标准，要合理开发、合理利用自然资源，使再生性资源能保持其再生产能力，非再生性资源不至过度消耗并能得到替代资源的补充，环境自净能力能得以维持。可持续发展的可持续性原则从某一个侧面反映了可持续发展的公平性原则。

（3）共同性

可持续发展关系到全球的发展。要实现可持续发展的总目标，必须争取全球共同的配合行动，这是由地球整体性和相互依存性所决定的。因此，致力于达成既尊重各方的利益，又保护全球环境与发展体系的国际协定至关重要。正如《我们共同的未来》中写的，"今天我们最紧迫的任务也许是要说服各国，认识回到多边主义的必要性"，"进一步发展共同的认识和共同的责任感，是这个分裂的世界十分需要的"。这就是说，实现可持续发展就是人类要共同促进自身之间、自身与自然之间的协调，这是人类共同的道义和责任。

2.5.3　可持续发展的基本思想

1. 可持续发展并不否定经济增长

经济发展是人类生存和进步所必需的，也是社会发展和保持、改善环境的物质保障。特别是对发展中国家来说，发展尤为重要。目前发展中国家正经受贫困和生态恶化的双重压力，贫困是导致环境恶化的根源，生态恶化更加剧了贫困。尤其是在不发达的国家和地区，必须正确选择使用能源和原料的方式，力求减少损失、杜绝浪费，减少经济活动造成的环境压力，从而达到具有可持续意义的经济增长。既然环境恶化的原因存在于经济过程之中，其解决办法也只能从经济过程中去寻找。目前急需解决的问题是研究经济发展中存在的扭曲和误区，并站在保护环境，特别是保护全部资本存量的立场上去纠正它们，使传统的经济增长模式逐步向可持续发展模式过渡。

2. 可持续发展以自然资源为基础，同环境承载能力相协调

可持续发展追求人与自然的和谐。可持续性可以通过适当的经济手段、技术措施和政府干预得以实现，目的是减少自然资源的消耗速度，使之低于再生速度。如形成有效的利益驱动机制，引导企业采用清洁工艺和生产非污染物品，引导消费者采用可持续消费方式，并推动生产方式的改革。经济活动总会产生一定的污染和废物，但每单位经济活动所产生的废物数量是可以减少的。如果经济决策中能够将环境影响全面、系统地考虑进去，可持续发展是可以实现的。"一流的环境政策就是一流的经济政策"的主张正在被越来越多的国家所接受，这是可持续发展区别于传统的发展的一个重要标志。相反，如果处理不当，环境退化的成本将是十分巨大的，甚至会抵消经济增长的成果。

3. 可持续发展以提高生活质量为目标，同社会进步相适应

单纯追求产值的增长不能体现发展的内涵。学术界多年来关于增长和发展的辩论已达成共识。经济发展比经济增长的概念更广泛、意义更深远。若不能使社会经济结构发生变化，不能使一系列社会发展目标得以实现，就不能承认其为发展就是所谓的"没有发展的增长"。

4. 可持续发展承认自然环境的价值

这种价值不仅体现在环境对经济系统的支撑和服务上，也体现在环境对生命保障系统的支持上，应当把生产中环境资源的投入计入生产成本和产品价格之中，逐步修改和完善国民经济核算体系，即"绿色GDP"。为了全面反映自然资源的价值，产品价格应当完整地反映三部分成本：资源开采或资源获取成本；与开采、获取、使用有关的环境成本，如环境净化成本和环境损害成本；由于当代人使用了某项资源而不可能为后代人使用的效益损失，即用户成本。产品销售价格应该是这些成本加上税及流通费用的总和，由生产者和消费者承担，最终由消费者承担。

5. 可持续发展是培育新的经济增长点的有利因素

通常情况认为，贯彻可持续发展要治理污染、保护环境、限制乱采滥发和浪费资源，对经济发展是一种制约、一种限制。而实际上，贯彻可持续发展所限制的是那些质量差、效益低的产业。在对这些产业作某些限制的同时，恰恰为那些优质、高效，具有合理、持续、健康发展条件的绿色产业、环保产业、保健产业、节能产业等提供了发展的良机，培育了大批新的经济增长点。

2.5.4 可持续发展的能力建设

如果说经济、人口、资源、环境等内容的协调发展构成了可持续发展战略的目标体系，那么管理、法制、科技、教育等方面的能力建设就构成了可持续发展战略的支撑体系。可持续发展的能力建设是可持续发展的具体目标得以实现的必要保证，即一个国家的可持续发展很大程度上依赖于这个国家的政府和人民通过技术的、观念的、体制的因素表现出来的能力。具体地说，可持续发展的能力建设包括决策、管理、法制、政策、科技、教育、人力资源、公众参与等内容。

1. 可持续发展的管理体系

实现可持续发展需要有一个非常有效的管理体系。历史与现实表明，环境与发展不协调的许多问题是由于决策与管理的不当造成的。因此，提高决策与管理能力就构成了可持续发展能力建设的重要内容。可持续发展管理体系要求培养高素质的决策人员与管理人员，综合运用规划、法制、行政、经济等手段，建立和完善可持续发展的组织结构，形成综合决策与协调管理的机制。

2. 可持续发展的法制体系

与可持续发展有关的立法是可持续发展战略具体化、法制化的途径，与可持续发展有关的立法的实施是可持续发展战略付诸实现的重要保障。因此，建立可持续发展的法制体系是可持续发展能力建设的重要方面。可持续发展要求通过法制体系的建立与实施，实现自然资源的合理利用，使生态破坏与环境污染得到控制，保障经济、社会、生态的可持续发展。

3. 可持续发展的科技系统

科学技术是可持续发展的主要基础之一。没有较高水平的科学技术支持，可持续发展的目标就不能实现。科学技术对可持续发展的作用是多方面的。它可以有效地为可持续发展的决策提供依据与手段，促进可持续发展管理水平的提高，加深人类对人与自然关系的理解，扩大自然资源的可供给范围，提高资源利用效率和经济效益，提供保护生态环境和控制环境污染的有效手段。

4. 可持续发展的教育系统

可持续发展要求人们有高度的知识水平，明白人的活动对自然和社会的长远影响与后果，要求人们有高度的道德水平，认识自己对子孙后代的崇高责任，自觉地为人类社会的长远利益而牺牲一些眼前利益和局部利益。这就需要在可持续发展的能力建设中大力发展符合可持续发展精神的教育事业。可持续发展的教育体系应该不仅使人们获得可持续发展的科学知识，也使人们具备可持续发展的道德水平。这种教育既包括学校教育这种主要形式，也包括广泛的潜移默化的社会教育。

5. 可持续发展的公众参与

公众参与是实现可持续发展的必要保证，因此也是可持续发展能力建设的主要方面。这是因为可持续发展的目标和行动，必须依靠社会公众和社会团体最大限度的认同、支持和参与。公众、团体和组织的参与方式和参与程度，将决定可持续发展目标实现的进程。公众对可持续发展的参与应该是全面的。公众和社会团体不但要参与有关环境与发展的决策，特别是那些可能影响到他们生活和工作的决策，而且更需要参与对决策执行过程的监督。

2.6　经济、生态与社会的可持续发展

世界未来学会主席、美国社会学家爱德华·科尼什曾说过，就社会变革的角度而言，1800 年至 1850 年可称为迅速变革的时期；从 1950 年开始，我们这个星球出现了一个彻底变革的时期；而 20 世纪 70 年代以来，变革的速度进一步加快，可称作"痉挛性变革时期"。社会以及人的能力的迅速发展，确实使人类在控制自然方面取得了辉煌的成就：在宏观领域，人类制造的宇宙探测器已经飞出了太阳系；在微观领域，人类已经深入到原子核内部的研究，并把成果应用于解决能源问题和武器制造上。人们坚信，只要坚持这样发展下去，生活就会越来越美好，前途就会越来越光明。

但是，自 20 世纪 70 年代以来，人类对自己的这些进步却产生了种种疑虑，人们越来越感到，西方近代工业文明的发展模式和道路是不可持续的，迫切地需要对自己过去走过的发展道路重新进行评价和反思。人们面对的不仅仅是经济问题，而是需要在价值观、文化和文明的方式等方面进行更广泛、更深刻地变革，寻求一种可持续发展的道路。这是人们的明智选择。

人们之所以对自己的发展产生疑虑，主要是因为传统的发展模式给人类造成了各种困境和危机，它们已开始危及人类的生存。

1. 资源危机

工业文明依赖的主要是非再生资源（如金属矿、煤、石油、天然气等）。据估计，地球上（已探明的）矿物资源储量，长则还可使用一二百年，少则几十年。水资源匮乏也已十分严重。地球上 97.5% 的水是咸水，只有 2.5% 的水是可直接利用的淡水，而且这些水的分布极不均匀。发展中国家大多是缺水国家。我国 70% 以上城市日缺水 1000 多万吨，约有三亿亩（1 亩 = 666.6m^2）耕地遭受干旱威胁。由于常年使用地下水，造成水位每年下降 2m。

2. 土地沙化日益严重

"沙"字结构即"少水"之意。水是生命存在的条件，人体 70% 由水构成，沙漠即意味着死亡。由于森林被大量砍伐，草场遭到严重破坏，世界沙漠和沙漠化面积已达 4700 多万平方千米，占陆地面积的 30%，而且还在以每年 600 万公顷的速度扩大着。

3. 环境污染日益严重

环境污染包括大气污染、水污染、噪声污染、固体污染、农药污染、核污染等。由于工业化大量燃烧煤、石油，再加上森林大量减少，二氧化碳大量增加，因而造成了温室效应。其后果就是气候反常，影响工农业生产和人类生活。多方组织对过去 1000 年的全球温度进行了研究，研究报告显示，从 20 世纪初开始至今，地球表面的平均温度上升了约 0.6℃；在过去的 40 年中，平均气温上升了 0.2 ~ 0.3℃。

4. 物种灭绝和森林面积大量减少

由于热带雨林被大量砍伐和焚烧，每年减少 4200 英亩（1acre = 4046.856m^2），按这个速度，到 2030 年将消失殆尽。据估计，地球表面最初有 67 亿公顷森林，陆地 60% 的面积由森林覆盖，而 2010 年联合国粮农组织全球森林资源评估主要结果显示，世界森林面积约 40 亿公顷。由于森林大量减少，影响了许多动物栖息环境（如图 2-8 所示），破坏了食物链，使得地球上每天有很多生物灭绝，其中大多数人们连名字都不知道。

当代发生的各种危机几乎都是人类自己造成的。传统的西方工业文明的发展道路，是一种以摧毁人类的基本生存条件为代价获得经济增长的道路。人类已走到十字路口，面临着生存还是死亡的选择。正是在这种背景下，人类选择了可持续发展的道路。

可持续发展是一个涉及经济、社会、文化、技术及自然环境的综合概念，主要包括自然经济的可持续发展、生态的可持续发展和社会的

图 2-8 野象栖息环境受到影响

可持续发展三个方面：一是以自然资源的可持续利用和良好的生态环境为基础；二是以经济可持续发展为前提；三是以谋求社会的全面进步为目标。只要社会在每一个时间段内都能保持资源、经济、社会同环境的协调，那么，这个社会的发展就符合可持续发展的要求。人类的最终目标是在供求平衡条件下的可持续发展。可持续发展不仅是经济问题，也不仅是社会问题和生态问题，而是三者互相影响的综合体。

2.6.1 经济的可持续发展

1. 经济发展与可持续发展的关系

工业革命是近代工业化的实际开端，是传统农业社会向近代工业社会过渡的转折点。工业革命所建立起来的工业文明，不仅从根本上提升了社会的生产力，创造出巨量的社会财富，而且从根本上变革了农业文明的所有方面，完成了社会的重大转型，经济、政治、文化、精神以及社会结构和人的生存方式等，无不发生了翻天覆地的变革。然而，工业发展本质上就是建立以能源为基础的一种经济发展模式，它的生产和增长依赖于大量的自然资源的实用和各种矿物原材料的巨大的耗费。土地资源和森林资源大规模地减少，土壤侵蚀、水土流失、草原退化和土地荒漠加速蔓延；社会生产一味追求规模经济和效益，"三高一低"（高投入、高消耗、高污染、低效益）粗放型增长方式，使发展所付出的代价也非常巨大，主要表现有：大气污染、水体污染、酸雨、臭氧层遭到破坏、温室效应及海洋污染等，人类健康受到危害。

工业文明的种种危机，迫使人类从逐步的反省中悟出了人类的希望在于寻求一种既满足当代人的发展需求，又不对后代人的生存需求构成危害的可持续发展宗旨，摒弃以牺牲自然资源和生态环境来谋求一时经济繁荣的片面发展道路，坚持经济、资源、环境协调发展，以求得社会的高度文明和全面发展。从经济发展与可持续发展的关系来看，包含以下几方面：

（1）经济发展是可持续发展的前提和基础

可持续发展的根本目的是实现社会的可持续发展。世界各国的发展阶段和发展目标可以不同，但发展的本质应当包括改善人类生活质量，提高人类健康水平，创造一个保障人们平等、自由、教育和免受暴力的社会环境。这就是说，在人类可持续发展系统中，经济发展是基础，必须保持较快的经济增长速度，才有可能不断消除贫困，人民生活的水平才会逐步提高，才能有能力提供必要的条件支持可持续发展。

首先，解决环境问题依赖经济发展的有效支撑，需要由经济发展提供物质基础，这样环

境保护措施才能有力实施。总结过去发达国家与发展中国家的实践经验可以得出：没有一定的经济基础作为保障，环境保护就犹如无源之水、无本之木。经济发展是社会发展以及科学技术发展的基础，也是人类生产生活的物质文化基础，也是人类生产生活的物质文化基础。例如，城市化发展中的污水处理、垃圾处理、大气污染治理、天然气管道建设等需要大量的投资和运转费用，经济落后、财力不足，也就难以解决这些问题。

其次，解决环境问题需要依赖科学技术的发展。解决环境问题需要得到科学技术和设备的有效支持，主要措施表现为以科学技术和设备为主体支撑，再兼以人力的统筹和调配，最终保证环境保护措施有效实施。假如没有先进的科学技术、设备与之相匹配，将无法推动环保措施的现实化和具体化，最终只是纸上谈兵，不能解决环境问题。

（2）实行可持续发展必须转变传统的经济发展方式

改革开放 40 多年来，我国经济发展取得了举世瞩目的成就，2018 年中国国内生产总值超过 90 万亿元，比上年增加了近 8 万亿元。按平均汇率折算，经济总量达到 13.6 万亿美元，稳居世界第二位。中国的经济有了很大的发展，但仍然没有摆脱资源型经济模式。主要表现在工业素质不高，结构不合理，资源配置效益较差，属于高投入、高消耗、低效率、低产出、追求数量而忽视质量的经济增长模式。这种增长是在低技术组合基础上，靠高物质投入支撑，动用大量人、财、物等经济资源来支持的速度型经济扩张，以耗竭资源能源、污染环境、破坏生态平衡为代价。

2016 年我国单位 GDP 能耗为 3.7 吨标准煤每万美元，是 2015 年世界能耗强度平均水平的 1.4 倍，发达国家平均水平的 2.1 倍。2016 年我国煤炭消费量占比仍高达 62%，较全球平均水平高出 34%，石油、天然气、非化石能源占比均不及全球平均水平。此外，我国并非油气资源大国，石油对外依存度约为 65%，天然气对外依存度或在 2020 年达到 46%。如果考虑到我国的国际支付能力，对于资源的全球竞争力和安全保障能力，以及高消耗水平下产品的国际竞争力等因素，显然，中国的高增长是难以为继的。

高投入、高消耗、高污染、低效率的粗放式经济增长方式，使经济社会发展与资源生态环境之间的矛盾日益突出。中国能源平均利用率在 30% 左右，而发达国家均在 40% 以上。发达国家 1 千瓦时电的平均耗煤比我国少 0.1 千克，仅此一项，全国每年多耗煤超过 7000 万吨。以煤为主的能源结构加上能源利用的低效率增加了二氧化硫排放，2017 年全国二氧化硫排放量为 1014.64 万吨；另外，1/3 的中国土地上都遭遇过酸雨的袭击，七大河中一半的水资源是完全没用的，而另有 1/4 的中国人没有纯净的饮用水，1/3 的城市人口不得不呼吸被污染的空气，城市中只有不到 20% 的垃圾是按照环保的方式处理。经济高速发展，生态环境也为此付出了巨大代价。

因此，"高消耗、低效益"的外延的粗放型经济增长方式必须根本转变，实施清洁生产和文明消费迫在眉睫，必须走"高效益、可持续发展"的新增长模式，不仅重视经济增长的数量，更追求经济发展的质量，在发展中保护，在保护中发展，以提高经济活动中的效益、节约资源和减少废物。

（3）适当的经济政策是可持续发展的重要保证

可持续发展政策是实施可持续发展战略的保证措施，是环境政策向经济和社会发展政策扩展并与之相互融合的产物。欧美日等一些国家的政府环境部门同经济部门合作，并广泛邀请社会各界参加，制定了综合性的长期环境政策规划，力求实现环境和经济政策的一体化。

中国在这方面也有一定进展，建立了比较完整的污染防治和资源保护的法律体系和政策体系，全面贯彻可持续发展、预防污染、污染者负担、经济和资源利用效率、污染综合控制、公众参与、环境与经济发展综合决策等原则，通过适当的经济发展战略和区域政策、价格政策、投资与贸易政策、绿色产业政策和绿色税收政策等经济手段，发挥经济杠杆的调节作用，实现可持续发展经济。例如，中国政府围绕淮河等重点污染治理地区，制定和实施了水污染的流域规划与管理政策和污染物排放总量控制政策，对二氧化硫和酸雨，也通过划定"控制区"，实施了总量控制的政策；同时，加强了各项环境保护政策的实施力度，政策实施效果有了一定提高。

2. 利用环境经济政策推进可持续发展

我国目前采取的仍是行政管制为主的环境治理模式，环境经济手段还处于辅助地位，但是环境经济政策在减少管理成本，调动利益相关方积极性和主动性，增进实现环境治理目标的灵活机动性，筹集环保资金以及调控环境行为，促进经济转型，优化环境政策系统等方面发挥了非常重要的作用。

环境经济政策是指按照市场经济规律的要求，运用价格、税收、财政、信贷、收费、保险等经济手段，调节或影响市场主体的行为，以实现经济建设与环境保护协调发展的政策手段。它以内化环境行为的外部性为原则，对各类市场主体进行基于环境资源利益的调整，从而建立保护和可持续利用资源环境的激励和约束机制。与传统行政手段的"外部约束"相比，环境经济政策是一种"内在约束"力量，具有促进环保技术创新、增强市场竞争力、降低环境治理成本与行政监控成本等优点。

可持续发展的环境经济政策主要有环境税费、生态补偿、排污权交易、环保融资政策、环境金融政策、环境污染责任险、环境债券等。

（1）征收环境费

环境费用是指因环境污染与生态破坏所造成的损失和因防治环境污染、控制环境退化、改善环境质量所支付的费用的总和。环境费是根据有偿使用环境资源的原则，由国家授权的机构向开发、利用环境资源的单位和个人收取的费用。

环境费用通常划分为：一是污染治理费用，包括防治、消除污染所支付的各种治理费用，如建设处理"三废"设施的费用；二是环境管理费用，包括环境保护业务费、环境监测费用等；三是社会损害费用，包括因环境受到污染及生态平衡遭到破坏而对社会造成的各种经济损失，如因污染引起疾病的治疗费用，或因污染造成的工农业生产损失的费用；四是环境保护费用，包括保持生态平衡所投入各种物化劳动和活劳动支出，如绿化环境、净化水质等。

（2）征收环境税

环境税是把环境污染和生态破坏的社会成本内化到生产成本和市场价格中去，再通过市场机制来分配环境资源的一种经济手段。环境税是国家为了保护资源与环境而凭借其权力对一切开发、利用环境资源的单位和个人征收的一种税种。如废气和大气污染税、废水和水污染税、固定废物税、噪声税等。

（3）财政补贴

向采取污染防治措施及推广无害工艺、技术的企业提供贴息贷款等财政、信贷等。

（4）环境保护专项资金政策

主要污染物减排专项资金、城镇污水处理设施配套管网以奖代补资金等环保专项资金对解决我国阶段性、特定重点领域的环保问题起到了至关重要的作用。

（5）押金制

对可能造成污染的产品，如啤酒瓶、饮料等加收一份押金，当把这些潜在的污染物送回收集系统时，即退还。

（6）排污权交易

排污权交易是指在实行排污能力总量控制的前提下，政府将可交易的排污指标卖给污染者。这实质上出卖的是环境纳污能力，促使污染者降低能源、原材料消耗，减少排污量，从而达到降低成本的目的。

（7）经济惩罚

对违反环境法律法规的行为采取的罚款措施。

3. 加快发展循环经济

循环经济是一种以资源的高效利用和循环利用为核心，以减量化、再利用、资源化为原则，以低消耗、低排放、高效率为基本特征，符合可持续发展理念的经济增长模式，是对"大量生产、大量消费、大量废弃"的传统增长模式的根本变革。这一定义不仅指出了循环经济的核心、原则、特征，同时也指出了循环经济是符合可持续发展理念的经济增长模式，抓住了当前中国资源相对短缺而又大量消耗的症结，对解决中国资源对经济发展的瓶颈制约具有迫切的现实意义。

循环经济作为一种科学的发展观，一种全新的经济发展模式，具有自身的独立特征，其特征主要体现在以下几个方面：

1）循环是指在一定系统内的运动过程，循环经济的系统是由人、自然资源和科学技术等要素构成的大系统。循环经济观要求人在考虑生产和消费时不再置身于这一大系统之外，而是将自己作为这个大系统的一部分来研究符合客观规律的经济原则，将退田还湖、退耕还林、退牧还草等生态系统建设作为维持大系统可持续发展的基础性工作来抓。

2）在传统工业经济的各要素中，资本在循环，劳动力在循环，而唯独自然资源没有形成循环。循环经济观要求运用生态学规律，而不是仅仅沿用 19 世纪以来机械工程学的规律来指导经济活动。不仅要考虑工程承载能力，还要考虑生态承载能力。在生态系统中，经济活动超过资源承载能力的循环是恶性循环，会造成生态系统退化；只有在资源承载能力之内的良性循环，才能使生态系统平衡地发展。

3）循环经济观在考虑自然时，不再像传统工业经济那样将其作为"取料场"和"垃圾场"，也不仅仅视其为可利用的资源，而是将其作为人类赖以生存的基础，是需要维持良性循环的生态系统；在考虑科学技术时，不仅考虑其对自然的开发能力，而且要充分考虑到它对生态系统的修复能力，使之成为有益于环境的技术；在考虑人自身的发展时，不仅考虑人对自然的征服能力，而且更重视人与自然和谐相处的能力，促进人的全面发展。

4）传统工业经济的生产观念是最大限度地开发利用自然资源，最大限度地创造社会财富，最大限度地获取利润。而循环经济的生产观念是要充分考虑自然生态系统的承载能力，尽可能地节约自然资源，不断提高自然资源的利用效率，循环使用资源，创造良性的社会财富。

在生产过程中，循环经济观要求遵循"3R"原则：

第一，减量化原则。要求用较少的原料和能源投入来达到既定的生产目的或消费目的，进而到从经济活动的源头就注意节约资源和减少污染。减量化有几种不同的表现，在生产中，减量化原则常常表现为要求产品小型化和轻型化。此外，减量化原则要求产品的包装应该追求简单朴实而不是豪华浪费，从而达到减少废物排放的目的。

第二，再使用原则。要求制造产品和包装容器能够以初始的形式被反复使用。再使用原则要求抵制当今世界一次性用品的泛滥，生产者应该将制品及其包装当作一种日常生活器具来设计，使其像餐具和背包一样可以被再三使用。再使用原则还要求制造商应该尽量延长产品的使用期，而不是非常快地更新换代。

第三，再循环原则。要求生产出来的物品在完成其使用功能后能重新变成可以利用的资源，而不是不可恢复的垃圾。按照循环经济的思想，再循环有两种情况，一种是原级再循环，即废品被循环用来产生同种类型的新产品，例如报纸再生报纸、易拉罐再生易拉罐等；另一种是次级再循环，即将废物资源转化成其他产品的原料。原级再循环在减少原材料消耗上面达到的效率要比次级再循环高得多，是循环经济追求的理想境界。

"3R"原则有助于改变企业的环境形象，使他们从被动转化为主动。典型的事例就是杜邦公司的研究人员创造性地把"3R"原则发展成为与化学工业实际相结合的"3R"制造法，以达到少排放甚至零排放的环境保护目标。他们通过放弃使用某些环境有害型的化学物质、减少某些化学物质的使用量以及发明回收本公司产品的新工艺，在过去5年中使生产造成的固体废弃物减少了15%，有毒气体排放量减少了70%。同时，他们在废塑料如废弃的牛奶盒和一次性塑料容器中回收化学物质，开发出了耐用的乙烯材料等新产品。

5）循环经济观要求走出传统工业经济"拼命生产、拼命消费"的误区，提倡物质的适度消费、层次消费，在消费的同时就考虑到废弃物的资源化，建立循环生产和消费的观念。同时，循环经济观要求通过税收和行政等手段，限制以不可再生资源为原料的一次性产品的生产与消费，如宾馆的一次性用品、餐馆的一次性餐具和豪华包装等。

循环经济体系是以产品清洁生产、资源循环利用和废物高效回收为特征的生态经济体系。由于它将对环境的破坏降到最低程度，并且最大限度地利用资源，因而大大降低了经济发展的社会成本，有利于经济的可持续发展。循环经济是我国推进产业升级、转变经济发展方式的重要力量，同时也是我国实现节能减排目标的重要手段之一。

《中国21世纪议程》认为，在中国人口基数大、人均资源少、经济和科技发展水平比较落后的条件下实现可持续发展，主要是在保持经济快速增长的同时，依靠科技进步和提高劳动者素质，不断改善发展质量，提倡适度消费和清洁生产，控制环境污染，改善生态环境，保持资源基础，建立"低消耗、高收益、低污染、高效益"的良性循环发展模式。即经济发展不但要有量的扩张，也要有质的改善。

2005年，中国发布了《国务院关于加快发展循环经济的若干意见》，出台了相关财政、税收、投融资等政策，有效引导和支持循环经济发展。2006年，将循环经济关键技术列入《国家中长期科学与技术发展规划纲要》。2008年，发布了《循环经济促进法》，这是继德国、日本后世界上第三个专门的循环经济法律。据统计，2013年我国循环经济发展指数比2005年提高了37.6%。"十二五"前四年，我国资源产出率提高10%，单位GDP能耗下降13.4%，单位工业增加值用水量下降24%。2014年，我国资源循环利用产业产值达1.5万亿元，从业人员2000万人，回收和循环利用各种废弃物和再生资源近2.5亿吨，与利用原生资源相比, 节省近 2 亿吨标准煤, 减少废水排放 90 亿吨, 减少固体废物排放 11.5 亿吨。

2.6.2 生态的可持续发展

可持续发展要求经济建设和社会发展要与自然承载能力相协调。发展的同时必须保护和改善地球生态环境, 保证以可持续的方式使用自然资源和环境成本, 使人类的发展控制在地球承载能力之内。因此, 可持续发展强调了发展是有限制的, 没有限制就没有发展的持续。生态可持续发展同样强调环境保护, 但不同于以往将环境保护与社会发展对立的做法, 可持续发展要求通过转变发展模式, 从人类发展的源头、从根本上解决环境问题。

1. 我国生态可持续发展面临的主要问题

（1）资源浪费严重

自改革开放以来, 我国发展的速度是无可争议的, 但是我国的资源浪费也是非常厉害的, 主要表现在:

1) 水资源浪费严重。就世界范围而言, 淡水资源是处于逐步枯竭的状态, 而我国的淡水资源已经几乎到了恶化的境界。除长江、黄河等几条大江大河拥有自净能力, 几乎其他所有的河流都会受到不同程度的污染, 污染河流众多, 污染严重。

2) 矿产资源浪费严重。目前我国矿产资源的处理方式还是粗犷型的, 这会对矿产资源造成巨大的浪费。石油、天然气、煤矿的浪费量也是非常巨大的。燃油方面, 私家车越来越多, 对于资源的需求也越来越大, 可是现有石油资源处于逐渐减少的阶段。另外, 煤矿资源浪费, 一些企业生产技术不过关, 出现严重浪费资源的现象。目前全国煤矿资源回收率仅在 40% 左右, 特别是小煤矿的回收率只有 15%。从 1980 年至 2000 年, 全国煤矿资源浪费 280 亿吨。照此下去, 到 2020 年, 全国将有 560 亿吨煤矿资源被浪费。

3) 森林资源浪费。我国森林面积相对较大, 但是人均占有量却非常低。在一些不发达地方, 对于森林资源的浪费是显而易见的, 有些经济欠发达地区砍伐森林, 利用森林材质来进行生存, 这不仅浪费了资源, 还对大气造成了巨大的污染。

中国经济社会发展中还存在着众多资源浪费的现象, 这不利于中国实现经济社会的可持续发展。

（2）生态环境破坏严重

目前我国生态环境形势十分严峻, 总体上生态环境恶化加剧的趋势还未得到有效遏制。在我国, 破坏森林、挤占林地的现象屡禁不止。每年大约有 200 万公顷的有森林覆盖的土地逆转为无林地、疏林地和灌木林地。再者土地退化严重、土地沙化现象突出。另外, 水生态也出现严重失调状态, 旱涝灾害频繁, 水环境安全度下降。而且城市生态脆弱, 不少城市人均绿地少, 人居环境亟待改善。农村和农业面源污染加剧。化肥的大量使用导致土壤板结, 肥力下降。由于多种灾害和不合理的经济活动, 我国已成为世界上海洋生态环境破坏最严重的国家之一。红树林面积从历史上的 25 万公顷减少到目前的 1.5 万公顷; 珊瑚礁生态系统破坏严重, 仅海南省周围海域就有 80% 的珊瑚礁生态系统遭到破坏, 导致严重的海岸侵蚀。海洋生态恶化成为制约我国海洋经济发展的重要因素。

（3）经济增长方式为粗放型

这种经济增长方式的实质是以数量的增长速度为核心。粗放型经济增长方式是指主要依靠增加生产要素的投入, 即增加投资、扩大厂房、增加劳动投入, 来增加产量, 这种经济增长方式又称外延型增长方式，其基本特征是依靠增加生产要素量的投入来扩大生产规模，实现经济增长。以这种方式实现经济增长，消耗较高，成本较高，产品质量难以提高，经济效益较低。目前，我国经济增长方式多为粗放型经济增长方式。

粗放型经济增长方式会带来众多问题。例如由于生产技术的限制，在一些地区，工厂的技术落后，并且依然是粗放型经济增长方式，造成环境污染、资源浪费、生态失衡。

（4）相关法律法规不健全

我国是一个社会主义法治国家，社会生活的开展需要法律作为保障。同样，对于生态环境的保护，法律法规并不完善。目前，很多人为了自身利益，破坏生态环境，砍伐森林，贩卖珍贵生物等，而由于相关法律法规不健全不完善，使得生态环境破坏加剧。

（5）居民的环境保护意识薄弱

近年来，人类赖以生存的自然环境发生了惊天动地的变化，例如土壤遭到惨重破坏、淡水资源不断浪费、全球气候的异常变化和化学污染的肆意蔓延等。面对自然环境一次次的警示，人类的环境保护意识虽然正被逐渐唤醒，但是在某些地区还是存在诸多问题。目前人类正在试着通过某些有效的途径来解决环境问题，以便协调人类和环境之间的和谐关系，进一步保障整个社会的文明进步和人类社会的生存。多数的人都能意识到保护环境与个人生活息息相关，基本都能理解到保护环境是利人利己的。目前，就我国居民来说，环保意识依然薄弱，乱扔垃圾、焚烧垃圾、不对垃圾进行合理分类等现象屡见不鲜，而且已经直接影响了人们的生活。

2. 我国生态环境发展的可持续战略

（1）加强资源保护和合理利用

目前我国资源存在着诸多浪费的现象，对资源进行保护和合理利用成为我国的一项基本任务。土地资源、水资源、矿产资源等各类资源，都制约着我国经济社会的建设和人民生活水平的提高。为建设资源节约型、环境友好型社会，就必须加强资源保护和合理利用，发展循环经济，促使资源得到循环利用。

我国是一个人口众多的国家，保护环境的意义非常重大，它不仅关系到人们的生死存亡、还关系到可持续发展战略的实现。政府要采取措施来防治由生产和生活引起的各类环境污染，包括防治工业生产排放的废水、废气、废渣、粉尘、放射性物质以及产生的噪声、振动、异味和电磁微波辐射，交通运输活动产生的有害气体、废液、噪声，海上船舶运输排出的污染物，工农业生产和人民生活使用的有毒有害化学品，城镇生活排放的烟尘、污水和垃圾等造成的污染，以便更好地实现可持续发展的目标。

（2）推进生态环境保护和治理

环境是人类生存和发展的基本前提。环境为人们生存和发展提供了必需的资源和条件。随着社会经济的发展，环境问题已经作为一个不可回避的重要问题提上了各国政府的议事日程。保护环境，减轻环境污染，遏制生态恶化趋势，成为政府社会管理的重要任务。对于国家而言，保护环境是我国的一项基本国策，解决全国突出的环境问题，促进经济、社会与环境协调发展和实施可持续发展战略，是政府面临的重要而又艰巨的任务。保护环境是关系到人类生存、社会发展的根本性问题。推进生态环境保护和治理，走生态绿色的发展道路。

（3）转变经济增长方式，走新型工业化道路

经济增长方式转变是指：经济增长的方式由不可持续性向可持续性转变；由粗放型向集

约型转变；由出口拉动向出口、消费、投资协调发展转变；由结构失衡型向结构均衡型转变；由高碳经济型向低碳经济型转变；由投资拉动型向技术进步型转变；由技术引进型向自主创新型转变；由第二产业带动向三大产业协调发展转变；由忽略环境型向环境友好型转变；由"少数人先富"向"共同富裕"转变。

我国把调整产业结构、发展战略性新兴产业、改造升级传统产业等作为实现工业可持续发展的主要途径。我国组织实施了一批重点工业产业调整振兴规划，支持企业技术改造，促进淘汰落后产能和企业兼并重组，提高先进生产能力比重和资源能源利用效率。"十三五"末期，水泥、平板玻璃和建筑卫生陶瓷三大产业率先减少四分之一数量的企业，三大产业的集中度分别达到 80%、80% 和 50%，水泥、平板玻璃有 60% 的生产线达到世界领先水平；高浓度磷复合肥比重达到 80%，离子膜烧碱比重达到 95.7%，一大批企业集团迅速成长，产业集中度不断提高。预计到 2025 年，前十家钢铁企业（集团）粗钢产量占全国比重不低于 60%，形成一些在全球范围内具有较强竞争力的超大型钢铁企业集团，以及一批区域市场、细分市场的领先企业。目前，我国产业空间布局得到优化，各类产业集聚区成为工业发展的重要载体。东部省（市）工业园区实现工业产值已占到 50% 以上，中西部地区涌现出一批特色产业园区，128 家国家新型工业化产业示范基地创建工作正有序推进。

2010 年 10 月，我国发布了《国务院关于加快培育和发展战略性新兴产业的决定》，明确将节能环保等七个产业领域作为战略性新兴产业发展方向。我国启动了新兴产业创业投资计划，发起设立了 61 只创业投资基金，支持节能环保、新能源等领域创新企业的成长。七大战略性新兴产业发展及其发展方向见表 2-1。

表 2-1　七大战略性新兴产业及其发展方向

战略性新兴产业	发展方向
节能环保产业	大力发展新型高效节能、先进环保、资源循环利用
新一代信息技术产业	重点发展下一代信息网络、电子核心基础产业、高端软件和新兴信息服务
生物产业	加快发展生物医药、生物医学工程产品、生物农业、生物制造
高端装备制造业	着重发展航空装备、轨道交通装备、海洋工程装备、智能制造装备、卫星及应用
新能源产业	积极发展新一代核能、太阳能、风能、生物质能
新材料产业	大力发展新型功能材料、先进结构材料、高性能复合材料
新能源汽车产业	重点发展插电式混合动力汽车、纯电动汽车

目前我国多数地方还实施的是粗放型经济增长方式，所以在我国社会的发展过程中，要积极转变经济增长方式，走新型工业化道路，倡导绿色经济、环保经济，更好地利用资源，做到资源的合理配置。

（4）完善并实施环境保护相关法律法规

目前由于我国环保相关的法律法规不太健全，所以要完善并实施环境保护相关法律法规，必须做到以下几点：一是加强对环境社会的调研，建立和完善适应新时期的环境法律法规，要全面形成水、气、声、固废、辐射放射、环境影响评价等一系列环境法律体系；二是要及时修订和完善现行的环境法律法规，积极地对不适应经济发展和人们生存需要的环境法律法规进行修订和完善，使其更能适应新时期经济社会发展的需要，更符合民众的利益；三是要将污染减排、环保实绩考核、生态补偿和环境税等纳入环境的法律规范范畴，将其形成法律制度，使环境执法更加有力可行；四是要明确环境法律责任，特别是要明确政府及其组成部门环境保护的法律责任，要通过法律使政府及部门官员重视和加强环境保护，牢固树立生态文明观念。

（5）加强环境保护教育，增强居民的绿色消费意识

我国居民的环保意识普遍较为薄弱，要实现可持续发展道路，必须要加强市民的环保意识教育。再者，需要提高市民参与环境保护的自觉性。就目前情况而言，相当一部分公众不愿意主动地去了解环境知识，大多数人对于环境问题的客观状况和根本性的环境问题缺乏清醒的认识，环保道德较弱，具有很强的依赖政府的特征，市民参与环境保护的自觉性普遍较差。所以在此基础上，应该积极倡导推广绿色健康生活方式。具体包括：家庭主动进行垃圾分类、市民上班少开一次车、控制夏季室内空调温度不低于26℃、减少一次性用品使用、休闲时少吃一次烧烤、节庆时少放或不放烟花爆竹、使用清洁能源等。在流通与消费领域的节约案例见表2-2。

表2-2 流通与消费领域的节约案例

案例	节约情况
减少使用一次性筷子	从2005年开始，限制一次性筷子的生产、流通和使用。从2006年起对木制一次性筷子征收5%的消费税
限制生产使用塑料购物袋	2007年，中国政府印发了《关于限制生产销售使用塑料购物袋的通知》，被称为中国的"限塑令"，在国际社会引起了很大反响。据初步统计，"限塑令"实施以来，全国主要商品零售场所塑料购物袋年使用量减少了240亿个以上；累计减少塑料消耗60万吨，相当于节油360万吨，折合标准煤500多万吨，减少二氧化碳排放1000多万吨
实施强制回收	在《循环经济促进法》中规定了产品或者包装物的强制回收制度，确定了生产者、销售者、消费者的责任和义务，有关部门加紧制订《强制回收的产品和包装物的名录及管理办法》。治理商品过度包装，颁布实施包装标准，规范各种包装行为，并加强监督检查

我国生态环境建设还任重而道远，需要每一位民众的积极参与，从而实现生态环境的良性发展，实现可持续发展道路。

2.6.3 社会的可持续发展

可持续发展强调，社会公平是环境保护得以实现的机制和目标。可持续发展指出，世界各国的发展阶段可以不同，发展的具体目标也各不相同，但发展的本质应包括改善人类生活质量，提高人类健康水平，创造一个保障人们平等、自由、教育、人权和免受暴力的社会环境。这就是说，在人类可持续发展系统中，生态可持续是基础，经济可持续是条件，社会可持续才是目的。21世纪人类应该共同追求的是以人为本位的自然、经济、社会复合系统的持续、稳定、健康发展。

我国把实现好、维护好、发展好最广大人民群众的根本利益作为一切工作的出发点和落脚点，尊重人民主体地位，发挥人民首创精神，保障人民各项权益，促进人的全面发展，努力改善民生，构建和谐社会，推进社会可持续发展。

1. 促进人口长期均衡发展

我国是一个拥有13亿多人口的发展中国家。促进人口长期均衡发展，是我国实施可持

续发展的重要工作领域。21 世纪以来，政府坚持从战略高度认识和把握人口问题，坚持计划生育政策，逐步完善人口政策，积极探索符合我国实际的人口发展道路，取得了明显成效。

（1）稳定人口低生育水平

2000 年，我国政府将稳定低生育水平确定为人口发展的首要任务。2006 年发布的《人口发展"十一五"和 2020 年规划》提出了人口发展的目标和任务措施。2000—2010 年间，我国人口增长率逐渐下降。2010 年末，全国总人口为 13.41 亿人，比 2000 年末净增 7348 万人，年均增长 0.57%，妇女总和生育率（TFR）保持稳定。同时，通过实施免费孕前优生健康检查等项目，积极开展出生缺陷预防工作，提高人口生育质量。通过开展关爱女孩行动引导群众转变婚育观念，促进出生人口性别比的平衡。

（2）积极应对人口老龄化

我国是世界上唯一老年人口超过 1 亿的国家，且老龄化速度不断加快。2010 年第六次全国人口普查结果表明，60 岁以上人口已经达到 1.78 亿，占总人口的 13.26%。2000 年以来，各级政府积极建立和完善城乡养老保险制度，构建社会养老服务体系，积极应对人口老龄化的挑战。

（3）促进妇女全面发展和儿童优先发展

我国实行男女平等基本国策，坚持儿童优先发展原则，不断完善妇女和儿童权益保障体系。妇女参与国家和社会事务管理的能力不断增强，妇女儿童的社会保障制度建设不断推进。2000 年以来，全社会就业人员中女性比重基本稳定在 46% 左右。2016 年，婴儿死亡率和五岁以下儿童死亡率持续下降，婴儿死亡率为 7.5‰，五岁以下儿童死亡率为 10.2‰，分别比 2010 年下降 5.6 和 6.2 个千分点。孤儿、贫困家庭儿童、残疾儿童、流浪儿童、受艾滋病影响儿童等弱势儿童群体得到更多的关怀和救助。

（4）加快残疾人事业发展

政府对残疾人的帮助力度不断加大，残疾人康复、社会救助和权益保障等取得明显成效。通过实施"西部地区福利院残疾人更换假肢福康工程""残疾孤儿手术康复明天计划"等专项康复工程，大幅度提高了残疾人康复水平。实行就业税收优惠政策，提高残疾人就业比例。

2. 努力提高人的综合素质

教育、卫生、文化等社会事业是积聚人力资本最为重要的领域。教育是民族振兴的基石，健康是人全面发展的基础，文化是民族凝聚力和创造力的重要源泉。我国实施教育优先发展战略，大力发展医疗卫生、文化体育等社会事业，不断提升居民身心健康水平。

（1）促进教育公平发展

我国逐年提高对教育的投入，全面实施城乡免费义务教育，促进各级各类教育的持续快速发展。我国高度注重教育的公平发展，新增教育经费主要用于农村并向贫困地区、民族地区倾斜。通过实施"贫困地区义务工程""中小学危房改造工程""农村寄宿制学校建设工程"等一系列重大工程项目，极大地改善了中西部农村地区中小学的办学条件。截至 2016 年年底，我国的小学净入学率达 99.9%，初中阶段毛入学率达 100.4%，15～50 岁青壮年文盲率下降到 1.08%。高中阶段毛入学率达到 87.5%，高等教育毛入学率达到 42.7%。

（2）提高医疗卫生服务水平

我国医疗卫生服务资源总量持续增加。2016年，全国医疗卫生机构总数达983394个，全国卫生人员总数达1117.3万人。我国政府采取积极措施，有效控制了重大传染病的传播。2003年"非典"之后，我国政府进行了大规模的公共卫生体系建设（见图2-9），疾病预防控制能力明显增强，艾滋病、结核病等重大传染病患者获得免费药物治疗。

图2-9 社区卫生服务中心为居民提供医疗服务

（3）积极发展文化体育事业

我国不断加强公共文化服务体系建设，相继实施了广播电视村村通、文化信息资源共享等一系列重点文化惠民工程；先后实施了国家文化和自然遗产保护、抢救性文物保护、历史文化名城名镇名村保护、非物质文化遗产保护等项目，注重抢救和保护少数民族文化遗产；出版了《中国民族民间文化集成志书》《中国少数民族古籍总目纲要》等反映少数民族文化的重大成果，少数民族三大英雄史诗《格萨尔》《江格尔》《玛纳斯》的收集、整理、翻译和研究取得积极进展并发展成国际性学科；大力保护并使用少数民族文字，在立法、行政、出版、广播影视等领域广泛应用民族语言，有效保障了少数民族学习、使用和发展本民族语言文字的权利；大力发展全民健身运动，2009年国家颁布实施《全民健身条例》，并确定每年的8月8日为"全民健身日"，2008年中国成功举办了以"绿色奥运、科技奥运、人文奥运"为主题的第二十九届奥运会和第十三届残奥会，标志着中国体育迈入了新的发展阶段。

（4）加强人才队伍建设

我国大力实施人才强国战略，不断加强以高层次和高技能人才为重点的各类人才队伍建设。推进实施万名专家服务基层行动计划，遴选实施101项专家服务基层示范项目，遴选设立20个国家级专家服务基地，组织实施西部和东北地区高层次人才援助计划，人才培养工作机制初步形成。

3. 不断提升就业水平

我国是一个人口和劳动力大国，新增就业人口持续增加。我国坚持实施就业优先战略，把促进就业放在经济社会发展的优先位置，健全劳动者自主择业、市场调节就业、政府促进就业相结合的机制，创造平等就业机会，提高就业质量，努力实现充分就业。近年来，我国实施更加积极的就业政策，实现了就业总量的稳步增加和就业结构的进一步优化，失业率得到有效控制。

（1）就业规模不断扩大

2016年，全国就业人员77603万人，其中城镇化就业人员41428万人。同时，就业结构得到进一步优化，一、二、三产业就业比重为27.7:28.8:43.5。

（2）公共就业服务体系日益完善

2007年颁布实施《就业促进法》，以促进经济发展与扩大就业相协调，促进社会和谐稳定为宗旨，实施积极的就业政策；明确促进就业是政府的重要责任，建立国家和省级促进就业的工作协调机制等。近年来，我国加强了公共就业服务机构建设，基本形成市、区

（县）、街道（乡镇）、社区四级公共就业服务网络。社区和部分行政村聘请了专职或兼职的工作人员，初步建立了面向城乡的职业培训制度，广泛开展就业技能培训、岗位技能提升培训和创业培训。劳动合同制度全面实施，集体协商和集体合同制度大力推进，劳动者工资收入稳步提高，劳动关系总体和谐稳定。

（3）加快统筹城乡就业

我国政府注重城乡统筹解决就业问题。积极发展劳务经济、乡镇企业和服务业，加快小城镇建设和发展区域经济，为农业富余劳动力转移就业创造条件；全面推进农村富余劳动力就近就业、返乡创业和有序进城务工，消除流动就业制度壁垒，建立职业培训、就业服务和劳动维权"三位一体"的工作机制，促进城乡统筹与公平就业。

4. 建立健全社会保障体系

健全社会保障体系，对实现社会可持续发展意义重大。随着经济社会的不断发展和人口总量的平稳增长，我国越来越重视社会保障体系建设，明确提出要坚持广覆盖、保基本、多层次、可持续的方针，加快推进覆盖城乡居民的社会保障体系建设，稳步提高保障水平。

（1）社会保障制度建设取得重要进展

十年来，政府不断完善城乡基本养老保障制度和基本医疗保障制度，努力实现城乡居民全覆盖，加快推进失业保险、工伤保险和生育保险制度建设，着力构建社会救助体系，推动社会福利向适度普惠型迈进，完善灾害救助制度，建立健全流浪乞讨人员救助制度，对保障和改善民生提供了重要的制度支撑。基本社会保障制度建设见表2-3。

表 2-3　社会保障制度建设

基本制度	建设情况
养老保险	至 2009 年年底，我国各省、区、市均建立了养老保险省级统筹制度 2009 年，发布《国务院关于开展新型农村社会养老保险试点的指导意见》，决定从当年开展新型农村社会养老保险试点 2010 年，明确提出建立全面覆盖城镇居民养老保险制度，从 2011 年起开始试点
医疗保险	1998 年建立职工基本医疗保险制度，2003 年建立新型农村合作医疗制度，2007 年开展城镇居民医保试点并于 2009 年全面推开
失业保险	1999 年，国务院颁布《失业保险条例》，标志着中国失业保险制度正式建立
工伤保险	2004 年，《工伤保险条例》正式实施，于 2010 年修订完善。到 2010 年，工伤保险已基本实现市级统筹，工伤预防、工伤补偿、工伤康复相结合的制度体系框架初步确立
生育保险	我国生育保障制度主要由两部分组成：一是城镇职工生育保险制度，主要覆盖城镇就业人群；二是非就业妇女的保障措施，主要覆盖于城镇、农村的非就业人群

（2）社会保障面持续扩大

随着社会保障体系的逐步完善，越来越多的居民纳入覆盖范围。2016 年，参加城镇基本养老、基本医疗、失业、生育保险的人数分别达到 88777 万人、74329 万人、18089 万人、18451 万人；工伤保险参保人数 21889 万人。

（3）社会保障水平不断提高

各项社会保险待遇水平普遍提高，2016 年，企业离退休人员月人均养老金为 2373 元，全国城市低保平均标准 494.6 元/人·月，全国农村低保平均标准 3744.0 元/人·年。同时，积极发展企业年金等补充性养老保险，满足多层次养老需求。

5. 逐步改善人居环境

城镇化是经济社会发展的必然过程，我国正处于城镇化快速发展阶段。2016 年，城镇人口 7.9 亿，城镇化水平 57.35%。城市规模迅速扩大，城市群、都市圈迅速崛起，由大中小城市和小城镇构成的城镇体系初步形成。我国高度重视提升城乡人居环境质量。经过十年的努力，城镇和乡村的住房条件、绿化水平、环境质量、饮水条件等都有极大的改善，为居民提供了良好的生活和工作环境。

（1）城镇综合承载能力不断加强

城镇化快速发展，2016 年全国设市城市 657 个，其中直辖市 4 个，地级市 293 个，县级市 360 个。城市基础设施建设不断得到完善，市政综合服务能力不断提升。2016 年，全国范围内城市用水普及率达到 98.4%，燃气普及率达到 95.75%，集中供热面积达到 73.9 亿平方米；城市市政公用设施固定资产投资 17460 亿元；城市建成区绿化覆盖总面积 199.3 万公顷，绿化覆盖率 36.43%。

（2）居民住房条件明显改善

我国政府加快推进城镇保障性安居工程建设，加大农村危房改造力度，积极支持城乡住宅建设。2016 年，城镇人均住宅建筑面积为 36.6m^2，农村人均住房面积为 45.8m^2。截至 2014 年 9 月，通过廉租住房、公共租赁住房、经济适用住房、限价商品住房建设和各类棚户区改造，累计用实物方式解决了近 4000 万户城镇低收入和中等偏下收入家庭的住房困难问题。

（3）城镇环境质量大幅改善

我国实施大气主要污染物排放总量控制制度，加强工业污染源治理，提高城市清洁能源消费比重和能源利用效率，强化机动车污染防治。通过加强对交通、建筑施工、工业生产和社会生活噪声的监督管理，全国城市区域声环境质量逐步改善。进一步加强城镇污水、生活垃圾的处理能力。2016 年，城市年污水处理总量 448.8 亿立方米，城市污水处理率 93.44%，城市生活垃圾无害化处理率 96.62%。

（4）农村环境综合整治初见成效

2006 年以来，我国不断加强村庄综合整治工作，加强和完善村庄规划，颁布了《村庄整治技术规范》。实施 7.8 万个村庄的环境综合整治，1.4 亿多农村人口直接受益。此外，实施水电农村电气化建设和小水电代燃料工程，对保护生态发挥了积极作用。

（5）加大城市和农村饮用水安全保障力度

我国始终将饮用水水源保护工作摆在突出重要的位置，建立了饮用水水源地核准和安全评估制度，出台了《全国重要饮用水水源地名录》，划定饮用水水源保护区，推进饮用水水源地安全达标建设。全国城市供水能力不断提高，服务人口不断扩大。至 2016 年，全国城市总供水能力为 3.3 亿立方米/日，供水管道长度为 75.7 万千米，服务人口 4.7 亿。加快改变农村居民吃水难和饮水不安全的局面。2016 年底，全国农村饮

图 2-10　农村饮用水卫生预警监测

水安全卫生监测乡镇覆盖率达85%以上（如图2-10所示），农村集中式供水覆盖人口比例提高到82%。

（6）积极开展环保、园林、生态城建设和低碳试点

近年来，我国通过开展试点示范，在促进城市可持续发展方面进行了积极探索。截至2017年，已命名210个国家园林城市（如图2-11所示）、291个国家园林县城和66个国家园林城镇，设立58个国家城市湿地公园。

图2-11 南宁国家园林城市

2.7 中国推进可持续发展战略总体进展

自1992年联合国环境发展大会以来，全球可持续发展态势发生了深刻变化。可持续发展逐步成为国际共识，国际合作和区域合作深入推进。世界各国在推进可持续发展、实现千年发展目标方面取得积极进展。同时，全球可持续发展也面临着人口过快增长、贫困问题加剧、南北发展不平衡、环境污染严重、生物多样性减少、荒漠化及全球气候变化等严峻挑战。2012年联合国可持续发展大会把"可持续发展和消除贫困背景下的绿色经济""促进可持续发展的机制框架"作为两大主题，将"评估可持续发展取得的进展、存在的差距""积极应对新问题、新挑战""做出新的政治承诺"作为三大目标，有助于各方凝聚共识，进一步推进全球、区域和国家的可持续发展。

20年来，我国从工业化、城镇化加快发展的国情出发，不断丰富可持续发展内涵，积极应对国内外环境的复杂变化和一系列重大挑战，实现了经济平稳较快发展、人民生活显著改善，在控制人口总量、提高人口素质、节约资源和保护环境等方面取得了积极进展。同时，作为一个发展中国家，我国人口众多、生态脆弱、人均资源占有量不足，人均国内生产总值尚排在全球百位左右，仍有1.22亿贫困人口，资源环境对经济发展的约束增强，区域发展不平衡问题突出，科技创新能力不强，改善民生的任务十分艰巨。我国将进一步转变发展思路，创新发展模式，在发展中加快解决不平衡、不协调、不可持续问题，不断提升可持续发展能力和生态文明水平，为全球可持续发展做出更大贡献。

2.7.1 中国推进可持续发展面临的形势与困难

1. 全球可持续发展面临诸多长期性压力

20年来，世界人口增长15亿多，经济总量增长近两倍。与此同时，全球尚有超过10亿人口没有摆脱贫困，近三分之二的国家没有完成工业化、现代化进程，生存与发展的刚性需求对资源环境的压力继续加大，因此而引发的粮食安全、能源资源安全、环境风险、气候变化、公共卫生安全、重大自然灾害等全球性问题日益突出。发展中国家尤其最不发达国家的能力缺乏、发达国家兑现自身承诺意愿的下降、可持续发展领域的全球性执行力不足等因素进一步加剧了这些长期性压力。

2. 公平性问题依然是全球可持续发展的巨大挑战

全球性经济快速发展所积累的巨大财富，并未有效解决人类的公平性问题。发达国家与

最贫穷国家的差距继续扩大，广大发展中国家面临资金严重不足、技术手段缺乏、能力建设薄弱等挑战，实现可持续发展目标依然困难重重。与此同时，各国内部均不同程度地面临着贫富差距拉大所带来的社会问题。总体上看，过去20年，人均收入差距扩大的趋势没有改变，资源占用不均衡的状况没有改变，贸易规则不公平的格局没有改变。公平性问题已然是地区冲突、生态环境破坏、社会动荡等问题的根源，依然是实现人类共同发展目标的巨大挑战。

3. 我国仍然面临巨大的发展压力

除东部沿海地区外，我国大部分区域还处在工业化、城镇化中期乃至初期阶段。贫困人口规模大，按照2011年制定的新的农村贫困标准（农村居民年人均纯收入2300元），扶贫对象尚有1.22亿，且大多生活在自然条件恶劣的区域，消除贫困任务极为艰巨。庞大的人口基数和增长的惯性作用，使我国人口总量在相当长一段时间内仍将保持增长态势。同时，我国的劳动力供需结构性矛盾依然突出，转岗就业、青年就业、农村转移就业等压力较大。老龄人口比重迅速上升，是世界上唯一老年人口超过1亿的国家。覆盖全社会的社会保障体系刚刚建立，与其他主要发展中大国相比，保障水平还较低。

4. 自然生态环境的脆弱性对我国可持续发展构成巨大压力

我国的地理地质环境复杂多样，不适合人类居住的国土比重偏高，自然生态条件相对恶劣。占52%的国土面积是干旱、半干旱地区，90%的可利用天然草原存在不同程度的退化，沙化、盐碱化等中度以上明显退化的草原面积约占半数。极度脆弱的自然环境给我国生态环境建设与保护带来巨大的挑战。与此同时，我国是世界上自然灾害最严重的国家之一，灾害种类多、分布地域广、发生频率高，对人民生命财产安全和经济社会发展构成重大威胁。

5. 资源条件的刚性约束已然成为我国可持续发展的巨大挑战

我国人均淡水、耕地、森林资源占有量分别为世界平均水平的28%、40%和25%，石油、铁矿石、铜等重要矿产资源的人均可采储量分别为世界人均水平的7.7%、17%、17%。而且，大部分自然资源、能源主要分布在地理、生态环境恶劣的西部地区，开采、利用与保护的成本高。我国经济依然处于重化工业比重偏高的发展阶段，经济发展短期内难以摆脱对资源环境的依赖。经济发展与社会进步持续面临节约资源、保护环境、节能减排、技术进步以及管理创新等巨大挑战。

6. 我国的经济社会结构性问题突出

我国城镇化进程明显滞后于工业化进程，人口流动与转移带来的社会管理压力大。城乡发展不平衡，农村生产生活条件和公共服务水平远远落后于城市。区域间基本公共服务水平发展差距较大，贫困地区发展落后问题突出。三次产业结构不甚合理，内需与外需、投资与消费结构失衡，经济增长过于依赖投资和出口拉动，国内消费需求明显不足，经济结构调整的任务十分艰巨。

2.7.2 中国推进可持续发展的总体思路

1. 把经济结构调整作为推进可持续发展战略的重大举措

着力优化需求结构，促进经济增长向依靠消费、投资、出口协调拉动转变；巩固和加强农业基础地位，着力提升制造业核心竞争力，积极发展战略性新兴产业，加快发展服务业，促进经济增长向依靠三次产业协同带动转变；深入实施区域发展总体战略和主体功能区战略，积极稳妥推进城镇化，加快推进新农村建设，促进区域和城乡协调发展。

2. 把保障和改善民生作为推进可持续发展战略的主要目的

控制人口总量，提高国民素质，促进人口的长期均衡发展；努力促进就业，加快发展各项社会事业，完善保障和改善民生的各项制度，推进基本公共服务均等化，使发展成果惠及全体人民。

3. 把加快消除贫困进程作为推进可持续发展战略的急迫任务

以提高贫困人口收入水平和生活质量为主要目标，通过专项扶贫、行业扶贫、社会扶贫，加大扶贫开发投入和工作力度，采取财税支持、投资倾斜、金融服务、产业扶持、土地使用等领域的特殊政策，实施生态建设、人才保障等重大举措，培育生态友好的特色主导产业和增强发展能力，提高贫困人口的基本素质和能力，全面推进扶贫开发进程。

4. 把建设资源节约型和环境友好型社会作为推进可持续发展战略的重要着力点

实行最严格的土地和水资源管理制度，大力发展循环经济，推行清洁生产，全面推进节能、节水、节地和节约各类资源，进一步提高资源能源利用效率，加快推进能源资源生产方式和消费模式转变；以解决饮用水不安全和空气、土壤污染等损害群众健康的突出环境问题为重点，加强环境保护；积极建设以森林植被为主体、林草结合的国土生态安全体系，加强重点生态功能区保护和管理，增强涵养水源、保持水土、防风固沙能力，保护生物多样性；全面开展低碳试点示范，完善体制机制和政策体系，综合运用优化产业结构和能源结构、节约能源和提高能效、增加碳汇等多种手段，降低温室气体排放强度，积极应对气候变化。

5. 把全面提升可持续发展能力作为推进可持续发展战略的基础保障

建立长效的科技投入机制，注重科技创新人才的培养与引进，建立健全创新创业的政策支撑体系，推进有利于可持续发展的科技成果转化与推广，提升国家绿色科技创新水平；以环境保护、资源管理、人口管理等领域为重点，完善可持续发展法规体系；建立健全可持续发展公共信息平台，发挥民间组织和非政府组织的作用，推进可持续发展试点示范，促进公众和社会各界参与可持续发展的行动；加强防灾减灾能力建设，提高抵御自然灾害的能力；积极参与双边、多边的全球环境、资源、人口等领域的国际合作与交流，努力促进国际社会采取新的可持续发展行动。

2.7.3　中国对全球推进可持续发展的原则立场

1. 坚持经济发展、社会进步和环境保护三大支柱统筹原则

国际社会要紧紧围绕可持续发展目标，统筹协调经济、社会、环境因素，推动实现全面、平衡、协调、可持续发展。世界各国应该坚持发展经济，改变不可持续的生产和消费方式；坚持社会公平正义，确保发展成果惠及所有国家和地区；坚持以人为本，保持资源环境的可持续性。

2. 坚持发展模式多样化原则

世界各国发展阶段、发展水平和具体国情各不相同，可持续发展没有普适的模式，要尊重各国可持续发展自主权，由各国自主选择适合本国国情的发展模式和发展道路，并确保其足够的政策空间。在推进可持续发展的进程中，政府的作用不可替代，同时也需要民间社会、私营部门、工商界等主要群体的广泛参与。

3. 坚持"共同但有区别的责任"原则等里约热内卢环境发展大会各项原则

实现可持续发展是国际社会的共同责任和使命，国际合作是实现全球可持续发展的必由之路。国际合作应该以平等和相互尊重为基础，充分考虑发展中国家与发达国家不同的发展阶段和发展水平，正视发展中国家面临的困难和问题。发达国家要切实履行做出的各项承诺，帮助发展中国家实现可持续发展。我国作为一个发展中国家，愿意与各方加强合作，携手推进全球可持续发展进程，为人类实现可持续发展做出应有贡献。

2.7.4　中国推进可持续发展战略实施的主要做法

1. 坚持政府引导，注重市场调节作用

我国政府从规划计划、组织机构、制度安排、政策措施、项目实施等方面加大统筹力度，成立了自上而下的节能减排、生态环境监管机构，建立了节能减排管理体系。通过实行节能减排工作责任制、环境保护一票否决制等措施强化政策的执行；通过不断完善市场经济体制，充分发挥市场在资源配置中的基础性作用，激发产业界发展循环经济、开展清洁生产的动力；通过项目带动，形成重点突破、全面推进的生动局面。

2. 坚持完善政策法规，强化能力建设

我国政府按照可持续发展战略要求，相继颁布实施和修订了一系列相关的法律法规。在环境立法中，强调预防为主原则，初步形成了源头减量、过程控制和末端治理的全过程管理思路。坚持依靠科技支撑可持续发展，不断加大相关领域的科技投入和科技人才的培养。通过媒体宣传、教育培训等各种途径，在全社会广泛普及可持续发展理念，引导社会团体和公众积极参与。健全新闻媒体监督机制，保障可持续发展取得预期成效。

3. 坚持试点示范，积极探索可持续发展模式

我国政府通过广泛开展《中国 21 世纪议程》地方试点、国家可持续发展实验区建设、循环经济试点、资源节约型和环境友好型社会建设试点、生态示范区建设等工作，探索形成了一系列创新性的、符合区域特点的可持续发展模式。

4. 坚持务实合作，共享可持续发展经验

通过加强与国外政府机构、国际组织、企业、研究咨询机构等的深层次、宽领域、多方式的交流与合作，共享各方的经验与教训，提高可持续发展的国际合作水平。

阅 读 材 料

【阅读材料 2-1】

尼罗河上的阿斯旺水坝

工程简介：

尼罗河是一条流经非洲东部与北部的河流，自南向北注入地中海。与中非地区的刚果河以及西非地区的尼日尔河并列非洲最大的三个河流系统。尼罗河长 6670km，是世界上最长的河流。尼罗河有定期泛滥的特点，在苏丹北部通常 5 月即开始涨水，8 月达到最高水位，以后水位逐渐下降，1—5 月为低水位。虽然洪水是有规律发生的，但是水量及涨潮的时间变化很大。为充分开发利用尼罗河水资源，蓄洪济枯，于 1960 年开始建造阿斯旺水坝，1970 年工程全部竣工，在世界大坝中排名第 11（如图 2-12 所示）。

为建水库，迁移了阿布辛拜勒古庙，人口迁移达 14 万。坝高 111m，顶长 3830m，所形成的水库（纳赛尔水库）容量为 1689 亿 m^3。水库建成后增加灌溉面积 32 万多公顷，并把 28 万公顷的洪泛区改造成常年灌溉区。水电站装机 12 台，总装机容量 210 万 kW，年发电量 100 亿 kW·h。高坝建成后有效地消除了尼罗河水位的季节性涨落。

图 2-12 阿斯旺水坝

工程意义：

高坝给埃及带来的经济效益是多方面的，具体表现为：

1）保证了灌溉用水需要，并使埃及尚存的耕地由圩垸灌溉变成常年灌溉，提高耕地夏种指数，使埃及农业增产 25%，并在 1972—1973 年、1980—1987 年的极枯水期挽救了农业。

2）控制洪水、消除水灾。大坝建成后，埃及已战胜了 1964 年、1967 年、1975 年 3 次大洪水。

3）高坝建成非洲大型水力发电站，为埃及提供廉价的电力，从而减少热电站的燃料消耗。

4）改善航运条件，使尼罗河（埃及段）货运量增至 1000 万吨。

5）减少下游灌渠的清淤工作，节约疏浚费用。

6）纳赛尔湖发展为大型淡水渔场，渔获量逐年增加，渔业资源潜力很大。

7）阿斯旺地区旅游业得到发展，增加政府收入；促进城镇繁荣、增加就业机会。

存在问题：

高坝对生态环境和社会也产生了一系列不同程度的影响：

1）大坝工程造成了沿河流域可耕地的土质肥力持续下降。大坝建成前，尼罗河下游地区的农业得益于河水的季节性变化，每年雨季来临时泛滥的河水在耕地上覆盖了大量肥沃的泥沙，周期性地为土壤补充肥力和水分。可是，在大坝建成后，虽然通过引水灌溉可以保证农作物不受干旱威胁。但由于泥沙被阻于库区上游，下游灌区的土地得不到营养补充。所以土地肥力不断下降。

2）修建大坝后沿尼罗河两岸出现了土壤盐碱化。由于河水不再泛滥，也就不再有雨季的大量河水带走土壤中的盐分，而不断的灌溉又使地下水位上升，把深层土壤内的盐分带到地表，再加上灌溉水中的盐分和各种化学残留物的高含量，导致了土壤盐碱化。

3）库区及水库下游的尼罗河水水质恶化，以河水为生活水源的居民的健康受到危害。大坝完工后水库的水质及物理性质与原来的尼罗河水相比明显变差了。库区水的大量蒸发是水质变化的一个重要原因。另一个原因是，土地肥力下降迫使农民不得不大量使用化肥，化肥的残留部分随灌溉水又回流尼罗河，使河水的氮、磷含量增加，导致河水富营养化，下游河水中植物性浮游生物的平均密度增加了，由160mg/L上升到250mg/L。此外，土壤盐碱化导致土壤中的盐分及化学残留物大大增加，即使地下水受到污染，也提高了尼罗河水的含盐量。这些变化不仅对河水中生物的生存和流域的耕地灌溉有明显的影响，而且毒化尼罗河下游居民的饮用水。

4）河水性质的改变使水生植物及藻类到处蔓延，不仅蒸发掉大量河水，还堵塞河道灌渠等。由于河水流量受到调节，河水混浊度降低，水质发生变化，导致水生植物大量繁衍。这些水生植物不仅遍布灌溉渠道，还侵入了主河道。它们阻碍着灌渠的有效运行，需要经常性地采用机械或化学方法清理。这样。又增加了灌溉系统的维护开支。同时，水生植物还大量蒸腾水分，据埃及灌溉部估计，每年由于水生杂草的蒸腾所损失的水量就达到可灌溉用水的40%。

5）尼罗河下游的河床遭受严重侵蚀，尼罗河出海口处海岸线内退。大坝建成后，尼罗河下游河水的含沙量骤减，水中固态悬浮物由1600×10^{-4}%降至50×10^{-4}%，混浊度由30～300mg/L下降为15～40mg/L。河水中泥沙量减少，导致了尼罗河下游河床受到侵蚀。大坝建成后的12年中，从阿斯旺到开罗，河床每年平均被侵蚀掉2cm。预计尼罗河道还会继续变化，大概要再经过一个多世纪才能形成一个新的稳定的河道。河水下游泥沙含量减少，再加上地中海环流把河口沉积的泥沙冲走，导致尼罗河三角洲的海岸线不断后退。

工程警示：

由于大坝设计的时候对环境保护的认识不足，大坝建成后在对埃及的经济起了巨大推动作用的同时也对生态环境造成了一定的破坏。

1）使下游丧失了大量富有养料的泥沙沃土。由于失去了泥沙沃土，尼罗河河谷和三角洲的土地开始盐碱化，肥力也丧失殆尽。如今，埃及是世界上最依赖化肥的国家。具有讽刺意味的是，化肥厂正是阿斯旺水电站最大的用户之一。

2）水坝严重扰乱了尼罗河的水文。原先富有营养的泥沙沃土沿着尼罗河冲进地中海，养活了在尼罗河入海处产卵的沙丁鱼，如今沙丁鱼已经绝迹了。这对此后一些国家和地区的大型水坝建设工作起了警示作用。

【阅读材料2-2】

伦敦烟雾事件

事件成因：

1952年11月和12月初伦敦出现异常的低温，居民为了取暖，在家中大量烧煤，煤烟便从烟囱排放出来。如果煤烟在大气中扩散，就不会聚集而产生浓雾。但是当时有一股反气旋在伦敦上空，使伦敦上方的空气升温，导致高处的空气温度高于低处的空气。这样，伦敦的空气就无法上升了，于是停滞在了伦敦，同时把煤烟也留在了伦敦。煤烟和废气不断从市民家中和工厂中排出来，于是聚集在伦敦空气里的污染物就越来越多。同时，那几天的空气里水蒸气含量很高，在寒冷的空气中，水蒸气被冷却到了露点，并且大量煤烟为它们提供了凝结核，于是浓厚的烟雾就出现了。

　　1952 年 12 月 5 日至 9 日，伦敦被浓厚的烟雾笼罩，交通瘫痪，行人小心翼翼地摸索前进，如图 2-13 所示。市民不仅生活被打乱，健康也受到严重侵害。许多市民出现胸闷、窒息等不适感，发病率和死亡率急剧增加。直至 12 月 9 日，一股强劲而寒冷的西风吹散了笼罩在伦敦的烟雾。此次事件被称为"伦敦烟雾事件"，成为 20 世纪十大环境公害事件之一。

图 2-13　伦敦烟雾事件

　　在此次事件的每一天中，伦敦排放到大气中的污染物有 1000t 烟尘、2000t 二氧化碳、140t 氯化氢（盐酸的主要成分）、14t 氟化物，以及最可怕的——370t 二氧化硫，这些二氧化硫随后转化成了 800t 硫酸（燃煤烟尘中有三氧化二铁，它能催化二氧化硫氧化生成三氧化硫，进而与吸附在烟尘表面的水化合生成硫酸雾滴）。

事件影响：

　　居民出门走路都要小心翼翼，回家时发现脸和鼻孔都变黑了。位于泰晤士河北岸的半岛——道格斯岛上的居民说，自己在走路时看不见自己的脚。除了地铁，伦敦的公共交通都受到很大影响。泰晤士河上的船、火车、飞机在这几天被迫停止运行。交通引导员手持手电或火炬指引公共汽车缓缓行进。街上的私家车都亮着车前灯，司机把头伸向窗外，仔细观察前方，缓缓行驶。

　　政府建议家长把孩子留在家中，怕孩子走丢。拦路抢劫、入室抢劫、盗窃案件在这几天增多，因为烟雾可以掩盖犯罪者的行踪。

　　星期六晚上在萨德勒威尔斯剧院演出的《茶花女》被迫中止，因为剧院里充斥着浓雾。伦敦的足球赛也都被取消了，比如在温布利球场举办的大学生足球赛。这场大雾期间，有个著名的农牧业展览在伯爵宫举办，在农民们把牲畜带到伦敦的过程中，有些牲畜就呼吸困难了。这场展会中，350 头牛中有 52 头严重中毒，11 头牛死亡。有些农民赶快自制了一些口罩给牲畜们戴上。

　　此次事件中，许多伦敦市民因烟雾感到身体不适，比如呼吸困难和眼睛刺痛。发生哮喘、咳嗽等呼吸道症状的病人明显增多。同时，伦敦市民死亡率陡增，尤其是在老年人、婴儿、本来就有呼吸道疾病的人群和本来就有心血管疾病的人群中。45 岁以上的死亡人数最多，约为正常时期的 3 倍；1 岁以下的死亡人数其次，约为正常时期的 2 倍。因支气管炎死亡 704 人，为正常时期的 9 倍；因冠心病死亡 281 人，为正常时期的 2.4 倍；因肺结核死亡 77 人，为正常时期的 5.8 倍。除此之外，因心脏衰竭、肺炎、肺癌、流感以及其他呼吸道疾病死亡的也都成倍增长。东区的死亡率是平时的 9 倍。

据部分专家统计，这场烟雾在 1952 年 12 月杀死了约 4000 人，并且有后续影响——在 1953 年 1 月和 2 月杀死了约 8000 人。但也有分析称，1953 年初升高的死亡率应该归咎于流感，这种说法是英国政府一贯支持的。英国卫生部在 1953 年的报告中称，总共有 3500 ~ 4000 人死于这场烟雾，大约是平时死亡率的三倍。但是他们把 1952 年 12 月 20 日以后的高死亡率归咎于其他原因：他们认为超出正常死亡人数的 8625 人中，有 5655 人死于流感，而剩余的 2970 人死因不明。但是有专家指出，1953 年初并没有异于平常的流感爆发。1953 年初到底有多少人死于流感，而死于流感的人里有多少是受这场烟雾影响而死的，至今学界还没有统一的说法。

应对方案：

1956 年，英国政府颁布了世界上第一部现代意义上的空气污染防治法——《清洁空气法案》，大规模改造城市居民的传统炉灶，逐步实现居民生活天然气化，减少煤炭用量，冬季采取集中供暖。在城市里设立无烟区，区内禁止使用可以产生烟雾的燃料。发电厂和重工业作为排烟大户被强制搬迁到郊区。

1968 年又追加了一份《清洁空气法案》，要求工业企业必须加高烟囱，将烟雾排放到更高的空域，从而更好地疏散大气污染物。1974 年出台《空气污染控制法案》，规定工业燃料里的含硫上限等硬性标准。在这些刚性政策面前，烧煤产生的烟尘和二氧化硫排放减少放缓，空气污染明显好转。到 1975 年，伦敦的"雾日"已经减少到了每年只有 15 天，1980 年降到 5 天，伦敦此时已经可以丢掉"雾都"的绰号了。

但事件并没有到此为止。20 世纪 80 年代以后，汽车走进家庭，数量激增。汽车尾气取代煤烟成为英国大气的主要污染源。汽车尾气中的铅吸入人体后就再也无法排出，会严重影响人类后代的智力。铅问题遭到英国民众的强烈抗议，一张小女孩戴着防毒面具拿着抗议标语到英国首相官邸抗议的图片广为流传。随后英国开始推行无铅汽油，但到 20 世纪 80 年代末、90 年代初，人们发现汽车排放的其他污染物如氮氧化物、一氧化碳、不稳定有机化合物等也极为有害，它们被阳光中的紫外线照射后，会发生复杂的光化学反应，产生以臭氧为主的多种二次污染物，形成"光化学烟雾"。

英国人此时已经对抗雾形成社会共识。从 1993 年 1 月开始，英国强制所有在国境内出售的新车都必须加装催化器以减少氮氧化物污染的排放。1995 年，英国通过了《环境法》，要求制定一个治理污染的全国战略，设立了必须在 2005 年前实现的战雾目标，要求工业部门、交通管理部门和地方政府同心协力，减少一氧化碳等 8 种常见污染物的排放量。

【阅读材料 2-3】

天人和谐的都江堰水利工程

工程背景：

岷江是长江上游的一大支流，流经的四川盆地西部是中国多雨地区。岷江发源于四川与甘肃交界的岷山南麓，分为东源和西源，东源出自弓杠岭，西源出自郎架岭。两源在松潘境内漳腊的无坝汇合。都江堰以上为上游；都江堰市至乐山段为中游，流经成都平原地区；乐山以下为下游，在宜宾市汇入长江。岷江全长793km，流域面积133500km²。

岷江出自岷山山脉，从成都平原西侧向南流去，对整个成都平原是地道的地上悬江，而且悬得十分厉害。成都平原的整个地势从岷江出山口玉垒山，向东南倾斜，坡度很大，都江堰距成都50km，而落差竟达273m。都江堰位于岷江由山谷河道进入冲积平原的地方，它灌溉着灌县以东成都平原上的万顷农田。

原来岷江上游流经地势陡峻的万山丛中，一到成都平原，水速突然减慢，因而夹带的大量泥沙和岩石随即沉积下来，淤塞了河道。在古代每年雨季到来时，岷江和其他支流水势骤涨，洪水泛滥，成都平原就是一片汪洋；雨水不足时，又会造成干旱，赤地千里，颗粒无收。岷江水患长期祸及西川，鲸吞良田，侵扰民生，成为古代蜀国生存发展的一大障碍。

公元前256年，战国时期秦国蜀郡太守李冰，率众在位于四川成都平原西部都江堰市西侧的岷江上修建了都江堰水利工程，距成都56km。该大型水利工程根治岷江水患，发展川西农业，造福成都平原，为秦国统一中国创造经济基础。

都江堰水利工程历经两千多年至今依旧在灌溉田畴，是造福人民的伟大水利工程。其以年代久、无坝引水为特征，是世界水利文化的鼻祖。这项工程主要由鱼嘴分水堤、飞沙堰溢洪道、宝瓶口进水口三大部分和百丈堤、人字堤等附属工程构成（如图2-14所示），科学地解决了江水自动分流（鱼嘴分水堤四六分水）、自动排沙（鱼嘴分水堤二八分沙）、控制进水流量（宝瓶口与飞沙堰）等问题，消除了水患。

图 2-14　都江堰水利工程

工程构成：

都江堰渠首枢纽主要由鱼嘴、飞沙堰、宝瓶口三大主体工程构成。三者有机配合，相互制约，协调运行，引水灌田，分洪减灾，具有"分四六，平潦旱"的作用。

（1）鱼嘴分水堤

"鱼嘴"是都江堰的分水工程，因其形如鱼嘴而得名，位于岷江江心，把岷江分成内外二江。西边叫外江，俗称"金马河"，是岷江正流，主要用于排洪；东边沿山脚的叫内江，是人工引水渠道，主要用于灌溉。

（2）飞沙堰

"泄洪道"具有泄洪排沙的显著功能，故又叫它"飞沙堰"。飞沙堰是都江堰三大组成部分之一，看上去十分平凡，其实它的功用非常之大，可以说是确保成都平原不受水灾的关键要害。飞沙堰的作用主要是当内江的水量超过宝瓶口流量上限时，多余的水便从飞沙堰自行溢出；若遇特大洪水的非常情况，它还会自行溃堤，让大量江水回归岷江正流。另一作用是"飞沙"。岷江从万山丛中急驰而来，挟着大量泥沙、石块，如果让它们顺内江而下，就会淤塞宝瓶口和灌区。古时的飞沙堰是用竹笼卵石堆砌的临时工程，如今已改用混凝土浇筑，以保一劳永逸的功效，自动泄洪，使多余的内江的水排入外江正流使内江不受洪灾。

（3）宝瓶口

宝瓶口起"节制闸"作用，是前山（今名灌口山、玉垒山）伸向岷江的长脊上凿开的一个口子，是人工凿成控制内江进水的咽喉，因它形似瓶口而功能奇特，故名宝瓶口。留在宝瓶口右边的山丘，因与其山体相离，故名离堆。离堆在开凿宝瓶口以前，是湔山虎头岩的一部分。由于宝瓶口自然景观瑰丽，有"离堆锁峡"之称，属历史上著名的"灌阳十景"之一。

价值意义：

针对岷江与成都平原的悬江特点与矛盾，都江堰水利工程充分利用当地西北高、东南低的地理条件，根据江河出山口处特殊的地形、水脉、水势，乘势利导，无坝引水，自流灌溉，使堤防、分水、泄洪、排沙、控流相互依存，共为体系，科学地解决了江水自动分流、自动排沙、控制进水流量等问题，保证了防洪、灌溉、水运和社会用水综合效益的充分发挥。

都江堰充分发挥水体自调、避高就下、弯道环流特性，正确处理悬江岷江与成都平原的矛盾，以不破坏自然资源，充分利用自然资源为人类服务为前提，变害为利，使人、地、水三者高度和谐统一。开创了中国古代水利史上的新纪元，在世界水利史上写下了光辉的一章。都江堰水利工程，是中国古代人民智慧的结晶，是中华文化的杰作。

【阅读材料 2-4】

《建设项目环境保护管理条例》

第一章　总则

第一条　为了防止建设项目产生新的污染、破坏生态环境，制定本条例。

第二条　在中华人民共和国领域和中华人民共和国管辖的其他海域内建设对环境有影响的建设项目，适用本条例。

第三条　建设产生污染的建设项目，必须遵守污染物排放的国家标准和地方标准；在实施重点污染物排放总量控制的区域内，还必须符合重点污染物排放总量控制的要求。

第四条　工业建设项目应当采用能耗物耗小、污染物产生量少的清洁生产工艺，合理利用自然资源，防止环境污染和生态破坏。

第五条　改建、扩建项目和技术改造项目必须采取措施，治理与该项目有关的原有环境污染和生态破坏。

第二章　环境影响评价

第六条　国家实行建设项目环境影响评价制度。

第七条　国家根据建设项目对环境的影响程度，按照下列规定对建设项目的环境保护实行分类管理：

（一）建设项目对环境可能造成重大影响的，应当编制环境影响报告书，对建设项目产生的污染和对环境的影响进行全面、详细的评价；

（二）建设项目对环境可能造成轻度影响的，应当编制环境影响报告表，对建设项目产生的污染和对环境的影响进行分析或者专项评价；

（三）建设项目对环境影响很小，不需要进行环境影响评价的，应当填报环境影响登记表。

建设项目环境影响评价分类管理名录，由国务院环境保护行政主管部门在组织专家进行论证和征求有关部门、行业协会、企事业单位、公众等意见的基础上制定并公布。

第八条　建设项目环境影响报告书，应当包括下列内容：

（一）建设项目概况；

（二）建设项目周围环境现状；

（三）建设项目对环境可能造成影响的分析和预测；

（四）环境保护措施及其经济、技术论证；

（五）环境影响经济损益分析；

（六）对建设项目实施环境监测的建议；

（七）环境影响评价结论。

建设项目环境影响报告表、环境影响登记表的内容和格式，由国务院环境保护行政主管部门规定。

第九条　依法应当编制环境影响报告书、环境影响报告表的建设项目，建设单位应当在开工建设前将环境影响报告书、环境影响报告表报有审批权的环境保护行政主管部门审批；建设项目的环境影响评价文件未依法经审批部门审查或者审查后未予批准的，建设单位不得开工建设。

环境保护行政主管部门审批环境影响报告书、环境影响报告表，应当重点审查建设项目的环境可行性、环境影响分析预测评估的可靠性、环境保护措施的有效性、环境影响评价结论的科学性等，并分别自收到环境影响报告书之日起 60 日内、收到环境影响报告表之日起 30 日内，作出审批决定并书面通知建设单位。

环境保护行政主管部门可以组织技术机构对建设项目环境影响报告书、环境影响报告表进行技术评估，并承担相应费用；技术机构应当对其提出的技术评估意见负责，不得向建设单位、从事环境影响评价工作的单位收取任何费用。

依法应当填报环境影响登记表的建设项目，建设单位应当按照国务院环境保护行政主管部门的规定将环境影响登记表报建设项目所在地县级环境保护行政主管部门备案。

环境保护行政主管部门应当开展环境影响评价文件网上审批、备案和信息公开。

第十条　国务院环境保护行政主管部门负责审批下列建设项目环境影响报告书、环境影响报告表：

（一）核设施、绝密工程等特殊性质的建设项目；

（二）跨省、自治区、直辖市行政区域的建设项目；

（三）国务院审批的或者国务院授权有关部门审批的建设项目。

前款规定以外的建设项目环境影响报告书、环境影响报告表的审批权限，由省、自治区、直辖市人民政府规定。

建设项目造成跨行政区域环境影响，有关环境保护行政主管部门对环境影响评价结论有争议的，其环境影响报告书或者环境影响报告表由共同上一级环境保护行政主管部门审批。

第十一条　建设项目有下列情形之一的，环境保护行政主管部门应当对环境影响报告书、环境影响报告表作出不予批准的决定：

（一）建设项目类型及其选址、布局、规模等不符合环境保护法律法规和相关法定规划；

（二）所在区域环境质量未达到国家或者地方环境质量标准，且建设项目拟采取的措施不能满足区域环境质量改善目标管理要求；

（三）建设项目采取的污染防治措施无法确保污染物排放达到国家和地方排放标准，或者未采取必要措施预防和控制生态破坏；

（四）改建、扩建和技术改造项目，未针对项目原有环境污染和生态破坏提出有效防治措施；

（五）建设项目的环境影响报告书、环境影响报告表的基础资料数据明显不实，内容存在重大缺陷、遗漏，或者环境影响评价结论不明确、不合理。

第十二条　建设项目环境影响报告书、环境影响报告表经批准后，建设项目的性质、规模、地点、采用的生产工艺或者防治污染、防止生态破坏的措施发生重大变动的，建设单位应当重新报批建设项目环境影响报告书、环境影响报告表。

建设项目环境影响报告书、环境影响报告表自批准之日起满5年，建设项目方开工建设的，其环境影响报告书、环境影响报告表应当报原审批部门重新审核。原审批部门应当自收到建设项目环境影响报告书、环境影响报告表之日起10日内，将审核意见书面通知建设单位；逾期未通知的，视为审核同意。

审核、审批建设项目环境影响报告书、环境影响报告表及备案环境影响登记表，不得收取任何费用。

第十三条　建设单位可以采取公开招标的方式，选择从事环境影响评价工作的单位，对建设项目进行环境影响评价。

任何行政机关不得为建设单位指定从事环境影响评价工作的单位，进行环境影响评价。

第十四条　建设单位编制环境影响报告书，应当依照有关法律规定，征求建设项目所在地有关单位和居民的意见。

第三章　环境保护设施建设

第十五条　建设项目需要配套建设的环境保护设施，必须与主体工程同时设计、同时施工、同时投产使用。

第十六条　建设项目的初步设计，应当按照环境保护设计规范的要求，编制环境保护篇章，落实防治环境污染和生态破坏的措施以及环境保护设施投资概算。

建设单位应当将环境保护设施建设纳入施工合同，保证环境保护设施建设进度和资金，并在项目建设过程中同时组织实施环境影响报告书、环境影响报告表及其审批部门审批决定中提出的环境保护对策措施。

第十七条　编制环境影响报告书、环境影响报告表的建设项目竣工后，建设单位应当按照国务院环境保护行政主管部门规定的标准和程序，对配套建设的环境保护设施进行验收，编制验收报告。

建设单位在环境保护设施验收过程中，应当如实查验、监测、记载建设项目环境保护设施的建设和调试情况，不得弄虚作假。

除按照国家规定需要保密的情形外，建设单位应当依法向社会公开验收报告。

第十八条　分期建设、分期投入生产或者使用的建设项目，其相应的环境保护设施应当分期验收。

第十九条　编制环境影响报告书、环境影响报告表的建设项目，其配套建设的环境保护设施经验收合格，方可投入生产或者使用；未经验收或者验收不合格的，不得投入生产或者使用。

前款规定的建设项目投入生产或者使用后，应当按照国务院环境保护行政主管部门的规定开展环境影响后评价。

第二十条　环境保护行政主管部门应当对建设项目环境保护设施设计、施工、验收、投入生产或者使用情况，以及有关环境影响评价文件确定的其他环境保护措施的落实情况，进行监督检查。

环境保护行政主管部门应当将建设项目有关环境违法信息记入社会诚信档案，及时向社会公开违法者名单。

第四章　法律责任

第二十一条　建设单位有下列行为之一的，依照《中华人民共和国环境影响评价法》的规定处罚：

（一）建设项目环境影响报告书、环境影响报告表未依法报批或者报请重新审核，擅自开工建设；

（二）建设项目环境影响报告书、环境影响报告表未经批准或者重新审核同意，擅自开工建设；

（三）建设项目环境影响登记表未依法备案。

第二十二条　违反本条例规定，建设单位编制建设项目初步设计未落实防治环境污染和生态破坏的措施以及环境保护设施投资概算，未将环境保护设施建设纳入施工合同，或者未依法开展环境影响后评价的，由建设项目所在地县级以上环境保护行政主管部门责令限期改正，处 5 万元以上 20 万元以下的罚款；逾期不改正的，处 20 万元以上 100 万元以下的罚款。

违反本条例规定，建设单位在项目建设过程中未同时组织实施环境影响报告书、环境影响报告表及其审批部门审批决定中提出的环境保护对策措施的，由建设项目所在地县级以上环境保护行政主管部门责令限期改正，处 20 万元以上 100 万元以下的罚款；逾期不改正的，责令停止建设。

第二十三条　违反本条例规定，需要配套建设的环境保护设施未建成、未经验收或者验收不合格，建设项目即投入生产或者使用，或者在环境保护设施验收中弄虚作假的，由县级以上环境保护行政主管部门责令限期改正，处 20 万元以上 100 万元以下的罚款；逾期不改正的，处 100 万元以上 200 万元以下的罚款；对直接负责的主管人员和其他责任人员，处 5 万元以上 20 万元以下的罚款；造成重大环境污染或者生态破坏的，责令停止生产或者使用，或者报经有批准权的人民政府批准，责令关闭。

违反本条例规定，建设单位未依法向社会公开环境保护设施验收报告的，由县级以上环境保护行政主管部门责令公开，处 5 万元以上 20 万元以下的罚款，并予以公告。

第二十四条　违反本条例规定，技术机构向建设单位、从事环境影响评价工作的单位收取费用的，由县级以上环境保护行政主管部门责令退还所收费用，处所收费用 1 倍以上 3 倍以下的罚款。

第二十五条　从事建设项目环境影响评价工作的单位，在环境影响评价工作中弄虚作假的，由县级以上环境保护行政主管部门处所收费用 1 倍以上 3 倍以下的罚款。

第二十六条　环境保护行政主管部门的工作人员徇私舞弊、滥用职权、玩忽职守，构成犯罪的，依法追究刑事责任；尚不构成犯罪的，依法给予行政处分。

第五章　附则

第二十七条　流域开发、开发区建设、城市新区建设和旧区改建等区域性开发，编制建设规划时，应当进行环境影响评价。具体办法由国务院环境保护行政主管部门会同国务院有关部门另行规定。

第二十八条　海洋工程建设项目的环境保护管理，按照国务院关于海洋工程环境保护管理的规定执行。

第二十九条　军事设施建设项目的环境保护管理，按照中央军事委员会的有关规定执行。

第三十条　本条例自发布之日起施行。

习题与思考题

2-1　简述环境的概念。

2-2　有哪些环境问题？请举例说明。

2-3　什么是生态破坏？请举例说明。

2-4　环境问题是如何产生的？

2-5　当代环境问题有哪些特点？

2-6　当前人类社会面临的主要环境问题有哪些？

2-7　环境污染有哪些危害？

2-8　水体富营养化有什么危害？其产生的原因是什么？

2-9　大气污染对人体健康有什么危害？

2-10　环境污染对人体健康的危害主要有哪些？

2-11　水污染产生的原因是什么？

2-12　噪声污染对人体有什么危害？

2-13　中国环境保护的"三十二字"方针有什么重要意义？

2-14　如何理解中国环境保护的"三同步、三统一"方针？

2-15　为什么把保护环境确定为一项基本国策？

2-16　中国环境保护的基本政策是什么？

2-17　什么是环境影响评价？

2-18　城市环境综合整治定量考核有哪些内容？

2-19　什么是排污收费制度？征收排污费的目的是什么？

2-20　我国环境管理有哪些注意的制度措施？

2-21　《环保法》对于环境保护有什么现实意义？

2-22 如何理解可持续发展？

2-23 可持续发展有什么特征？

2-24 可持续发展需要坚持什么原则？

2-25 可持续发展的基本思想是什么？

2-26 可持续发展的能力建设包含哪几方面？

2-27 可持续发展的环境经济政策主要有哪些？

2-28 什么是循环经济？循环经济有哪些特征？

2-29 循环经济的原则是什么？

2-30 经济、社会和生态的可持续发展有什么现实意义？请通过实际案例进行说明。

2-31 经济发展与可持续发展的关系是什么？

2-32 中国经济可持续发展存在的主要问题有哪些？解决的办法有哪些？

2-33 中国生态可持续发展面临的主要问题是什么？解决的办法有哪些？

2-34 中国社会可持续发展主要有哪些内容？

2-35 中国推进可持续发展面临哪些困难？

2-36 中国推进可持续发展的总体思路是什么？

2-37 结合阅读材料 2-1，分析工程、环境与可持续发展之间的关系。如果你是工程师，你会在建设阿斯旺水坝工程前考虑哪些环境因素，从而促进该地区的可持续发展。

2-38 结合阅读材料 2-2 和近年来中国北京等地的雾霾情况，谈谈不同行业的工程师可以通过哪些方式减轻空气污染。请举例说明。

2-39 都江堰水利工程反映出来的生态智慧给人们什么启示？

第3章　职业能力与职业道德

现代工程是人们运用现代科学知识和技术手段，在社会、经济和时间等因素的限制范围内，为满足社会某种需要而创造新的物质产品的过程。工程师在工程设计方案的选择和实施时，往往要受到社会、经济、技术设施、法律、公众等多种因素的制约。解决现代工程技术问题，不仅需要综合运用多种专业知识，而且需要不同专业背景的工程师进行合作，并能在工作中正确运用专业知识保证工程和自然、社会的和谐发展。因此，现代工程技术人员不能满足于专门知识和具体经验的纵向积累，必须及时掌握工程技术信息，不断提高自身的工程素养，广泛汲取各类知识，掌握多种技术能力，建成有机的知识网络，并具有较强的团队合作精神、社会责任感和敬业精神，注重保护自然，保障公众利益，遵守职业道德，以便适应现代工程这一综合性系统的要求。

3.1　工程职业伦理

3.1.1　工程师与科学家的区别

工程师指具有从事工程系统操作、设计、管理、评估能力的人员。牛津英文词典将工程师定义为构思、设计或发明的人，是作者、设计者、发明者及制图者。

科学家指对真实自然及未知生命、环境、现象进行统一性的客观数字化重现与认识、探索、实践的人。

美国加州理工学院冯·卡门教授有句名言："科学家研究已有的世界，工程师创造未来的世界。"科学家与工程师的区别最先在于科学与工程两个概念的区别：科学在于探索客观世界中存在的客观规律，所以科学强调分析，强调结论的唯一性；工程是人们综合应用科学理论和技术手段去改造客观世界的实践活动，所以工程强调综合，强调方案比较和论证。这也是科学与工程的主要不同之处。

工程师常说"一切皆有可能（everything is possible）！"对他们来说只有想不到的，没有做不到的。而科学家认为每件事都有很多可能性，当然经过一段时间论证后有些可能性就变成了必然性。

科学家的思维方式和工程师的思维方式有很大的不同。在科学家看来，几个简单的动作，到了工程师那里进行实现时很可能被细分成几十个小步骤。工程师们要有严谨的思维，而科学家们需要大胆的假设，同时也要对假设进行严谨的推理论证。这也能从高等教育培养机制窥见一斑，工程师的培养模式是科学基础＋工程规范，科学家的培养模式是科学基础＋形象思维。

科学家从事研究发现，探索世界以发现普遍法则，而工程师进行创造发明，使用普遍法则设计实际物品。科学家的成果主要表现为科学论文，而工程师的成果是有经济价值的产品。科学家的动力来自兴趣，工程师的动力则是功利。科学研究有时候仅仅是为了满足科学家个人的好奇心，当然也可以是非常有实用价值的科学探求，科学发现离实际应用都有或长或短的距离，其研究成果是否能得到经济回报永远是一个未知数。工程师们则不同，他们必须使制造出来的产品在经济上是可行的，如果一件产品的成本高于其市场价值，就有可能无人光顾，所以对工程师来说，经济观念是必备的。

总的来说，科学家主要探索已经存在的世界的奥秘，而工程师则主要创造不曾存在的新世界。科学家主要回答"为什么"，在回答"为什么"时，往往需要将问题分解、再分解，直到研究的对象成为一个简单到可以被认识的东西。而工程师则主要回答"怎么办"，在回答"怎么办"时，往往不得不同时考虑各种外界条件的制约，把各方面的诉求和限制都综合起来，给出全套的解决方案，从而使这个方案尽可能巧妙地处理各方面的矛盾。分析与综合的方法经常同时出现在工程实践与科学研究中，科学家可能也需要完成某些工程作业（比如设计试验仪器，制造原型机），工程师经常也要做研究。

虽然科学和工程完成的是两种完全不同的任务，一个是理论层面，一个是实践层面，但是两者是不能割裂开来的。没有坚实的基础科学，技术转化就无从谈起，同时技术的进步也可以带来科学研究的重大发现，比如正是因为电技术的出现导致了电磁场理论的重大发现。科学和工程相辅相成，科学的进步推动着工程的发展，工程的发展反过来又为科学提出新的问题。但这种相互依存的关系并不会自我维持，而需要一些媒介。这些媒介具有双重的角色，一方面将科学成果转化为推动工程进步的力量，解决"怎么办"的问题；另一方面在工程实践中提炼出科学问题，回答"为什么"的问题。这些媒介是谁？就是我们，研究型的工程师，或者工程型的科学家。

3.1.2　工程伦理学背景

伦理是指在处理人与人、人与社会相互关系时应遵循的道理和准则。它不仅包含着对人与人、人与社会和人与自然之间关系处理中的行为规范，而且也蕴涵着依照一定原则来规范行为的深刻道理。伦理是指做人的道理，包括人的情感、意志、人生观和价值观等方面。伦理是指人与人之间符合某种道德标准的行为准则。

工程活动是现代社会存在和发展的物质基础。它不但涉及人与自然的关系，而且必然涉及人与人、人与社会的关系，因此内在地存在着许多深刻、重要的伦理问题。工程伦理指在工程实践和研究中人与社会、人与自然和人与人关系的思想与行为准则，它规定了工程师及其共同体应恪守的价值观念、社会责任和行为规范。

工程技术对世界产生了深远而广泛的影响，而工程师在技术各个方面的发展上扮演了一个核心角色。工程师创造产品推动了社会生产力的发展，也给人类生活带来更多的便捷，例如，提高农作物产量、加强植物保护、节约能源、开发新能源、制造高速列车以及减轻自然灾害等方面。然而技术在带来益处的同时，也产生了环境破坏、生态失衡等负面影响，甚至危及人类自身的生存。例如，对宇宙的探索可以看作工程项目的胜利，但是 1986 年挑战者号航天器爆炸和 2003 年哥伦比亚号航天器爆炸都是忽视技术风险的悲剧。所以，技术的风险不应该被技术的益处所掩盖，同时技术的负面影响也能完全预见，除了基本的和可预见的技术负面影响，也存在潜在的二次负面影响。因此，环境、生态等问题将长期存在，并且正在遭受伤害的人们也可能将长期受到危害。

工程技术的负面结果在 20 世纪初、20 世纪 30 年代大萧条时期，以及 20 世纪 70 年代和

80 年代都引起了越来越多的批评。在 20 世纪 70 年代，发生两起全世界关注的案件：一是斑马车油箱事件，二是 DC - 10 飞机坠毁事件。这两起事件造成了巨大的人员伤亡，而其原因在于从事研发活动的科学家和工程师将利润和效益放在了首位，而忽略了对公众的安全、健康和福祉的关注。学者们对这两个案例进行了研究，发现涉及工程师的责任和权利问题，以及由于缺失这种责任所带来的灾难等，这些批评对工程师的工作产生很大影响。一些工程师针对这种现状积极地进行辩护，对于工程师的工程活动从伦理角度进行深刻反思，由此产生了工程伦理学。工程师通过强调工程的根本道德任务，以此促进工程师的职业化进程。美国几乎各大工程师协会章程中都增加了一些伦理方面的要求，都把"工程师的首要义务是将人类的安全、健康、福祉放在至高无上的地位"作为章程的根本原则。同时美国国家工程师职业协会（National Society of Professional Engineers，NSPE）设立了伦理审查委员会，积极鼓励工程师利用伦理理论来评估工程的各种活动。

工程伦理问题的提出，使得工程师在技术产品开发过程中必须考虑安全问题，也直接增强工程师在工程中有效地处理道德问题复杂性的能力，增进工程师的道德自治，即理性地思考以道德关注为基础的工程伦理问题。总之，工程伦理学以增进人类福祉为目的，加强工程师职业责任为手段，来规范与约束工程师的行为，提高其道德敏感性，从而更清晰并更仔细地审视工程中的伦理问题，消除道德困境。在美国国家工程院（National Academy of Engineering，NAE）有关 2020 年工程的报告中，指出伦理标准是未来工程师具备的品质之一，也为工程师道德水平的提高与工程伦理学的发展指明了方向。

3.1.3 工程师的职业伦理规范

工程是运用各种科学和技术手段去建造或构筑集成物的活动，是一种体现物质生产力的活动。在工程活动中集成了技术、经济、社会、环境、政治、文化各种复杂的社会因素，例如，工程目标的确定、工程方案的选择、工程设计的原则、工程建造的方法和路径的选择、工程集成物的质量，环境保护、可持续发展，保护公众健康、安全和福祉，以及工程师的责任和义务等。工程师的职业特点决定了工程师在工程活动中需要承担更多的职业伦理责任。

1. 工程师遵守职业道德的伦理责任

所谓职业伦理，是指职业人员从业的范围内所采纳的一套行为标准。工程师职业伦理是工程伦理学的基本组成部分。

职业伦理规范实际上表达了职业人员之间以及职业人员与公众之间的一种内在的一致，或职业人员向公众的承诺：确保他们在专业领域内的能力，在职业活动范围内增进全体公众的福利。因而，工程师的职业伦理规定了工程师职业活动的方向、职业行为和行为方式，使工程师明确自己的职业行为。不仅如此，它还着重培养工程师在面临义务冲突、利益冲突时做出判断和解决问题的能力。工程师需要具有前瞻性地思考问题、预测自己行为的可能后果并做出判断的能力。一些工业发达国家把认同、接受、履行工程专业的伦理规范作为职业工程师的必要条件。

19 世纪末之前，在社会、企业和工程师队伍中，伦理责任的观念与工程师职业很少挂钩，但是工程师伦理责任广泛地存在于工程实践过程之中，却是不争的事实。工程师在工程实践中涉及许多的伦理责任问题，例如：

1）在工程产品设计时，考虑产品的有用性了吗？是不是非法的？

2）从事工程技术研究时，是否侵犯他人的知识产权仿造产品？

3）在对实验的数据处理过程中是否存在修改？

4）在论文的撰写过程中是否抄袭他人的科研成果？

5）在对科研成果进行验收时，是否对研究成果的缺陷以及对后期用户可能产生的不利影响进行隐瞒？

6）为了自身的利益，是否夸大样品的使用性能？

7）产品的规格符合已经颁布的标准和准则了吗？

8）产品是否有安全隐患？是否会给用户造成伤害？

美国学者马丁等人通过研究发现，在一个产品的生命周期中，从产品设计、生产、制造、成品、使用到报废，都蕴涵着道德问题和伦理问题，工程师的职业伦理责任贯穿于一个产品生命周期的各个环节。

工程师对雇主或客户有特殊的义务，要具备诚实、正直、能干、勤奋、忠诚及谨慎等美德，不能辜负雇主或客户对他们的信赖。要从根本上提高工程师的社会责任感，就要从本质上改变工程师的责任感意识，培养良好的职业素养和道德水准。工程师要化解社会矛盾，消除偏见与歧视，应主动担负起守护公平正义的伦理责任，并在工程实践中尽力做到：始终坚持公平原则，在工程设计或人工智能产品开发中，应充分考虑各种因素，避免由于人为因素造成的不平等；始终坚持正义原则，以最大多数人的幸福为基本出发点，让产品造福全人类而不是仅为少数人服务；在坚持公平正义原则的同时，还应对工程实践导致的利益受损方（包括自然在内）给予必要的爱护与补偿。

2. 工程师保护公众安全、健康和福祉的社会伦理责任

工程师与雇主或客户的关系是建立在合同的基础上，只要他们作为平等的双方经过讨价还价达成了协议，就实现了合乎道德的公正。工程师要为雇主服务，但他们又有一定的独立性，享有合同规定的包括道德上的权利和义务，不仅要诚实地为雇主或客户工作，还要为公众利益负责。

工程师在工程活动中对于技术设计、建造等方面起到重要作用。由于受到不同因素的困扰，在权衡公司、公众以及自身利益时，他们会面临两难抉择，往往陷入忠诚于雇主还是忠诚于公众的道德困境。

在技术发达社会中，工程师作为专家，凭他的能力对指出特定技术产生的消极影响负有特殊的责任。为此，世界各专业工程师协会提倡工程师要从伦理角度对社会公众利益给予重视。例如，1963 年美国土木工程师协会（ASCE）修改伦理规范的第一条基本标准是这样陈述的："工程师在履行他们的职责时，应当将公众的安全健康和福利放在首要位置。"1974年，美国职业发展工程理事会（Engineering Council on Professional Development，ECPD）采用了一项新的伦理章程，该章程认为工程师的最高义务是公众的健康、福祉与安全。现在，几乎所有的工程社团和社团伦理章程都把这一观点视为工程师的首要义务，而不是工程师对客户和雇主所承担的义务，以提升工程师贡献于公众福利的意识，而不是仅仅服从于公司管理者的利益和指令。

20 世纪 70 年代以来，随着一批高新技术的出现，产生了依托高新技术的许多工程，由于这些高新技术的复杂性和不确定性，使得工程的设计者和使用者无法完全预测或控制该工程存在的意外后果。技术过程的不可预见性，即使是对那些相关领域的权威专家来说也是一样。仅有建设工程的良好初衷，并不是工程项目能达到预期效果的根本保证。图 3-1 所示是 2009 年上海某小区一栋在建住宅楼倒塌。经过调查，该楼在建造中堆土过高压迫地基，导致地下土层移位、沉降，楼房地桩承受不了而断裂。另外，开发商的资质有效期截止到 2004 年 12 月 31 日，也就是说，已经非法运营了 5 年之久。图 3-2 所示是 1986 年切尔诺贝利核电站爆炸事故，由于压力管式石墨慢化沸水反应堆的设计缺陷和核电站操纵员工作失误导致 4 号反应堆爆炸，这场灾难总共损失大概两千亿美元，是近代历史中代价最"昂贵"的灾难事件。

图 3-1　上海某小区在建住宅楼倒塌事故　　　图 3-2　切尔诺贝利核电站爆炸事故

　　大楼倒塌、核电站爆炸、挑战者号航天器爆炸、毒气泄漏等工程灾难，给人们的生命财产和周围环境造成了严重的影响，引发工程师的自省和反思。在 2002 年德国工程师协会制定的《工程伦理的基本原则》中就特别强调工程师对社会及公众的责任"工程师应对工程团体、政治和社会组织、雇主、客户负责，人类的权利高于技术的利用；公众的福利高于个人的利益；安全性和保险性高于技术方法的功能性和利润性"。

　　实际上，也有少数工程技术专家的工作在相当大程度上受经营者或政治家影响。有些经理往往从企业的利益出发，忽视工程产品的安全性和危险性，这对社会福利和公众安全、健康造成巨大风险和威胁，在这种情况下，作为一名工程师必须对自身工作中由于失职或有意破坏造成的后果应负责任。同时，工程师的工作性质使他们常常直接且最早了解公司或其他机构中存在的一些问题，例如产品质量、性能的缺陷，对公众的安全和健康或环境的影响等，他们有责任披露事实的真相，使决策部门和公众能够了解到该工程中的潜在威胁，这是工程师应该担负的社会伦理责任。

　　在工程伦理教育方面，1985 年，美国工程与技术鉴定委员会（Accreditation Board for Engineering and Technology，ABET）要求美国工程院校必须把培养学生对"工程职业和实践的伦理性质的理解"作为接受认证的一个条件。2000 年，美国工程与技术鉴定委员会制定了更为具体的要求：工程学学科应当展现出他们的毕业生能够在全球的和社会的背景下来理解工程的影响，并且具有与当代工程相关的知识。它还指出，除了经济的、环境的、社会的和政治的因素外，学生还必须拥有伦理的"设计经历"。

　　3. 工程师担负社会可持续发展的生态伦理责任

　　生态伦理即人类处理自身及其周围的动物、环境和大自然等生态环境关系的一系列道德规范。通常是人类在进行与自然生态有关的活动中所形成的伦理关系及其调节原则。"最大限度的（长远的、普遍的）自我实现"是生态智慧的终极性规范，即"普遍的共生"，人类应该"让共生现象最大化"。

人类自然生态活动中一切涉及伦理性的方面构成了生态伦理的现实内容，包括合理指导自然生态活动、保护生态平衡与生物多样性、保护与合理使用自然资源、对影响自然生态与生态平衡的重大活动进行科学决策以及人们保护自然生态与物种多样性的道德品质与道德责任等。

工业文明创造出大量的物质财富，但也消耗了大量的自然资源和能源，并产生了土壤沙化、生物多样性面临威胁、森林锐减、草场退化、大气污染等严重的生态后果，严重破坏了社会和自然环境，甚至危及人类自身的生存。在德国工程师学会制定的《工程伦理的基本准则》中，要求"工程师应该明白技术体系对他们的经济、社会、生态环境及子孙后代生活的影响，有义务发展理性的和可持续发展的技术体系"。世界工程组织联合会也把可持续发展的责任，寻求人类生存中所遇到的各种问题的解决方法作为自己的基本宗旨。

生态伦理责任包含以下几方面：

1）在工程产品的规划、决策工程中，必须处理好社会价值、市场价值和个人价值的关系，整体利益更为重要，而社会价值优先。

2）把改造自然的行为严格限制在生态运动的规律之内，使人类活动与自然规律相协调。充分考虑环境生态的价值，走技术进步、提高效益、节约资源的道路。要公正地对待自然，限制对自然资源的过度开发，坚持开发与保护并重的原则，促进自然再生产能力的提高，最大限度地保持自然界的生态平衡，真正确立关心自然、爱护自然的责任感，自觉履行保护生态环境的义务。

3）把排污量控制在自然界自净能力之内，促进污染物排放与自然生态系统自净能力相协调。倘若人类排放的污染物超过了大自然的自净能力，污染物就会在大气、水体、生物体内积存下来，产生持续性危害。

4）在生态文明大背景下，市场也可以由不同的环境标准进行细分归类，而且关乎社会可持续发展的建设走向。目前国际上已认定由一些环境标准对产品进行挑选，只有通过这些环境标准的产品才能进入优等市场，在这样的市场上进行交易也会得到国际社会的肯定。而没有通过环境标准的产品及其生产企业将无法在竞争中得到平等的地位，甚至会被淘汰出局。

5）建立透明和公开的平台，关于工程的环境以及其他方面的风险信息必须客观、真实地和公众进行公平的交流。

6）生态伦理所要求的道德观念，不仅超越了人与人的关系，而且把道德的范围扩展到了全人类。一部分人的发展不应损害另一部分人的发展。最重要的是要保证大部分人对于自然资源、环境资源公平的享用权利。另外，一些国家和地区依靠自己的技术和科学优势去占有或者损害其他国家和地区的利益，向弱势地区索取本该由其占有或者目前不能开发的资源，从而造成环境的污染，这实际上是一种不公平。必须树立公平观念，兼顾国家间、国际、代际间利益的协调，兼顾生态系统的价值。

工程师对公众的生态责任还包括正确的引导作用。随着企业规模的扩大，其对于公众的影响力也在逐渐增强，特别是一些大的工程产品，它们的行为与运作方式可能会成为公众效仿的对象和模板。

人类应摆正自己在大自然中的道德地位。只有当人类能够自觉控制自己的生态道德行为，并理智而友善地对待自然时，人类与自然的关系才会走向和谐，从而实现生态伦理的真正价值。

3.2 工程职业能力

3.2.1 工程师的分类

工程师是职业水平评定（职称评定）的一种。通常按职称（资格）高低分为：研究员或教授级高级工程师（正高级）、高级工程师（副高级）、工程师（中级）、助理工程师（初级）。

1）助理工程师是初级工程技术人员的职务名称，具有完成一般性技术工作的能力。

2）工程师是已经具有一定工程技术研究和设计工作的实践经验，可独立承担工作的工程技术人员。

3）高级工程师是具有丰富的生产、技术管理工作实践经验，能够解决生产过程或综合技术管理中本专业领域重要技术问题能力的工程技术人员。高级工程师是中国专业技术职称工程类中的高级职称，而教授级高级工程师是高级工程师任职资格职称里的最高级别之一。

通常所说的工程师，是指中级工程师。工程师职称由企业或上级主管部门评定，全国通用。

在欧洲一些国家，工程师称谓的使用被法律所限制，必须用于持有学位的人士，而其他没有学位人士使用属于违法。在美国大部分州及加拿大一些省份亦有类似法律存在。通常只有在专业工程考试取得合格才可被称为工程师。

3.2.2 工程师的职业能力

职业能力是人们从事其职业的多种能力的综合。职业能力可以定义为个体将所学的知识、技能和态度在特定的职业活动或情境中进行类化迁移与整合所形成的能完成一定职业任务的能力。

工程师的职业能力反映了专业技术人员的学术和技术水平、工作能力及工作成就。就学术而言，它具有头衔的性质；就专业技术水平而言，它具有岗位的性质。通常，专业技术人员的职业能力从专业能力、交流能力、职业道德、项目管理能力和领导能力等方面进行评价。高级工程师、工程师和助理工程师的职业能力见表3-1。

表3-1 高级工程师、工程师和助理工程师的职业能力

职业能力	高级工程师	工程师	助理工程师
专业能力	有本专业良好工程教育背景，接受过系统的专业知识学习和专业技能训练；在某一技术方向有比较深入的研究；能带领团队攻克技术难关；能在工作中自觉遵循法律法规、技术规范和正确运用质量、安全、节能、环保知识，并能提出改进意见；主动跟踪本专业国内外技术发展趋势，不断掌握新知识、新技能，并创造性地运用于工作中；能分析本专业国内外技术发展现状和趋势，提出具有应用价值的研究课题，制定出研究方案并实施	有本专业良好工程教育背景，接受过系统的专业知识学习和专业技能训练；能熟练运用专业知识和技能解决实际工程技术问题；能在工作中自觉遵循法律法规、技术规范和正确运用质量、安全、节能、环保知识；主动跟踪本专业国内外技术发展趋势，不断掌握新知识、新技能，并应用于工作中；能进行技术问题的研究，进而提出解决方案	有本专业基本工程教育背景，具备本专业基础理论、技术知识和基本技能；能在工程师指导下独立运用专业知识和技能解决实际工程技术问题；对本专业相关法律法规、标准规范和质量、安全、节能、环保知识有一定了解，并能加以运用；对本专业国内外技术发展现状和趋势有一定了解

（续）

职业能力	高级工程师	工程师	助理工程师
交流能力	能熟练使用工程语言制定工程文件，并在跨区域、跨专业环境下进行交流；有良好人际交往关系；有很强的团队合作精神，能够控制自我并理解他人意愿，在团队中发挥领导作用；能适应各种环境并充分发挥自身能力；具备一门外语的听、说、读、写能力；具备国际交流与合作的理念和方法	能熟练使用工程语言制定工程文件，并与同行深入交流；有良好人际交往关系；有较强的团队合作精神，能够控制自我并理解他人意愿，在团队中发挥带头作用；能适应各种环境并发挥自身能力；具备一门外语的听、说、读、写能力；具备国际交流与合作的基本理念和方法	能使用工程语言制定工程文件，并与同行交流；有正常人际交往关系；有团队合作精神，在完成本职工作的同时，主动分担工作；能很快适应新的环境；具备一门外语的听、说、读、写能力
职业道德	有强烈的社会责任感和敬业精神，能在工作中正确运用专业知识保证工程和自然、社会的和谐发展；有强烈的本专业职业健康安全、节能、环保、知识产权保护意识，能在工作中正确运用专业知识维护以上要素；模范遵守职业行为准则，承担自身行为责任；能制定并实施自身职业发展规划；积极参与或组织业内学术活动；积极提携和热心培养后备力量	有较强的社会责任感和敬业精神，能在工作中正确运用专业知识保证工程和自然、社会的和谐发展；有较强的本专业职业健康安全、节能、环保、知识产权保护意识，能在工作中正确运用专业知识维护以上要素；模范遵守职业行为准则，承担自身行为责任；能制定并实施自身职业发展规划；积极参与业内学术活动；主动提携助理工程师，培养见习工程师	有社会责任感和敬业精神，对工程与自然、社会和谐发展有正确的认知和理解，并能在工作中自觉遵循；有本专业职业健康安全、节能、环保、知识产权保护意识，具备相关知识，并能在工作中自觉遵循；自觉遵守职业行为准则；对自身职业发展有规划
项目管理能力	具备较强的市场调研、需求预测和技术经济分析能力，具备设计、预算大型工程项目的能力，进而能策划和评估大型工程项目；具备较强的团队组建和管理能力，具备较强的项目监控和过程管理能力，进而能组织实施大型工程项目；具备一定的风险管控能力，能在事先预防和事后补救方面采取一定措施	具备一定的市场调研、需求预测和技术经济分析能力，具备设计、预算小型工程项目的能力，能策划和评估小型工程项目；具备一定的团队组建和管理能力，具备一定的项目监控和过程管理能力，进而能组织实施小型工程项目；具备风险管控意识，能进行风险预判并提出风险规避预案	具备成本意识，能估算项目成本
领导能力	具备收集、分析、判断国内外相关技术信息的能力，能提出开发方向和思路；具备系统思维和创新思维能力，能提出创新方案；具备一定的综合分析、判断能力，能提出决策意见；具备组建和指挥本单位跨部门团队的能力		

3.2.3 工程技能

由于现代工程问题日益复杂，市场竞争激烈，产品更新换代频繁，要求工程师不仅具有扎实的数学、自然科学和专业基础理论知识以及很强的工程技术能力，还要求其具备使用现代工具的能力、收集和分析资料的能力、书面表达与交流的能力等，以适应现代工程实践对分析和解决工程实际问题的综合能力要求。

1. 使用现代工具

使用现代工具主要是运用计算机软件来分析和解决工程实际问题。对于现代工程领域的工程问题，借助计算机软件进行建模、分析、仿真实验等，从而得出数量指标，为工程师提供关于这一过程或系统的定量分析结果，作为决策的理论依据；借助计算机软件进行工程设计，可以大大地提高设计水平和效率；基本上所有的工程项目都需要应用计算机技术进行产品开发。常用的计算机工具软件有以下几种。

（1）MATLAB

MATLAB 是由美国 MathWorks 公司发布的主要面向科学计算、可视化以及交互式程序设计的高科技计算软件。它将数值分析、矩阵计算、科学数据可视化以及非线性动态系统的建模和仿真等诸多强大功能集成在一个易于使用的视窗环境中，主要包括 MATLAB 和 Simulink 两大部分，为科学研究、工程设计以及必须进行有效数值计算的众多科学领域提供了一种全面的解决方案，并在很大程度上摆脱了传统非交互式程序设计语言（如 C、Fortran）的编辑模式，代表了当今国际科学计算软件的先进水平。

MATLAB 可以进行矩阵计算、绘制函数和数据、实现算法、创建用户界面、连接其他编程语言的程序等，主要应用于数值分析、工程与科学绘图、控制系统的设计与仿真、数字图像处理技术、数字信号处理技术、通信系统设计与仿真、财务与金融工程、管理与调度优化计算（运筹学）等领域，图 3-3 所示是 MATLAB 应用于音频信号的处理结果。

图 3-3　MATLAB 应用于音频信号的处理结果

（2）SolidWorks

SolidWorks 是世界上第一个基于 Windows 开发的三维 CAD 系统，主要用于三维机械设计，包括 3D 建模设计、零件设计、装配设计和工程图设计等。这些功能简化了高复杂度模型设计，能够提供不同的设计方案、减少设计过程中的错误，可提高设计效率，能在比较短的时间内完成更多的工作，更快地将高质量的产品投放到市场。

SolidWorks 在航空航天、机车、食品、机械、国防、交通、模具、电子通信、医疗器械、娱乐工业、日用品/消费品、离散制造等领域均有使用，成为全球装机量最大、最好用的机械设计软件之一。图 3-4 所示是 SolidWorks 应用于机器人、无人小车三维机械产品设计。

图 3-4　SolidWorks 应用于机器人、无人小车三维机械产品设计

（3）Altium Designer

Altium Designer 是 Altium 公司推出的一体化的电子产品开发系统，就是将电路设计中各种工作交由计算机来协助完成，主要运行在 Windows 操作系统。Altium Designer 软件通过把电路原理图设计、PCB 绘制编辑、拓扑逻辑自动布线、信号完整性分析、电路仿真和设计输出等技术的完美融合，并且可以集成 FPGA 设计功能和 SOPC 设计功能，从而允许工程设计人员能将系统设计中的 FPGA 设计、PCB 设计及嵌入式设计集成在一起，为设计者提供了全新的解决方案，使电路设计的质量和效率大大提高。图 3-5 所示是 Altium Designer 应用于电路原理设计。

图 3-5　Altium Designer 应用于电路原理设计

随着电子科技的蓬勃发展，新型元器件层出不穷，电子线路变得越来越复杂，电路的设计工作已经无法单纯依靠手工来完成，电路设计自动化（Electronic Design Automation，EDA）已经成为必然趋势，越来越多的设计人员使用快捷、高效的 CAD 设计软件来辅助进行电路原理、印制电路板的设计以及打印各种报表等。

（4）有限元分析

有限元分析（Finite Element Analysis，FEA）是利用数学近似的方法对真实物理系统（几何和载荷工况）进行模拟。利用简单而又相互作用的元素（即单元），就可以用有限数

量的未知量去逼近无限未知量的真实系统。

有限元分析是用较简单的问题代替复杂问题后再求解。它将求解域看成是由许多称为有限元的小的互连子域组成，对每一单元假定一个合适的（较简单的）近似解，然后推导求解这个域总的满足条件（如结构的平衡条件），从而得到问题的解。因为实际问题被较简单的问题所代替，所以这个解不是准确解，而是近似解。由于大多数实际问题难以得到准确解，而有限元不仅计算精度高，而且能适应各种复杂形状，因而成为行之有效的工程分析手段。

随着市场竞争的加剧，产品更新周期越来越短，企业对新技术的需求更加迫切，而有限元数值模拟技术是提升产品质量、缩短设计周期、提高产品竞争力的有效手段之一，所以随着计算机技术和计算方法的发展，有限元法在工程设计和科研领域得到了越来越广泛的重视和应用。从汽车到航天飞机，几乎所有的设计制造都已离不开有限元分析计算，其在机械制造、材料加工、航空航天、汽车、土木建筑、电子电器、国防军工、船舶、铁道、石化、能源和科学研究等各个领域的广泛使用已使设计水平发生了质的飞跃。

为了使工程师快捷地解决复杂工程问题，许多公司开发了多种大型通用有限元商业软件，例如 ANSYS 有限元分析软件可以分析机械、电磁、热力学等多学科的问题，NASTRAN 有限元分析软件可以分析电机的问题，Abaqus 6.9 有限元分析软件可以分析材料断裂失效、高性能计算以及噪声振动领域的问题等。图 3-6 所示是有限元分析应用于电机设计。

a)　　　　　　　　　　　　　b)

图 3-6　有限元分析应用于电机设计

a）电机有限元模型　b）电机磁密分布云图

2. 收集和分析资料

收集和分析资料是工程项目决策、规划和方案设计工作的前期基础工作，是项目启动后最为关键的一个环节。只有通过细致扎实地收集和分析资料，才能为项目决策、规划和方案设计提供科学依据。收集和分析资料直接关系到项目的成败。

收集资料通常需要聚焦一个项目、课题、主题或问题，通过各种途径、调查方式系统客观地查阅、收集项目相关的背景、关键技术、技术路线、技术难点、现有解决方案及技术发展等资料。在收集资料的基础上，从技术、经济、财务、资源、社会、商业以至环境保护、可持续发展、法律等多个方面进行分析、归纳、整理和研究，撰写可行性分析报告，以确定工程项目是否可行，为正确进行投资决策、规划和方案设计提供科学依据。

收集资料首先需要选择主题，然后开展文献搜索，文献搜索的途径包括以下几方面。

1）期刊、学位论文、专利说明书、技术标准、科技报告、会议文献、图书、报纸等。

2）产品目录、产品样本、设计图样等。

3）通过检索工具查阅文摘、索引、全文数据库等。

4）参加学术会议交流。

5）网络资料。计算机互联网技术具有信息量大、内容丰富、信息传递快、方便交流和传播广泛等优势，为收集资料提供了最便捷的途径。通过网络搜索资料，可以突破时间和空间限制，搜索快速，可以查找到大量的相关材料和信息，是现代工程项目资料收集的主要途径。

查阅文献、收集资料并不是一件很容易做的工作，需要耐心、细致、仔细查阅文献，并经过慎重考虑进行选择，这需要一定的技能，而这一技能是在不断查阅资料的实践中积累起来的。

作为一名工程师，仅仅会查阅资料还不够，还要对文献资料进行分析，它包含整理和加工两项工作。

资料整理是根据调查研究的目的，运用科学的方法，对调查所获得的资料进行审查、检验、分类、汇总等初步加工，使之系统化和条理化。资料整理是资料研究的重要基础，是提高调查资料质量和使用价值的必要步骤，是保存资料的客观要求。资料整理的原则是真实性、合格性、准确性、完整性、系统性、统一性、简明性和新颖性。

在整理资料的基础上，需要对资料进行加工。在大量的原始资料中，不可避免地存在一些假信息和伪信息，只有通过认真地筛选和判别，才能防止鱼目混珠、真假混杂。收集来的资料是一种原始的、零乱的和孤立的信息，只有把这些资料进行分类和排序，才能进行分析比较和研究，使资料更具有使用价值。

3. 书面表达与交流能力

书面表达及交流能力是工程师的一项基本职业技能，涉及项目建议书、可行性分析报告、研究报告、实验报告、主题论述、总结或结题报告、专利申请书、期刊或会议论文、专著等众多内容。这些书面材料的撰写需要基于科学事实或实验数据进行客观的描述，禁止捏造。工程领域报告的撰写一般有以下几方面的要求。

1）主题明确。撰写的书面材料主题要明确，撰写内容与主题密切相关。

2）注重事实。一切分析研究都必须建立在事实基础之上，因此要尊重客观事实，用事实说话。撰写的材料都必须真实无误，涉及的时间、地点、事件经过、背景介绍、资料引用等都要求准确真实。一切材料均出之有据，不能听信道听途说，才能提供解决问题的经验和方法，研究的结论才能有说服力。

3）论理性。撰写的主要内容是事实，主要的表现方法是叙述。但撰写的目的是从这些事实中概括出观点，而观点是撰写报告的灵魂。因此，占有大量材料，不一定就能写好报告，还需要把相关的材料加以分析综合，进而提炼出观点。对材料的研究，要用科学方法经过"去粗取精，去伪存真，由此及彼，由表及里"的处理，运用最能说明问题的材料并合理安排，做到既要弄清事实，又要说明观点。这就需要在对事实叙述的基础上进行恰当的议论，表达出撰写内容的主题思想。既要防止只叙不议，观点不鲜明，也要防止空发议论，叙议脱节。

4）符合逻辑顺序。几乎所有书面材料撰写都包含四个方面的内容：拟解决的问题（背景等）、解决方案、解决内容及结果。撰写过程中，应将内容进行合理安排，确定大标题和小标题。

5）语言简洁。报告尽量语言简洁明快，充足的材料加少量议论，不要求细致的描述，用简明朴素的语言报告客观情况。可以适当使用一些浅显生动的比喻，增强说理的形象性和生动性，但前提必须是为说明问题服务。

4. 终身学习

终身学习是指社会每个成员为适应社会发展和实现个体发展的需要，贯穿于人的一生的、持续的学习过程，即人们所常说的"活到老学到老"或者"学无止境"。

进入21世纪以来，具有颠覆性特征的研究在多个产业领域取得重大突破，如新材料、新能源、人工智能、机器学习、生物工程、3D打印等。这些划时代的技术进步，不仅促进所在已有产业的迅猛发展和升级，培育出了众多的全新产业，而且广泛应用于其他相关产业领域，带动全社会的大发展。例如，新材料技术的突破，带动了化工、机械、电子、航空、医疗、能源、建筑等产业发展；大数据应用技术的突破，带来了制造、零售、金融、教育等产业的历史性变革。人们面对的是全新的和不断变化发展的职业、家庭和社会生活，若要与之适应，人们就必须用新的知识、技能和观念来武装自己。因此，工程师需要具备终身学习的能力，在工程实践中不断更新知识，及时掌握新技术及新技能，才能适应工程技术发展的需要。

终身学习强调人的一生必须不间断地接受教育和学习，以不断地更新知识，保持应变能力，其理念符合时代、社会及个人的需求。许多国家在制定本国的教育方针、政策或是构建国民教育体系的框架时，均以终身学习的理念为依据，以终身学习提出的各项基本原则为基点，并以实现这些原则为主要目标。

3.2.4 提高职业能力

任何一个职业岗位都有相应的职责要求，一定的职业能力则是胜任某种职业岗位的必要条件。职业能力是在实践的基础上得到发展和提高的，一个人长期从事某一专业劳动，能促使人的能力向高度专业化发展和提高。个人职业能力除了在实践中磨炼和提高之外，另一个有效的途径就是在后来的职业生涯中继续学习和接受培训，积累工程职业经验并提升工程职业能力。

职业能力是人发展和创造的基础，是成功地完成某种任务或胜任岗位工作的必不可少的基本因素。没有能力或能力低下，就难以达到工作岗位的要求，不能胜任。个体的职业能力越强，各种能力越是综合发展，就越能促进人在职业活动中的创造和发展，就越能取得较好的工作绩效和业绩，越能给个人带来职业成就感。

3.3 工程职业素养

3.3.1 工程师的职业素养

素养就是在遗传因素的基础上，受后天环境、教育的影响，通过个体自身的体验认识和实践磨炼，形成比较稳定的、内在的、长期发生作用的基本品质结构，包括人的思想、道德、知识、能力、心理、体格等。

职业素养是人类在社会活动中需要遵守的行为规范。个体行为的总和构成了自身的职业素养，职业素养是内涵，个体行为是外在表象。职业素养包含职业道德、职业信念、职业技能、职业规范等方面的内容。

1. 职业道德

良好的职业修养是每一个优秀工程师必备的素质，良好的职业道德是每一个工程师都必须具备的基本品质，这两点是企业对工程师最基本的规范和要求。良好的职业道德主要应包括以下几方面的内容：忠于职守、乐于奉献；实事求是、不弄虚作假；依法行事、严守秘密；公正透明、服务社会等。

2. 职业信念

职业信念是职业素养的核心。一个人只要拥有强有力的职业信念，就拥有了百折不挠的心理根基，就可以从容应对事业中的许多不测风云。优秀工程师必备的职业信念应该包括：爱岗、敬业、忠诚、奉献、正面、乐观、用心、开放、合作、坚强等。

3. 职业技能

职业技能是做好一个职业应该具备的专业技术和能力。俗话说"三百六十行，行行出状元"。没有过硬的专业知识，没有精湛的职业技能，就无法把一件事情做好，更不可能成为"状元"。职业技能在不同的工程专业领域有不同的具体要求，但现代工程领域大多要求工程师必备的职业技能包括：获取知识、应用知识、问题分析、设计解决方案、设计实验、分析数据、创新、使用现代工具等能力。由于现代科技的发展，对职业技能的要求也越来越高，工程师要不断关注行业的发展动态及未来的趋势走向，具备终身学习的能力，及时掌握新技术及新技能，才能适应现代工程技术的发展要求。

4. 职业规范

职业规范就是在职场上通过长时间地学习、改变而最后变成习惯的一种职场综合素质。工程师不仅要掌握职业技能，还要遵守工程行为规范。在现代工程活动中，工程师扮演着一个极其重要的角色，所具有的影响力也越来越大，必然要求工程师在工程活动中将承担更大的责任。工程师不但要遵守法律责任的显性约束，更要

图 3-7　重庆綦江彩虹桥整体倒塌

遵守伦理责任的隐性约束。伴随着工程活动中不断出现的"豆腐渣工程"或"问题工程"（如图3-7所示），全社会都感受到了其中所表现出来的工程师伦理责任的丧失和职业道德的败坏。因此，加强对工程师的伦理责任教育势在必行。

信念可以调整，技能可以提升。要让正确的信念、良好的技能发挥作用就需要不断地练习、练习、再练习，直到成为习惯。

3.3.2　优秀工程师的素质

科学技术的飞速发展，使现代工程出现大量新的特点，工程设计方案的选择和实施，往往要受到社会、经济、技术设施、法律、公众等多种因素的制约。作为工程师，解决现代工

程技术问题，不仅要具备扎实的理论基础知识，而且要及时掌握工程技术信息，不断提高自身的工程素养，广泛汲取各类知识，掌握多种技术能力，健全知识结构，以满足现代社会提出的要求。要成为优秀的工程师，需要具备以下素质。

1. 专业能力

应具有扎实的理论基础知识和专业知识，通过文献研究，能对所从事工作（设计、生产、服务）的结构、功能、工艺、材料等方面的复杂工程问题进行分析。

2. 实践能力

能够设计针对复杂工程问题的解决方案，并考虑社会、健康、安全、法律、文化以及环境等因素。基于科学原理并采用科学方法对复杂工程问题进行研究，包括设计实验、分析与解释数据，并通过信息综合得到有效结论。要在实践中发现、发明、创造，能够用跨学科知识和所掌握的理论综合分析，解决前人没有解决的工程问题。

3. 观察能力

具有敏锐的观察力，即发现问题的能力。善于发现人们习以为常的事物中的缺陷或不足，从而加以改善。

4. 系统思维能力

工程师要立足整体，把想要达到的结果、实现该结果的过程、过程优化以及对未来的影响等一系列问题作为一个整体系统，依据科学方法、逻辑推理进行研究和决策。

5. 终身学习能力

为适应社会发展和实现个体发展的需要，必须不间断地接受教育和学习，以不断地更新知识，保持应变能力。终身学习能使我们克服工作中的困难，解决工作中的新问题；能满足我们生存和发展的需要；能使我们得到更大的发展空间，更好地实现自身价值；能充实我们的精神生活，不断提高生活品质。

6. 沟通能力

工程项目的成功都是团队合作的结果。工程师的职业工作不仅需要专业知识和技能，而且越来越需要与他人沟通的能力。沟通能力是一个人生存与发展的必备能力，也是决定一个人成功的必要条件。沟通能力强，不仅能够更容易地理解别人，同时增加别人理解自己的可能性，减少沟通成本，让工作能更加有效地推进。

7. 管理能力

大部分工程项目都是极其复杂的，涉及项目组织、项目时间、项目质量、项目经费、人力资源、项目采购、项目风险等各方面工作，都是在工程师的组织安排下进行的，因此，作为工程师必须具有良好的组织能力，才能安排好建造的进度和质量，并保证工期和成本不超过工程预算。

8. 严谨的作风

由于工程项目的复杂性，在决策、规划、设计、建造、使用等各个环节往往存在一些难以预测的不确定性因素。俗话说细节决定成败，因此，增强工程师的责任感和使命感，提高工程师的基本职业素养，培养做事规范、严谨细致、认真负责、精益求精的工作作风，是工程项目顺利完成有力的技术保障。

9. 优秀的品格

为了完成工程项目，工程师需要与项目其他成员共同合作，做到坦诚而不轻率，谨慎而不拘泥，活泼而不轻浮，豪爽而不粗俗，一定可以和其他同事融洽相处，提高自己团队作战的能力。

10. 敬业的精神

热爱自己从事的事业，愿意为自己所从事的工作献身、忠于职守、尽职尽责、善始善终等是工程师职业道德的内在要求，是工程师应该具备的一种崇高精神。

3.4 工程职业道德

工程师在所从事的职业领域内会遇到各种各样的伦理问题，而工程师对客户或雇主存在道德义务，因此，工程师对所遇到的伦理问题要有正确的认识，做出正确的分析，并能够正确地处理。

职业道德，就是同人们的职业活动紧密联系的符合职业特点所要求的道德准则、道德情操与道德品质的总和，它既是对本职人员在职业活动中的行为标准和要求，同时又是职业对社会所负的道德责任与义务。

3.4.1 社会主义职业道德

《中共中央关于加强社会主义精神文明建设若干重要问题的决议》规定了今天各行各业都应共同遵守的职业道德的五项基本规范，即"爱岗敬业、诚实守信、办事公道、服务群众、奉献社会"。其中，为人民服务是社会主义职业道德的核心规范，它是贯穿于全社会共同的职业道德之中的基本精神。社会主义职业道德的基本原则是集体主义，因为集体主义贯穿于社会主义职业道德规范的始终，是正确处理国家、集体、个人关系的最根本的准则，也是衡量个人职业行为和职业品质的基本准则，是社会主义社会的客观要求，是社会主义职业活动获得成功的保证。

1. 爱岗敬业

爱岗敬业是社会主义职业道德最基本的要求。爱岗敬业作为最基本的职业道德规范，是对人们工作态度的一种普遍要求。爱岗敬业也是社会公德中最重要的要求。

爱岗就是热爱自己的工作岗位，热爱本职工作；敬业就是要用一种恭敬严肃的态度对待自己的工作，即对自己的工作要专心、认真、负责任。要达到爱岗敬业的职业道德要求：

1）要有献身事业的思想意识。

2）要培养干一行、爱一行的精神。只有干一行、爱一行，才能认认真真"钻一行"，才能专心致志搞好工作，出成绩、出效益。

3）要贯穿工作的每一天。提倡爱岗敬业，并非说一个人一辈子只能在某一个岗位上。然而无论他在什么岗位，只要在岗一天，就应当认真负责地工作一天。岗位、职业可能有多次变动，但对其工作的态度始终都应当是勤勤恳恳、尽职尽责。

2. 诚实守信

诚实守信是做人的基本准则，是一个人能在社会生活中安身立命之根本，也是社会道德和职业道德的一个基本规范。诚实守信也是一个企业、事业单位行为的基本准则。

诚实是人的一种品质。这种品质最显著的特点是表里如一，说老实话、办老实事、做老实人。诚实守信也是社会主义公民的职业道德之一，每一位公民、每个企业家、每个经营者都要遵守这一基本准则。守信就是信守诺言，讲信誉、重信用，忠实履行自己承担的义务，其中"信"字也是诚实不欺的意思。诚实守信是各行各业的行为准则，也是做人做事的基本准则，是社会主义最基本的道德规范之一。

诚实守信四个字，说起来容易，做起来不易。首先在经营活动中仍存在大量"不诚不信"的现象，一些人在私利的驱动下，缺斤少两、坑蒙拐骗、偷工减料、假冒伪劣、不讲信誉、不履行合同，坑害消费者，这实际是一种不公平的竞争。"不守信"也存在于其他领域，如有些干部有意夸大成绩，缩小问题（或者是有意夸大问题，缩小成绩），总而言之是不实事求是。有的人不注重"守信"，说话往往言而无信，出尔反尔；开会或赴约，总是迟到，不能遵守时间，这样的人就不具有"守信"的美德。

3. 办事公道

办事公道是指对于人和事的一种态度，也是千百年来人们所称道的职业道德。它要求人们待人处世要公正、公平。办事公道是很多行业、岗位必须遵守的职业道德，其是以国家法律、法规、各种纪律、规章以及公共道德准则为标准，秉公办事，公平、公正地处理问题。其主要内容有：

1）秉公执法，不徇私情，坚持法律面前人人平等的原则，正确处理执法中的各种问题。

2）在体育比赛和劳动竞赛的裁决中，提倡公平竞争，不偏袒、无私心，做出公平、公正的裁决。

3）在政府公务活动中对群众一视同仁，不论职位高低、关系亲疏，一律以同样态度热情服务，一律照章办事，不搞拉关系、走后门那一套。

4）在服务行业的工作中做到诚信无欺、买卖公平，称平尺足，不能以劣充优、以次充好。同时，对顾客一视同仁，不以貌取人，不以年龄取人。

4. 服务群众

服务群众就是为人民群众服务，是社会全体从业者通过互相服务，促进社会发展、实现共同幸福。服务群众是一种现实的生活方式，也是职业道德要求的一个基本内容。服务群众是社会主义职业道德的核心，它是贯穿于社会共同的职业道德之中的基本精神。其主要内容有：

1）树立全心全意为人民服务的思想，热爱本职工作，甘当人民的勤务员。

2）文明待客，对群众热情和蔼，服务周到，说话和气，急群众之所急，想群众之所想，帮群众之所需。

3）廉洁奉公，不利用职务之便谋取私利，坚决抵制拉关系走后门等不正之风。

4）对群众一视同仁，不以貌取人，不分年龄大小，不论职位高低，都以同样态度热情服务。

5）自觉接受群众监督，欢迎群众批评，有错即改，不护短，不包庇，不断提高服务水平。

5. 奉献社会

奉献社会就是积极自觉地为社会做贡献，这是社会主义职业道德的本质特征。奉献社会自始至终体现在爱岗敬业、诚实守信、办事公道和服务群众的各种要求之中。每个公民无论在什么行业，什么岗位，从事什么工作，只要他爱岗敬业，努力工作，就是在为社会做出贡献。奉献社会并不意味着不要个人的正当利益，不要个人的幸福。恰恰相反，一个自觉奉献社会的人，他才真正找到了个人幸福的支撑点。奉献和个人利益是辩证统一的。奉献社会职业道德的突出特征是：

1）自觉自愿地为他人、为社会贡献力量，完全为了增进公共福利而积极劳动。

2）有热心为社会服务的责任感，充分发挥主动性、创造性，竭尽全力为社会做贡献。

3）不计报酬，完全出于自觉精神和奉献意识。在社会主义精神文明建设中，要大力提倡和发扬奉献社会的职业道德。

3.4.2　工程师的职业道德

工程职业道德是所有工程师必须遵循的一系列道德标准，它是对大众道德标准的一个延伸。在国际上，职业道德标准已具有很长的历史，工程师和医生、教师、法官、律师等职业一样，是最需要职业道德的几个行业之一。工程职业道德包括以下几方面基本准则。

1. 把公众的安全、健康和福祉摆在最优先的位置

工程师作为工程活动的设计者、实施者、管理者和监督者，他们具有专业技术知识，了解更多的具体情况，可以清楚地预见工程活动是否侵犯公众利益，工程活动对公众安全、健康以及生态环境具有怎样的影响。也就是说，工程师比其他人更能准确而全面地预见科学技术应用的前景，他们有责任去思考、预测、评估科学技术给工程带来的可能的社会后果，因而理应承担更大的责任。因此，工程师不能只具有消极被动的责任意识，更应当具有"预防性的责任"或"前瞻性的责任"意识，不仅要对当下自己的行为负责，而且要对未来负责，以一种事先责任的精神，把公众的安全、健康和福祉放在首位。

2. 只在力所能及的范围内提供专业服务

工程师的职业性质决定了工程师所从事工作具有专业性，工程师应该了解自身专业能力和职业范围，在工程活动中要把公众的安全、健康和福祉摆在最优先的位置，拒绝接受个人能力不及或非专业领域的业务。人们期待工程师能产生对社会有价值的产品以及服务，并赋予工程师以权威、责任及信任。因此，工程师在工程设计、实施和运行中，应根据自己的专业技术知识和经验，充分考虑各种制约因素，严格按照工程规范、技术标准和伦理原则进行工作，采取有效的保护措施，以保证产品的质量和安全性能。

3. 诚信和保密

在工程活动中，诚信包括诚实、正直、严谨，是基本的行为规范，也是工程师以及各类专业人员所必须具备的一种基本道德素养。工程师应该以自己政治、可靠、道德及合法的行为增强本职业的尊严、地位和荣誉。例如，美国国家职业工程师协会的《工程师伦理章程》要求工程师"只可参与诚实的事业"，提出"工程师提供的服务必须诚实、公平和平等，仅以客观的和诚实的方式发表公开声明，作为忠实的代理人和受委托人为雇主和客户服务和避免发生欺骗性的行为"，在实践规则部分还给出了更为详细的职业行为原则。

工程活动是人类利用各种要素的人工造物活动，涉及科学、技术、经济、管理、社会、文化、环境等众多要素的集成、选择和优化。工程师作为工程活动的主体，为了保证工程的质量和安全，在设计、建造、监督和使用等各个环节承担了更大的责任。诚实、正直、严谨是工程师必备的优良品格，在分工日益精细化和越来越知识化和专业化的现代社会，诚信成为工程活动的一个基本伦理要求。

诚实的工程师不能篡改和捏造数据，不能抄袭他人的研究成果，不能侵犯他人的知识产权、仿造他人的产品。工程师应当努力找出事实，而不仅仅是避免不诚实。

工程师在工作中很可能获得关于雇主或客户的机密信息，工程师有为雇主或客户保守秘密的责任。工程师在没有得到雇主或客户授权的情况下，不得泄露雇主或客户的机密信息。但是，当遵守保密性原则可能对公众安全、健康和福祉造成影响时，工程师可以不受此原则约束，甚至可以举报。

4. 举报与忠诚

在现代经济和社会制度下，工程师大多受雇于公司或企业，这就决定了工程师要用专业知识和技能给企业带来有价值的产品，因此，对雇主忠诚是工程师的一个重要职业道德准则。

但是，工程师作为专业技术人员，不但要忠诚于雇主或管理者，还必须坚持其首要的职业道德准则，即致力于保护公众的安全、健康和福祉。因此，工程师具有"双重的忠诚"，而这两种要求并非总是一致，相反，它们常常可能发生冲突。工程师和管理者的职业分工不同，尽管他们都追求可行性、效率、节约能源等，但两者也有很大的不同：管理者更关注营利性、市场可行性、时机、投资等商业价值，而工程师更关注技术可行性、技术方案完整性、安全性、质量、功能和运行状况等工程价值。

工程师对雇主忠诚并不意味着必须放弃对工程的技术标准和职业道德准则的独立判断。当冲突发生时，工程师应该以建设性、合作的方式去解决问题。但是，在事关公众安全、健康和福祉的重大原则问题上，工程师应当用自己的专业知识承担起对社会的责任和义务，坚持真理、客观公正，保护公众利益，甚至举报揭露违反法律、直接危害公众利益的问题。

5. 利益冲突

工程活动是在社会多种合力的驱动下进行的，涉及公司、工程师群体、社会公众、政府甚至社会组织等，当受雇主或客户委托的工程师进行职业判断时，由于其受到不同利益因素的困扰，在权衡公司、公众以及自身利益时，他们会面临抉择的困境，这种抉择困境构成了利益冲突。

首先，公司与社会公众之间会产生利益冲突。作为营利性的组织，公司做出的决策所遵循的都是利益最大化原则，而当公司的这种实现自身利益的活动影响到社会公众利益（即安全、健康与福祉）时，就会产生公司与社会公众之间的利益冲突。

其次，工程师与公司之间的利益冲突有两种情形：其一，面对雇主或客户提出的违背工程师职业伦理的要求，工程师是坚持己见，与雇主或客户进行抗争，还是屈服于雇主或客户的要求，放弃社会公众的利益；其二，外部私人利益影响到工程师的职业判断，使工程师的行为不利于公司的利益。

再次，个体工程师与社会公众之间的利益冲突也有两种情形：其一，当工程师面对公共利益与私人利益的抉择时，可能会发生利益冲突；其二，当公司利益与公共利益发生冲突时，作为公司雇员的工程师也可能会面对利益冲突。

工程师应对可能发生的利益冲突通常采取的方式有回避与披露。回避就是放弃产生冲突的利益因素。通过回避的方法来处理利益冲突总是有代价的，总会有个人利益的损失。而披露能够避免欺骗，给那些依赖于工程师判断的当事方知情的机会，重新进行选择。但披露的方法并没有完全解决利益冲突，而仅仅是避免了对信任的背叛，并为其他当事方提供了新的机会。

阅 读 材 料

【阅读材料 3-1】

工程史上的水门事件

芝加哥 M 公司是一家生产蒸汽锅炉的垄断性大公司，它有一个被广泛使用的燃料自动切断装置，其主体是一个漂浮球，在锅炉水位降低到规定水位时，会自动切断燃料供应，防止锅炉干烧和爆炸。

纽约的小公司 H 公司发明了一个新型的燃料切断装置，其主体是一个固定安装的探针，针对蒸汽锅炉内因沸腾冒泡而上下起伏的水位，探针虽然会时常被浸没，但它会做一个延时判断，在整体水位够的情况下，不会过早或反复切断燃料供应。

1971 年初，H 公司的新型装置得到了布鲁克林燃气公司的订单，而这家公司一直是 M 公司的大客户。为此，M 公司销售副总裁米切尔和技术副总裁詹姆士商议了好多次，想到了技术上赢 H 公司的方法。詹姆士是拥有 20 多年会龄的美国机械工程师协会（ASME）老会员，并且曾经负责起草了该协会热锅炉方面的技术标准。而此时，ASME 下属的热锅炉委员会主席哈丁正是詹姆士的老朋友。哈丁是哈特福德蒸汽锅炉监测和担保公司执行副总裁，该公司受国际电话电报公司控股，而国际电话电报公司又在这一年里收购了 M 公司股份。所以，哈丁和詹姆士两人除了友情外，还同属于另一个利益组织。在这些情况下，詹姆士找来了哈丁。

1971 年 3 月下旬的一天，哈丁主席亲自来到 M 公司的办公室商谈此事，并且与詹姆士和 M 公司最高总裁共用了晚餐。期间，詹姆士当着最高总裁的面询问了哈丁对于热锅炉技术标准中 HG－605a 段落的看法，这一段标准正是针对低水位燃料自动切断装置的。哈丁回答说他相信应该立即切断燃料，不允许有延时装置。这次会餐后，詹姆士起草了咨询 ASME 相关技术标准的询问信发给哈丁，哈丁加入了一些修改意见，最后签上了销售副总裁米切尔的署名寄出去。这封信要求 ASME 确定两件事：第一，要求协会承认锅炉水位一旦低于可视水位玻璃管的规定水位，就要立即切断，不得延时；第二，要求协会承认，可视水位玻璃管的安装位置不宜改动（玻璃管的安装位置是可以上下调整的，询问信认为这种改装的做法同样会违反 ASME 技术标准，是不安全、不可靠的。这就使得 H 公司新技术即使通过改装水位玻璃管去符合 ASME 标准，也是无用的）。

ASME 秘书霍伊特收到了信件，按惯例转给了哈丁。哈丁将准备好的回复信寄给 M 公司，完成了事先的约定，并且他的回信没有指名道姓地说 H 公司的新技术是危险的，如果那样做了，就变成一个明显的干涉事件了。这一回复咨询的行动，哈丁并没有向所属热锅炉委员会报告，他之所以有权这样做，又因为在 ASME 里，做非正式交流是允许不报告的。该协会有 400 多套各类技术标准，每年收到的咨询要求有上万条之多，与 H 公司新技术相关的"锅炉和压力容器技术标准"文件，也有 18000 多页。哈丁这样做，表面看是合乎程序的。

然而，ASME 的权威性、强影响力又是不容置疑的，协会 400 多个技术标准体系，尽管都是建议、咨询性质的，但实际上却具有一种强影响力，因为它们与联邦法律的注释、大多数州的法律，还有主要大城市的法令，甚至与相邻的加拿大各省的法律都是有一体性的。销售副总裁米切尔相信，只要 ASME 协会对 H 公司的新技术有一丁点的安全怀疑，M 公司也将轻松保护好原有的市场份额。

事情果然如此，信件起效后，M 公司获得了"胜利"，米切尔还在公司内部印发了小册子，把这件事作为销售战略成功的案例，向员工宣传。而 H 公司却被蒙在鼓里，直到隔年初才从一个前客户处得知此事。随后，他们向 ASME 要求得到一份咨询信的复印件，协会提供了，但以信誉原则为由，隐去了 M 公司和米切尔的署名。

在很短时间里，H 公司写了长达 9 页的申诉材料寄给 ASME，恳请它收回成命。这次秘书霍伊特将信转给了热锅炉协会的新任主席，而此时的新主席竟然正是詹姆士本人（在任中的 M 公司技术副总裁）。事隔 1 年不到，詹姆士已经代替老友哈丁，成了新主席。在他的主持下，热锅炉委员会进行了一次投票，结果是维持原来的解释。并且，整个热锅炉委员会成员还一致同意发给 H 公司一份正式的、加强的解释信。1972 年 6 月 9 日，一封加强 1971 年 4 月 29 日非正式回函的解释信发出了。起草这封信的过程中，詹姆士执行了一次回避程序，但事实上他后来也承认"应起草委员会之邀"，自己的确帮助起草了此信的一个关键性语句。

至此，H 公司确信无法从 ASME 得到帮助了，并且关于 H 公司新技术的安全性问题依旧受到怀疑。事情就这样拖了两年，直到新闻媒体介入。

1974 年 7 月 9 日的"华尔街日报"报道了这次事件，文中不客气地写道："一个工业领域中的垄断性大企业与它所属的专业协会紧密联系在一起，后者成了大企业的看门狗。"当时报纸揭露的不正常关系仅指詹姆士身兼两职的人事关系，但已是影响巨大，引起了 ASME 内部的骚动，高层人士纷纷表态，还就詹姆士的行为展开一系列内部调查。然而一番自查下来，发现该协会的章程对于詹姆士是很仁慈的，好像什么都可以说得通，好些协会人士还公开站出来为詹姆士辩护。

直到 1975 年，没有内部调查的判定结果出来，H 公司才走上法庭。这桩诉讼中三个被告分别是：ASME、M 公司及原主席哈丁所在的哈特福德蒸汽锅炉监测和担保公司。其中后两家被告都与原告达成了庭外和解，分别赔款 75 万美元和 7.5 万美元，而 ASME 认为自己没有从中获利，认为事属成员个人过失，协会不应负责，结果应诉于法庭失败，赔偿额高达 750 万美元，最终降到 475 万美元，是其年预算的 3/4。

2006 年翻译出版的《工程伦理概念与案例》一书对此事件有初步介绍，但把 H 公司误当成了一家锅炉生产商，而事实上两家公司当时竞争的只是一种小小的燃料切断装置。H 公司至今仍存在着，在生产开关、控制器类产品，他们的中国代理商在深圳。这一事件之所以获得工程史上的水门事件之名，与 M 公司过度压制损害小竞争对手的霸道行为，还有事情的阴谋性质是明显相关的。小公司的胜利，好比水门事件中小记者战胜大总统，具有深远的意义。

【阅读材料 3-2】

福特 Pinto 汽车油箱事件

1971 年，福特公司推出一款 Pinto 汽车，当时正值石油危机时期，这辆车一问世就以低油耗、低价格迅速占领了市场。可是，与该车型的畅销相伴的是恶性交通事故接二连三地发生，最主要的问题是它的油箱设计有问题：别的车油箱放在后轴承的上面，而 Pinto 汽车却是放在下面。这就产生一个问题：一旦发生后车追尾，很容易引发油箱的爆裂，甚至是爆炸，如图 3-8 所示。

图 3-8　福特 Pinto 汽车追尾爆炸

1972 年，13 岁的理查德格林乘坐邻居的 Pinto 汽车回家，结果汽车被追尾，油箱爆炸，驾车的司机当场死亡，理查德格林严重烧伤面积达 90%，鼻子、左耳和大部分左手永久性地失去了，接下来在六年多的时间里，他接受了 60 多次手术来修补被毁坏的面容。

愤怒的家长把福特公司告上了法庭，原告律师向法庭提供了充足的证据论证汽车的设计缺陷，这一点福特公司自己也没有异议。可是接下来，原告律师出示的证据却震惊了整个陪审团：

"在第一批 Pinto 汽车投放之前，福特的两名工程师已经发现了油箱设计缺陷，并建议在油箱内安装防震的保护装置，这将导致每辆车的成本增加 11 美元。而福特公司经过严密的会计成本收益分析，决定不增加该装置。他们的计算过程如下：假如每年生产 1100 万辆家用轿车和 150 万辆卡车，那么增加装置将导致成本增加 1 亿 3750 万美元；而假如最多 180 辆 Pinto 车的车主因事故死亡，另外 180 位被烧伤，2100 汽车被烧毁，根据当时的判例，福特公司赔偿每位死者 20 万美元，每位烧伤者 6.7 万美元，每辆汽车损失 700 美元，那么，不安装附加安全设施的前提下，最大可能的支出为 4953 万美元，比起安装设置花费的 1 亿 3750 万美元来讲，公司选择了省钱的做法。"

1978 年 2 月，陪审团要求福特公司赔偿 1.25 亿美金的新闻占据了各大媒体的头条。原告律师基于上述计算原本提出了 1 亿美金的赔偿，而陪审团认为，即使给予这一数额的赔偿也不足以表达对福特汽车公司无视消费者生命安全的惩戒，所以他们要求在赔偿总额中再增加 2500 万美元。尽管最终法官没有采纳陪审团提出的 1.25 亿美元赔偿，将赔偿额缩减到了 350 万美元，但在 1978 年也已经是个天文数字了。事后福特公司上诉被驳回。

1978 年，福特公司召回了 150 万辆 Pinto 汽车，并对油箱添加了额定的结构以确保 Pinto 汽车不会起火。遗憾的是，这无法挽回消费者对其的信任，三年后，Pinto 汽车永久地退市了。

【阅读材料 3-3】

挑战者号航天飞机灾难

事件简介：

挑战者号航天飞机于美国东部时间 1986 年 1 月 28 日上午 11 时 39 分（格林尼治标准时间 16 时 39 分）在美国佛罗里达州的上空发射，如图 3-9 所示。挑战者号航天飞机升空后，因其右侧固体火箭助推器（SRB）的 O 型环密封圈失效，毗邻的外部燃料舱在泄漏出的火焰的高温烧灼下结构失效，使高速飞行中的航天飞机在空气阻力的作用下于发射后的第 73 秒解体，机上 7 名宇航员全部罹难。

图 3-9　挑战者号航天飞机

这次灾难性事故导致美国的航天飞机飞行计划被冻结了长达 32 个月之久。在此期间，美国总统罗纳德·里根委派罗杰斯委员会对该事故进行调查。罗杰斯委员会发现，美国国家航空航天局（NASA）的组织文化与决策过程中的缺陷与错误是导致这次事件的关键因素。NASA 的管理层事前已经知道承包商莫顿·锡奥科尔公司设计的固体火箭助推器存在潜在的缺陷，但未能提出改进意见。他们也忽视了工程师对于在低温下进行发射的危险性发出的警告，并未能充分地将这些技术隐患报告给他们的上级。

在该事故中遇难的宇航员克丽斯塔·麦考利夫是太空教学计划的第一名成员。她原本准备在太空中向学生授课，因此许多学生观看了挑战者号的发射直播。这次事故的媒体覆盖面非常广，一项研究的民意调查显示，85% 的美国人在事故发生后一个小时内已经知晓这次事件的新闻。挑战者号灾难也成为此后工程安全教育中的一个常见案例。

事件过程：

挑战者号最初计划于美国东部时间 1 月 22 日下午 14 时 43 分在佛罗里达州的肯尼迪航天中心发射，但是，由于上一次任务 STS – 61 – C 的延迟导致发射日推后到 23 日，然后是 24 日。接着又因为塞内加尔达喀尔的"越洋中辍降落"场地（Transoceanic Abort Landing Site）的恶劣天气，发射又推迟到了 25 日。NASA 决定使用达尔贝达作为 TAL 场地，但由于该场地的配备无法应对夜间降落，发射又不得不被改到佛罗里达时间的清晨。而又根据预报，肯尼迪航天中心（KSC）当时的天气情况不宜发射，发射再次推后到美国东部时间 27 日上午 9 时 37 分。由于外部舱门通道的问题，发射再推迟了一天。

天气预报称 28 日的清晨将会非常寒冷，气温接近 31℉（约 –0.5℃），这是允许发射的最低温度。过低的温度让莫顿·锡奥科尔公司的工程师感到担心，该公司是制造与维护航天飞机 SRB 部件的承包商。在 27 日晚间的一次远程会议上，塞奥科公司的工程师和管理层同来自肯尼迪航天中心和马歇尔航天飞行中心的 NASA 管理层讨论了天气问题。部分工程师，如比较著名的罗杰·博伊斯乔利，再次表达了他们对密封 SRB 部件接缝处的 O 型圈的担心，即低温会导致 O 型圈的橡胶材料失去弹性。他们认为，如果 O 型圈的温度低于 53℉（约 11.7℃），将无法保证它能有效密封住接缝。他们也提出，发射前一天夜间的低温，几乎肯定把 SRB 的温度降到 40℉（约 4.44℃）的警戒温度以下。但是，莫顿·锡奥科尔公司的管理层否决了他们的异议，他们认为发射进程能按日程进行。

由于低温，航天飞机旁矗立的定点通信建筑被大量冰雪覆盖。肯尼迪冰雪小组在红外摄像机中发现，右侧 SRB 部件尾部接缝处的温度仅有 8℉（约 –13℃）：从液氧舱通风口吹来的极冷空气降低了接缝处的温度，让该处的温度远低于气温，并远低于 O 型圈的设计承限温度。但这个信息从未传达给决策层。冰雪小组用了一整夜的时间来移除冰雪；同时，航天飞机的最初承包商罗克韦尔国际公司的工程师，也在表达着他们的担心。他们警告说，发射时被震落的冰雪可能会撞上航天飞机，或者会由于 SRB 的排气喷射口引发吸入效应。罗克韦尔公司的管理层告诉航天飞机计划的管理人员阿诺德·奥尔德里奇，他们不能完全保证航天飞机能安全地发射，但他们也没能提出一个能强有力的反对发射的建议。讨论的最终结果是，奥尔德里奇决定将发射时间再推迟一个小时，以让冰雪小组进行另一项检查。在最后一项检查完成后，冰雪开始融化时，最终确定挑战者号将在美国东部时间当日上午 11 时 38 分发射。

挑战者号航天飞机顺利发射：7 秒时，飞机翻转。16 秒时，机身背向地面，机腹朝天完成转变角度。24 秒时，主发动机推力降至预定功率的 94%。42 秒时，主发动机按计划再减低到预定功率的 65%，以避免航天飞机穿过高空湍流区时由于外壳过热而使飞机解体。这时，一切正常，航速已达 677m/s，高度 8000m。50 秒时，地面曾有人发现航天飞机右侧固体助推器侧部冒出一丝丝黑烟，这个现象没有引起人们的注意。52 秒时，地面指挥中心通知指令长斯克比将发动机恢复全速。59 秒时，高度 10000m，主发动机已全速工作助推器已燃烧了近 450t 固体燃料。此时，地面控制中心和航天飞机上的计算机上显示的各种数据都未见任何异常。65 秒时，斯克比向地面报告"主发动机已加大""明白，全速前进"是地面测控中心收听到的最后一句报告。第 73 秒时，高度 16600m，航天飞机突然闪出一团亮光，外挂燃料箱凌空爆炸，航天飞机被炸得粉碎，与地面的通信猝然中断，监控中心屏幕上的数据陡然全部消失。挑战者号变成了一团大火，两枚失去控制的固体助推火箭脱离火球，成 V 字形喷着火焰向前飞去，眼看要掉入人口稠密的陆地，航天中心负责安全的军官比林格眼疾手快，在第 100 秒时，通过遥控装置将它们引爆了。

事件调查：

挑战者号事故调查委员认为，挑战者号航天飞机失事的原因是右侧固体火箭助推器后现场连接处的 O 型密封圈损坏，在火箭发动机燃烧过程中，燃气和火焰从紧邻的外加燃料舱的封缝处喷出，烧穿了外贮箱使液氢液氧燃烧并爆炸，造成机毁人亡。

报告中也批评了挑战者号发射的决策过程，认为它存在严重的瑕疵。由于 O 型密封圈在这之前曾出现了不少问题，所以承包商莫顿·锡奥科尔公司提出书面建议，反对在 53℉（约 11.7℃）以下发射航天飞机，但该建议被 NASA 的马歇尔航天中心（负责固体火箭助推器的发射安全）的发射管理局驳回，尽管锡奥科尔公司的工程师们一直坚决反对发射。还有罗克韦尔公司（负责承包助推器的发射后处理和修复再利用）也认为，由于发射台上有冰雪，所以发射是不安全的。报告明确指出，NASA 的管理层并不知道莫顿·塞奥科公司最初对 O 型圈在低温下的功能的忧虑，也不了解罗克韦尔国际公司提出的大量冰雪堆积在发射台上会威胁到发射的意见。报告最终总结出："在沟通上的失败导致了51－L的发射决策，是建立在不完善与时常误导的信息上的。冲突存在于工程数据与管理层的看法，以及允许航天飞机管理层忽略掉潜在的飞行安全问题的NASA管理结构之间"。

在挑战者号事故发生之后，NASA也遵从委员会对行政官员的建议，由副行政官员直接重新建立了安全性、可靠性与质量保证办公室，副行政官员将直接向NASA的行政官员报告。

习题与思考题

3-1　工程师和科学家有什么区别？

3-2　为什么工程职业伦理对工程活动影响非常重要？请举例说明。

3-3　结合工程活动的特点，思考为什么在工程实践中会出现伦理问题。

3-4　工程师需要承担什么样的职业责任？

3-5　结合产品生命周期，在产品生命周期的各个阶段工程师都要遵守哪些职业伦理？

3-6　结合第2章环境保护与可持续发展的相关内容，工程师如何担负生态伦理责任？

3-7　如何理解工程师生态伦理责任？它是限制了工程师的行为，还是为工程师提供了制度性保护？请说明理由。

3-8　工程师有哪些基本的职业能力？

3-9　结合你的学习、实习经验，谈谈工程师专业技术能力与其他非专业技术能力的关系。

3-10　现代工程问题日益综合与复杂，工程师需要哪些基本技能？

3-11　如何提高工程师的职业能力？

3-12　工程师需要哪些职业素养？

3-13　优秀工程师需要具备哪些素质？

3-14　查阅相关资料，思考我国在当前发展趋势下，优秀工程师的标准有哪些？

3-15　社会主义职业道德有哪些？

3-16　工程师应具备哪些职业道德？

3-17　工程师如何应对可能发生的利益冲突？

3-18　结合阅读材料3-1，分析M公司违反了哪些职业道德。你若是一名工程师，你将从哪些方面预防和保护自身的合法权益？

3-19　结合阅读材料3-2，分析遵守工程师职业伦理和履行工程师责任，能够为公司、客户和个人带来什么长远影响和收益。

3-20　结合阅读材料3-3，分析工程师职业能力和职业素养分别对项目成功的影响。你将如何不断培养自己的职业能力和职业素养？

3-21　假设你研究生毕业后来到一家势头强劲、福利待遇良好的化工企业工作。五年后，由于工作成绩突出，你被提拔为车间主任。最近由于市场变化，你们企业销售额大幅度的下降。一天，企业总经理命令你在夜间把你们车间的污水处理设施停下来，以降低企业成本，你该怎么办？

第4章 项目管理

工程项目包括决策、规划、设计、建造、监督和使用等各个环节，在工程活动中集成了技术、经济、社会、环境、政治、文化等各种复杂因素，需要对项目的各种资源进行合理的配置，需要对各项工作进行计划、协调和控制，需要所有团队和团队成员共同努力，需要控制项目成本、保持项目进度、保证项目质量等，以确保项目目标的成功实现。因此，工程项目需要进行全方位、全过程的项目管理。

4.1 项目管理的概念、内容和流程

4.1.1 项目管理的概念

项目管理（Project Management）是运用各种相关技能、方法与工具，为满足或超越项目有关各方对项目的要求与期望，所开展的各种计划、组织、领导、控制等方面的活动。

项目管理是第二次世界大战后期发展起来的重大新管理技术之一，最早起源于美国。有代表性的项目管理技术如关键路径法（CPM）、计划评审技术（PERT）和甘特图（Gantt chart）。

甘特图又叫横道图、条状图（Bar chart）。它是在第一次世界大战时期发明的，以亨利·L. 甘特的名字命名，他制定了一个完整的用条形图表示进度的标志系统。

CPM 由美国杜邦公司和兰德公司于 1957 年联合研究提出，它假设每项活动的作业时间是确定值，重点在于费用和成本的控制。

PERT 的出现是在 1958 年，由美国海军特种计划局和洛克希德航空公司在规划和研究在核潜艇上发射"北极星"导弹的计划中首先提出。与 CPM 不同的是，PERT 中作业时间是不确定的，是用概率的方法进行估计的估算值，另外它也并不十分关心项目费用和成本，重点在于时间控制。PERT 主要应用于含有大量不确定因素的大规模开发研究项目。

20 世纪 60 年代，项目管理的应用范围也还只是局限于建筑、国防和航天等少数领域，但因为项目管理在美国的阿波罗登月项目中取得巨大成功，由此风靡全球。国际上许多人开始对项目管理产生了浓厚的兴趣，并逐渐形成了两大项目管理的研究体系，其一是以欧洲为首的体系——国际项目管理协会（IPMA）；另外是以美国为首的体系——美国项目管理协会（PMI）。在过去的 30 多年中，他们的工作卓有成效，为推动国际项目管理现代化发挥了积极的作用。

项目管理则分为三大类：工程项目管理、信息项目管理和投资项目管理。

4.1.2 项目管理的内容

在项目的规划和执行过程中，会涉及范围、质量、预算、进度、资源、风险等各种复杂的制约因素，其中任何一个因素发生变化，都可能影响其他因素。例如，提高质量会增加预

算，加快工期通常需要提高预算等。因此，为了确保项目成功，需要对项目的各个环节、各项工作、资源配置等进行计划、组织、协调和控制，并在技术、成本、质量、时间等方面达到预定的目标。项目管理内容主要包括八个方面，如图4-1所示。

图 4-1　项目管理主要内容

1. 项目整体管理

项目整体管理是为了实现项目的目标，对项目的各项工作有机地协调所展开的综合性和全局性的项目管理过程。它包括整体规划、计划实施、各项工作调整，以及在多个相互冲突的目标和方案之间做出权衡等。

2. 项目时间管理

项目时间管理（Getting Things Done，GTD）是为了确保项目最终按时完成一系列管理过程。它包括具体活动界定、活动排序、时间估计、进度安排及时间控制等各项工作。很多项目把时间管理引入其中，大幅提高工作效率。

3. 项目成本管理

项目成本管理是为了保证完成项目的实际成本、费用不超过预算的管理过程。它包括资源的配置，成本、费用的预算以及费用的控制等。

4. 项目质量管理

项目质量管理是为了确保项目达到客户所规定的质量要求所实施的一系列管理过程。它包括质量规划、质量控制和质量保证等。

5. 项目人力资源管理

项目人力资源管理是为了保证所有项目关系人的能力和积极性都得到最有效地发挥和利用所做的一系列管理措施。它包括组织的规划、团队的建设、人员的选聘和项目的班子建设等一系列工作。

6. 项目沟通管理

项目沟通管理是为了确保项目的信息的合理收集和传输所需要实施的一系列措施，它包括沟通规划、信息传输和进度报告等。

7. 项目风险管理

项目风险管理涉及项目可能遇到各种不确定因素，并对这些因素采取应对措施，把不利事件的消极后果降到最低程度。它包括风险识别、风险量化、制订对策和风险控制等。

8. 项目采购管理

项目采购管理是为了从项目实施组织之外获得所需资源或服务所采取的一系列管理措施。它包括采购计划、采购与征购、资源的选择以及合同的管理等项目工作。

4.1.3　项目管理的流程

项目先后衔接的各个阶段的全体被称为项目管理流程。项目管理流程一般包括为五个部分：项目启动、项目计划、项目实施、项目收尾和项目维护，贯穿于项目的整个生命周期。

1. 项目启动

在项目管理过程中，启动阶段是开始一个新项目的过程。项目启动是保证项目成功的第一步，这决定了是否对项目进行投资，项目决策失误可能造成巨大的损失。

项目启动最主要的问题是进行项目可行性研究与分析，需要对项目技术、项目内容、项目成果、资源配置、商业环境、组织运营等进行缜密的论证，甚至涉及健康、安全、环境保护、可持续发展、法律法规等各方面制约，最后得出项目的可行性报告，为项目启动提供支撑理由。

2. 项目计划

项目启动之后，需要编制项目阶段的工作目标、分解任务、工作方案、预算成本、进度计划、控制质量、组织人员、采购计划、防范风险及应急措施等。制定项目计划应遵循目的性、系统性、经济性、灵活性、相关性和职能性等原则。

一个科学合理的项目计划，将消除或减少不确定性，改善经营效率，将指导项目团队有序开展工作及为项目监控提供依据，在时间、成本、质量等方面达到预定目标。

3. 项目实施

项目实施阶段就是按照项目计划开展各项工作，为任务分解、方案选择、项目设计、资金筹集、采购资源、建造等制订实施计划，衔接、协调各方面的工作。在实施阶段中，要向项目成员发布工作内容、工程进度、质量标准等相关内容，对于出现的质量问题、意外情况、计划变更等不可预见因素，要分析原因、采取合适的控制措施，把风险损失降到最低。

4. 项目收尾

项目的收尾过程涉及整个项目的阶段性结束，即项目产品正式验收通过。项目收尾要对本项目有一个全面的总结，撰写项目总结报告，整理项目各阶段产生的文档、项目管理过程中的文档、与项目有关的各种记录等。最后，把项目成果及各种文档资料提交给项目建设单位。

5. 项目维护

在项目收尾阶段结束后，项目将进入到后续的维护期。项目投入使用后，经较长时间运转，系统中的软件或硬件有可能出现损坏，这时需要维护工程师对系统进行正常的日常维护。维护期的工作是长久的，一直持续到整个项目的结束。

4.2　组织管理和团队建设

4.2.1　组织管理

项目管理组织是指为了完成某个特定的项目任务而由不同部门、不同专业的人员所组成的一个特别工作组织，通过计划、组织、领导、控制、协调等，对项目的各种资源进行合理配置，以保证项目目标的成功实现。

建立一个完善、高效、灵活的项目管理组织，有利于项目目标的分解与完成，对资源配置进行优化，应付项目环境的变化，有效地满足项目组织成员的各种需求，使其具有凝聚力、组织力和向心力，提高项目团队的工作效率，协调内外关系，以保证项目组织系统正常运转，确保项目管理组织目标的实现。项目管理组织通常有以下几种形式。

1. 职能式组织管理

职能式组织管理是按职能来组织部门分工，即从企业高层到基层，均把承担相同职能的管理业务及其人员组合在一起，设置相应的管理部门和管理职务。例如，现代企业中许多业务活动都需要有专门的知识和能力，通过将专业技能紧密联系的业务活动归类组合到一个单位内部，可以更有效地开发和使用技能，提高工作的效率，其职能式组织管理结构如图4-2所示。

图 4-2　职能式组织管理结构

职能式组织管理结构有以下几方面的特点：

1）各级管理机构和人员实行高度的专业化分工，各自履行一定的管理职能。

2）由于专业人员属于同一部门，有利于知识和经验的交流，一个项目就能从该部门所存在的一切知识与技术中获得支持，这有助于项目的技术问题获得创造性地解决。另外，专业人员可以从本职部门获得一条顺畅的晋升途径。

3）把项目作为职能部门的一部分，不仅在技术上，在政策、工程、管理等方面，都有利于其连续性的保持。

4）要完成一个复杂的项目，通常要求多个职能部门来共同合作，而各个部门更为注重本领域，整个项目的目标则被忽略了。要进行跨部门的交流与合作，协调会比较困难。

5）由于职能部门各有其日常工作，所以他们优先考虑的往往不是项目和客户的利益，而是项目中那些与职能部门利益直接相关的问题。这样，在其利益范围之外的问题就很有可能被冷落，从而导致项目得不到足够的支持。因此，这种项目组织结构将导致责任的不明确。

因此，职能式组织管理结构实行的条件是：企业必须有较高的综合平衡能力，各职能部门按企业综合平衡的结果，为同一个目标进行专业管理。否则，就不宜采用职能式。

2. 项目式组织管理

项目式组织形式是按项目划归所有资源，属于横向划分组织结构，即每个项目有完成项目任务所必需的所有资源，组织的经营业务由一个个项目组合而成，每个项目之间相互独立。项目式组织管理结构如图4-3所示。

每个项目的组织实施有明确的项目经理或项目负责人，责任明确，对上直接接受企业主管或大项目经理领导，对下负责本项目资源的运用以完成项目任务。在这种组织形式下，项目可以直接获得系统中的大部分组织资源，项目经理具有较大的独立性和对项目的绝对权

图 4-3 项目式组织管理结构

力，对项目的总体负责。项目式组织管理结构有以下几方面的特点：

1）项目式组织是基于某项目而组建的，每个项目成员的责任及目标也是通过对项目总目标的分解而获得的，目标明确且统一指挥。

2）尽管项目经理必须向单位的高层管理报告，但是按项目划分资源，项目经理享有最大限度的决策自主权，有利于项目进度、成本、质量等方面的控制与协调。

3）项目从职能部门中分离出来，使得沟通途径简洁，项目经理可以对客户需求和单位高层意图做出快速的响应，而不像职能式组织管理或矩阵式组织管理那样，需要通过职能经理协调才能达到对项目的控制作用。

4）各项目组独立核算，能充分发挥他们的积极性、主动性和创造性，同时各项目组之间的竞争有利于提高整个企业的效率。

5）项目实施涉及计划、组织、用人、指挥与控制等多种职能，为人才全面成长锻炼提供了条件，从小项目经理，到大中型项目经理，再成长为企业主管。另一方面，一个项目中拥有不同才能的人员，相互交流学习也为员工的能力开发提供了良好的场所。

6）每个项目都有自己的一套机构，造成了人员、设施、技术、设备等的重复配置，可能造成资源的闲置。

7）专业技术人员工作范围狭窄，不利于专业技术人员技术水平提高和专业人才成长。

8）项目式组织形式随项目的产生而建立，也随项目的结束而解体，项目成员都会为自己的未来而做出相应的考虑，使得"人心惶惶"，进入不稳定期。

3. 矩阵式组织管理

矩阵式组织结构形式是在职能式垂直形态组织系统的基础上，再增加一种横向的领导系统，它由职能部门系统和完成某一临时任务而组建的项目小组系统组成，从而同时实现了项目式与职能式组织结构特征。同一名员工既同原职能部门保持组织与业务上的联系，又参加所在工作小组的工作。矩阵式组织管理结构如图 4-4 所示。

矩阵式组织的优点是把职能分工与组织合作结合起来，从专项任务的全局出发，便于资源共享，促进组织职能和专业协作，有利于任务的完成；把常设机构和非常设机构结合起来，既发挥了职能机构的作用，保持常设机构的稳定性，又使行政组织具有适应性和灵活性，与变化的环境相协调；在执行专项任务组织中，有助于专业知识与组织职权相结合；非常设机构在特定任务完成后立即撤销，可避免临时机构长期化。

图4-4 矩阵式组织管理结构

矩阵式组织的缺点是组织结构复杂,各专项任务组织与各职能机构关系多头,协调困难;专项任务组织负责人的权力与责任不相称,如果缺乏有力的支持与合作,工作难以顺利开展。专项任务组织是非常设机构,该组织的成员工作不稳定,其利益易被忽视,故他们往往缺乏归属感和安全感。

矩阵式组织结构是一种十分常见的组织结构,其应用已有30多年,一般比较适用于协作性和复杂性强的大型组织。IBM、福特汽车等公司都曾成功地运用过这种组织结构形式。矩阵式组织结构的高级形态是全球性矩阵式组织结构。一般认为,这种组织结构方式可以使公司提高效率而降低成本,同时,也因其良好的创新与顾客回应,而使其经营具有差异化特征。这种组织结构除了具有高度的弹性外,同时在各地区的全球主管可以接触到有关各地的大量资讯。它为全球主管提供了许多面对面沟通的机会,有助于公司的规范与价值转移,因而可以促进全球企业文化的建设。目前,全球性矩阵式组织结构已在全球性大企业,如ABB、杜邦、雀巢、菲利普、莫里斯等组织中进行运作。

4. 项目管理办公室

(1) 什么是项目管理办公室

项目管理办公室(Program Management Office,PMO)是企业设立的一个职能机构名称,也称作项目管理部、项目办公室等。

PMO是在组织内部将实践、过程、运作形式化和标准化的部门,是提高组织管理成熟度的核心部门,它根据业界最佳实践和公认的项目管理知识体系,并结合企业自身的业务和行业特点,以此确保项目成功率的提高和组织战略的有效贯彻执行。项目管理办公室结构如图4-5所示。

PMO最早出现于20世纪90年代初期。当时PMO仅提供了很少的服务和支持工作,而更多被企业用来"管制"项目经理,而不是为他们提供项目管理的方向和指导。在20世纪90年代后期,对于企业领导来说,将项目放到整个企业的运作中统一管理的需要变得越来越明显,PMO随之大量地出现。不论是对于项目经理还是企业主管人员来说,PMO都被证明是理想的选择。因为公司需要建立一个可以执行商业策略的理想环境,PMO实现了这一

图 4-5   项目管理办公室结构

点，它对每一个项目根据商业策略进行评估和排序，然后对他们进行恰当的资源分配。

伴随着项目管理理念的深入和项目管理价值的日益凸显，管理层逐渐认识到项目管理对提高企业经济效益和利润将产生非常巨大的有利影响，越来越多的企业以项目为单元进行企业的战略分解与任务执行。随着专业分工的细化，越来越多跨职能的项目出现在企业里面，如何在跨职能的项目之间进行资源优化组合、管理好各项目的风险和进度等就变得越来越重要。为了更好地解决资源冲突，复制已有项目的成功经验，规范企业的项目管理标准，PMO 应运而生。

（2）为什么要建立项目管理办公室

建立项目管理办公室是为了满足两方面的需要。

1）满足商业竞争的需要。早期建立 PMO 的一个重要原因是失败的项目给企业所带来的痛苦。而现代商业社会竞争的残酷性，使得任何企业都有可能因为个别项目的失败而陷入困境。项目的成败在当今社会已经和企业的成败密不可分了，因此产生了对 PMO 的迫切需求。

一个成功的中大型企业必然有许多的项目在进行。是否有优秀的项目管理技术人才，成为能在有限的时间及成本条件下完成客户需求的关键。但是，再优秀的人才都不可避免地有各种局限，况且一个企业所能拥有的优秀人才是有限的。大量项目的实施过程中，必然要求企业有一个对项目工作提供强大支持的机构，来协助项目经理和项目团队及时、有效地克服各种困难，高质量、高绩效地完成项目。为了让项目管理技术和经验能够成为企业的组织财富，最终改善项目团队的整体生产力和提高企业的获利能力，在企业内部建立 PMO 就有其必然性和紧迫性。

一旦项目开工，PMO 就持续地对每一个项目的变化进行监控，提供各种项目经理和项目团队的所需要的支持与服务。这里要强调的一个关键就是随着企业战略的变化，任何一个项目的状况也要跟着发生变化。PMO 通过对项目进行修正、加速、终止或是优先权的排序，实现项目向适应企业战略变化的方向调整，以满足商业竞争的需要。

2）满足合理配置资源的需要。要想获得 PMO 所带来的好处，企业首先要达到一定的级别。如果一个企业每年只有一个项目，那就不要在 PMO 上浪费有限的资源了。对于一个有众多项目的企业来说，你会发现项目经理相当多，每一个都具有不同的技能和经验。这些项目经理经常不会意识到其他项目的成功，甚至不知道其他人在做什么。如果出现类似的情况的话，就应该建立 PMO 了。任何一个 PMO 的运转都需要资金和人员的投入。但是投入 PMO 的时间和资金将会是物有所值的，它让项目经理能够在企业中更好、更快、更节省地执行项目工作。因为 PMO 是在整个企业运作的高度而不是单个项目的高度将企业有限的资源进行合理分配，同时为项目经理和项目团队提供各种支持，确保符合企业战略的项目成功实施。

集中化的 PMO 可以保证所有的项目经理具有核心的项目管理技能，使用共同的方法处理过程和模板，并得到企业最高层的支持。PMO 组织的简单性使得每个人都可以建立这样的办公室。但是 PMO 人员配置是非常重要而复杂的工作。为了具有在各方面提供支持和配置资源的能力，PMO 应该包括企业的高层主管、项目经理、各类专项专家、项目协调人员等角色。

（3）项目管理办公室的作用

PMO 在企业中担当着建立规范项目管理标准、提供项目管理的咨询与顾问服务、解决资源冲突、培养项目经理团队、项目评审以及建设组织级项目管理体系等责任。具有以下几方面的作用：

1）为项目经理和项目团队提供行政支援，如项目各种报表的产生。

2）最大限度的集中项目管理专家，提供项目管理的咨询与顾问服务。

3）将企业的项目管理实践和专家知识整理成适合于本企业的一套方法论，在企业内传播和重用。

4）在企业内提供项目管理相关技能的培训。

5）PMO 可以配置部分项目经理，有需要时，可以直接参与具体项目，对重点项目给与重点支持。

PMO 可以是临时机构，也可以是永久机构。临时机构往往用来管理一些特定项目，如企业购并项目。永久性 PMO 适用于管理具有固定时间周期的一组项目，或者支持组织项目的不断进行。

4.2.2 项目经理

1. 项目经理的角色

项目经理（Project Manager），从职业角度，是指企业建立以项目经理责任制为核心，对项目实行质量、安全、进度、成本管理的责任保证体系和全面提高项目管理水平设立的重要管理岗位。它要负责处理所有事务性质的工作，也可称为执行制作人（Executive Producer）。

项目经理是项目团队的领导者，为项目的成功策划和执行负总责。项目经理首要职责是在预算范围内按时优质地领导项目小组完成全部项目工作内容，并使客户满意。为此，项目经理必须在一系列的项目计划、组织和控制活动中做好领导工作，从而实现项目目标。

2. 项目经理的职责

1）作为项目组的领导人和决策人，组建、建设和管理项目团队。

2）领导编制项目工作计划，指导项目按计划执行。

3）负责与客户的沟通工作。

4）负责对施工项目实施全过程、全面管理，组织制定项目部的各项管理制度。

5）监督项目执行工作，发现实际执行情况与计划偏离，要采取纠偏措施或调整计划。

6）对潜在的项目风险进行预测，并制定调整计划和应急策略。

7）负责对项目的人力、材料、设备、资金、技术、信息等生产要素进行优化配置和动态管理。

8）严格财务制度，建立成本控制体系，加强成本管理，搞好经济分析与核算。

9）组织项目收尾工作，把项目产品、服务或成果移交给客户。

3. 项目经理的权利

项目经理全权对工程项目负责，在保证质量及安全的前提下顺利完成工程项目，应该授予项目经理以下权利：

1）项目团队组建权。一是项目经理需要组建一个制定政策、执行决策的领导班子，负责项目各项任务、各个阶段的工作；二是选拔项目团队成员，建立高效、协同的项目团队是项目成功的保障。项目团队组建包括选拔、聘用、调配、考核、奖惩、监督、解聘等。

2）实施控制权。项目经理有权按工程项目合同的规定，根据项目随时出现的人、财、物等资源变化情况进行指挥调度，对于施工组织、设计、进度等，也有权在保证总目标不变的前提下进行优化和调整，以保证项目经理能对整个项目进行有效的控制。

3）财务决策权。项目经理必须拥有项目的财务决策权，在财务制度允许的范围内，项目经理有权安排工程项目费用的开支，有权在工资基金范围内决定项目班子、项目团队成员的计酬方式、分配方法、分配原则和方案，确定岗位工资、奖金分配等。对风险应变费用、赶工措施费用等都有使用支配权。

4）技术决策权。主要是审查和批准重大技术措施和技术方案，以防止决策失误造成重大损失，必要时需召开技术方案论证会或外请咨询专家。

4. 项目经理的管理技能

项目经理应对整个项目和总体环境有一个全面的了解，要有一定的专业知识、财务知识和法律知识，才能制定出明确的目标和合理的计划。项目经理的管理技能具体包括：

1）计划。计划是为了实现项目的既定目标，对未来项目实施过程进行规划和安排的活动。计划作为项目管理的一项职能，它贯穿于整个项目的全过程，在项目全过程中，随着项目的进展不断细化和具体化，同时又不断地修改和调整，形成一个前后相继的体系。项目经理要对整个项目进行统一管理，就必须制定出切实可行的计划或者对整个项目的计划做到心中有数，各项工作才能按计划有条不紊地进行。也就是说，项目经理对施工的项目必须具有全盘考虑、统一计划的能力。

2）组织。项目经理必须具备的组织能力是指为了使整个施工项目达到其既定的目标，使全体参加者经分工与协作以及设置不同层次的权力和责任制度而构成的一种人的组合体的能力。当一个项目在中标后（有时在投标时），担任（或拟担任）该项目领导者的项目经理就必须充分利用其组织能力对项目进行统一的组织，比如确定组织目标、确定项目工作内容、组织结构设计、配置工作岗位及人员、制定岗位职责标准和工作流程及信息流程、制定考核标准等。在项目实施过程中，项目经理又必须充分利用其组织能力对项目的各个环节进行统一的组织，即处理在实施过程中发生的人和人、人和事、人和物的各种关系，使项目按既定的计划进行。

3）目标定位。项目经理必须具有定位目标的能力，目标是指项目为了达到预期成果所必须完成的各项指标的标准。目标有很多，但最核心的是质量目标、工期目标和投资目标。项目经理只有对这三大目标定位准确、合理才能使整个项目的管理有一个总方向，各项目工作也才能朝着这三大目标进行开展。要制定准确、合理的目标（总目标和分目标）就必须熟悉合同提出的项目总目标、反映项目特征的有关资料。

4）整体意识。项目是一个错综复杂的整体，它可能含有多个分项工程、分部工程、单位工程，如果对整个项目没有整体意识，势必会顾此失彼。

5）授权能力。也就是要使项目部成员共同参与决策，而不是那种传统的领导观念和领导体制，任何一项决策均要通过有关人员的充分讨论，并经充分论证后才能做出决定，这不仅可以做到"以德服人"，而且由于聚集了多人的智慧后，该决策将更得民心、更具有说服力，也更科学、更全面。

4.2.3　团队建设

按照现代项目管理的观点，项目团队是指"项目的中心管理小组，由一群人集合而成并被看作是一个组，他们共同承担项目目标的责任，兼职或者全职地向项目经理进行汇报"。

项目团队通过团队成员之间相互沟通、信任、合作和承担责任，高效地利用有限的人力资源，加强员工之间的交流与协作。因此，项目团队建设是项目成功的重要保障。

1. 项目团队的主要特点

1）项目团队具有一定的目的。项目团队的使命就是完成某项特定的任务，实现项目的既定目标，满足客户的需求。它有明确严格的质量要求、工期要求、成本要求等多重约束。项目团队成员都要紧紧围绕分解项目目标开展工作，使目标能够实现。

2）项目团队成员的多样性。项目团队成员来自不同管理层、不同职能部门、不同专业领域，他们在团队中要相互信任、相互依赖，具有良好的合作精神。因此，项目团队是跨部门、跨专业的多样性的团队。

3）项目团队是临时组织。项目团队有明确的生命周期，随着项目的产生而产生，项目任务的完成而结束。因此，项目团队通常是短期的、临时性的。

4）项目经理是项目团队的领导。项目经理全权对项目负责，为项目的成功策划和执行负总责。

5）项目团队具有开放性。随着项目的进展，团队成员的工作内容和职能会根据项目需要进行变动，人员数也随之发生变化，项目团队成员的增减具有较大的灵活性和开放性。

2. 项目团队的发展阶段

项目团队从组建到解散，是一个不断成长和变化的过程，一般可分为五个阶段：组建阶段、磨合阶段、规范阶段、成效阶段和解散阶段。在项目团队的各阶段，其团队特征也各不相同。

1）组建阶段。在这一阶段，项目组成员刚刚开始在一起工作，总体上有积极的愿望，急于开始工作，但对自己的职责及其他成员的角色都不是很了解，他们会有很多的疑问，并不断摸索以确定何种行为能够被接受。在这一阶段，项目经理需要进行团队的指导和构建工作。

第一，应向项目组成员宣传项目目标，并为他们描绘未来的美好前景及项目成功所能带来的效益，公布项目的工作范围、质量标准、预算和进度计划的标准和限制，使每个成员对项目目标有全面深入的了解，建立起共同的愿景。

第二，明确每个项目团队成员的角色、主要任务和要求，帮助他们更好地理解所承担的责任。

第三，与项目团队成员共同讨论项目团队的组成、工作方式、管理方式、方针政策，以便取得一致意见，保证今后工作的顺利开展。

2）磨合阶段。这是团队内激烈冲突的阶段。随着工作的开展，各方面问题会逐渐暴露。成员们可能会发现，现实与理想不一致，任务繁重而且困难重重，成本或进度限制太过紧张，工作中可能与某个成员合作不愉快，这些都会导致冲突产生、士气低落。项目经理需要利用这一阶段，创造一个理解和支持的环境。

同时，允许成员表达不满或他们所关注的问题；做好导向工作，努力解决问题、矛盾；依靠团队成员共同解决问题，共同决策。

3）规范阶段。在这一阶段，团队将逐渐趋于规范。团队成员经过磨合阶段逐渐冷静下来，开始表现出相互之间的理解、关心和友爱，亲密的团队关系开始形成，同时，团队开始表现出凝聚力。另外，团队成员通过一段时间的工作，开始熟悉工作程序和标准操作方法，对新制度，也开始逐步熟悉和适应，新的行为规范得到确立并为团队成员所遵守。在这一阶段，项目经理应：

第一，尽量减少指导性工作，给予团队成员更多的支持和帮助。

第二，在确立团队规范的同时，要鼓励成员的个性发挥。

第三，培育团队文化，注重培养成员对团队的认同感、归属感，努力营造出相互协作、互相帮助、互相关爱、努力奉献的精神氛围。

4）成效阶段。在这一阶段，团队的结构完全功能化并得到认可，内部致力于从相互了解和理解到共同完成当前工作上。团队成员一方面积极工作，为实现项目目标而努力；另一方面成员之间能够开放、坦诚及时地进行沟通，互相帮助，共同解决工作中遇到的困难和问题，创造出较高的工作效率和满意度。在这种一阶段，项目经理工作的重点应是：

第一，授予团队成员更大的权力，尽量发挥成员的潜力。

第二，帮助团队执行项目计划，集中精力了解掌握有关成本、进度、工作范围的具体完成情况，以保证项目目标得以实现。

第三，做好对团队成员的培训工作，帮助他们获得职业上的成长和发展。

第四，对团队成员的工作绩效做出客观地评价，并采取适当的方式给予激励。

5）解散阶段。当项目进入最后阶段时，团队成员将离开熟悉的工作环境，并且开始考虑项目结束后自己能做些什么，开始为今后的发展做准备。项目经理要采取措施，稳定团队成员的情绪，明确责任，把项目的结束工作做好。

3. 组建高效的项目团队

项目团队是项目成功的重要保障。项目团队的关键在人员协作，而人员配合的好坏就要看团队的角色组成，需要组建一个有利、有序、有效的项目团队。

1）合理配备团队成员。组建一支基础广泛的团队是建立高效项目团队的前提，在组建项目团队时，除考虑每个人的教育背景、工作经验外，还需考虑其兴趣爱好、个性特征以及年龄、性别的搭配，确保团队队员优势互补、人尽其才。

2）明确项目目标。项目经理要为个人和团队设定明确的目标，让每个成员明确理解他的工作职责、角色、应完成的工作及其质量标准。设立实施项目的行为规范及共同遵守的价值观，引导团队行为，鼓励与支持参与，接受不同的见解，珍视和理解差异，进行开放性的沟通并积极地倾听，充分授权，民主决策。营造以信任为基础的工作环境，尊重与关怀团队成员，视个人为团队的财富，强化个人服从组织、少数服从多数的团队精神。根据队员的不同发展阶段实施情境领导，正确地运用指导、教练、支持与授权四种领导形态，鼓励队员积极主动地分担项目经理的责任，创造性地完成任务以争取项目的成功。

3）提高团队效率。项目团队的工作效率依赖于团队的士气和合作共事的关系，依赖于成员的专业知识和掌握的技术，依赖于团队的业务目标和交付成果，依赖于依靠团队解决问题和制定决策的程度。高效项目团队必定能在领导、创新、质量、成本、服务、生产等方面取得竞争优势，必定能以最佳的资源组合和最低的投入取得最大的产出。加强团队领导，增强团队凝聚力，鼓舞团队士气，支持队员学习专业知识与技术，鼓励队员依照共同的价值观去达成目标，依靠团队的聪明才智和力量去制定项目计划、指导项目决策、平衡项目冲突、解决项目问题，是取得高效项目成果的必经之路。

4）团队成员相互信任。一个项目团队能力大小受到团队内部成员相互信任程度的影响。团队成员要理解他们之间的相互依赖性，承认团队中的每位成员都是项目成功的重要因素。每位成员都可以相信其他人做他们要做的和想做的事情，而且会按预期标准完成。团队成员互相关心，培养良好的人际关系。要鼓励有不同的意见，并允许自由表达出来，可能会提出一些产生争议或冲突的问题，解决问题的方法是积极正视问题，并进行建设性的协商交流。

5）团队成员高效沟通。项目团队成员之间开展全方位的沟通，充分共享信息，产生更大的价值。

4.3 成本管理与风险管理

4.3.1 成本管理

成本管理是指企业生产经营过程中各项成本核算、成本分析、成本决策和成本控制等一系列科学管理行为的总称。成本管理是企业管理的一个重要组成部分，要求系统、全面、科学、合理。它对于促进增产节支、加强经济核算、防范风险、改进企业管理、提高企业整体管理水平具有重大意义。

1. 成本管理的内容

成本管理是由成本规划、成本计算、成本控制和业绩评价四项内容组成。成本规划是根据企业的竞争战略和所处的经济环境制定的，也是对成本管理做出的规划，为具体的成本管理提供思路和总体要求；成本计算是成本管理系统的信息基础；成本控制是利用成本计算提供的信息，采取经济、技术和组织等手段实现降低成本或成本改善目的的一系列活动；业绩评价是对成本控制效果的评估，目的在于改进原有的成本控制活动和激励约束员工和团体的成本行为。

2. 项目成本的构成

项目成本是在投资项目寿命期内为实现项目的预期目标而付出的全部代价。

1）项目决策成本。决策成本指进行决策时需要考虑和运用的一些专项成本。为了对项目进行科学决策、谨慎决策，需要进行广泛的市场调查，收集和掌握真实的资料，开展询价，将各方面的可能问题与困难纳入利弊得失的分析，进行可行性研究，完成这些工作所花费的成本就是决策成本。

2）项目设计成本。设计成本是根据一定生产条件，通过技术分析和经济分析，采用一定方法所确定的最合理的加工方法下的产品预计成本。例如，工程建设项目需要进行规划设计、施工图设计；机械产品需要进行方案设计、制造加工图设计；科研项目需要进行技术路线和实验方案设计；产品营销项目需要进行营销方案的策划和设计等。完成这些设计工作所花费的成本就是设计成本。通过结构、使用的原材料、生产设备，所需要的加工时间等就可计算产品的设计成本。

3）项目采购成本。采购成本指与采购原材料部件相关的物流费用，包括采购订单费用、采购计划制订人员的管理费用、采购人员管理费用等。存货的采购成本包括购买价款、相关税费、运输费、装卸费、保险费以及其他可归属于存货采购成本的费用。

4）项目实施成本。在项目的实施过程中，为了完成项目而耗用的各种资源所构成的成本就是项目实施成本，包括设备费、材料费、人工费、管理费、不可预见费等。

3. 项目成本预算

成本预算是把估算的总成本分配到各个工作细目，以建立预算、标准和检测系统的过程。通过这个过程可对系统项目的投资成本进行衡量和管理，从而在事先弄清问题，及时采取纠正措施。

预算编制的项目主要包括成本费用预算、收入预算、资产负债预算、职能部门费用预算、财务指标预算、资本预算、现金流量预算。下面介绍其中几项：

1）成本费用预算，包括营业成本预算、制造费用预算、经营销售费用预算、财务费用预算、管理费用预算、维修费用预算、职能部门费用预算。

2）收入预算，包括主营业务收入预算、其他业务收入预算、营业外收入预算、投资收入预算、其他投资收入、投资处理盈利和亏损预算。

3）资产负债预算，包括对外投资预算、无形资产和递延资产购建预算、固定资产增减分类预算、固定资产零星购置、固定资产报废预算、基本建设预算、往来款项预算、借款和债券预算。

4）职能部门费用预算，一般由各职能部门根据各自在预算年度应完成的任务来确定费用基数，部门负责人负责本部门费用预算编制和上报。财务部门以上年实际数为基础，综合预算年度的任务量再进行调整。

5）财务指标预算。财务指标有些是简单的，如净利润、管理费用等，这些指标从会计报表中直接可以得到，它提供的实际上还是会计信息；而有些指标是复合的，如投资资本回报率（ROIC）、资本金回报率（ROC）、自由现金流（FCF）、息税前营业利润（EBIT）、有息负债率（DR）等，这些指标不能直接从会计报表中获取，需要经过几个财务指标的对比计算才能得出，它体现出的是财务信息。把这类指标也列入预算，能考核和分析企业的投资回报情况、企业能支配的现金流量情况、经营利润完成情况、负债情况等，它比单纯的报表数字更有比较和考核意义，可以较为全面地了解和掌握企业的财务状况和获利能力。

4. 项目成本控制

成本控制是保证成本在预算估计范围内的工作。根据估算对实际成本进行检测，标记实际或潜在偏差，进行预测准备并给出保持成本与目标相符的措施。主要包括：监督成本执行情况及对发现实际成本与计划的偏离；将一些合理改变包括在基准成本中；防止不正确、不合理、未经许可的改变包括在基准成本中；把合理改变通知项目涉及方。在成本控制时，还必须和其范围控制、进度控制、质量控制等相结合。主要包括以下控制内容：

1）原材料成本控制。在制造业中原材料费用占了总成本的很大比重，一般在 60% 以上，高的可达 90%，是成本控制的主要对象。影响原材料成本的因素有采购、库存费用、生产消耗、回收利用等，所以控制活动可从采购、库存管理和消耗三个环节着手。

2）工资费用控制。工资在成本中占有一定的比重，增加工资一般又被认为是不可逆转的。控制工资与效益同步增长，减少单位产品中工资的比重，对于降低成本有重要意义。控制工资成本的关键在于提高劳动生产率，它与劳动定额、工时消耗、工时利用率、工作效率、工人出勤率等因素有关。

3）制造费用控制。制造费用开支项目很多，主要包括折旧费、修理费、辅助生产费用、车间管理人员工资等，虽然它在成本中所占比重不大，但因不引人注意，浪费现象十分普遍，是不可忽视的一项内容。

4）企业管理费控制。企业管理费指为管理和组织生产所发生的各项费用，开支项目非常多，也是成本控制中不可忽视的内容。上述这些都是绝对量的控制，即在产量固定的假设条件下使各种成本开支得到控制。在现实系统中还要达到控制单位成品成本的目标。

开展成本控制活动的目的是对企业在生产经营过程中发生的各种耗费进行计算、调节和监督的过程，也是一个发现薄弱环节、挖掘内部潜力、防止资源的浪费、寻找一切可能降低成本途径的过程。成本控制反对"秋后算账"和"死后验尸"的做法，提倡预先控制和过程控制。因此，成本控制必须遵循预先控制和过程控制的原则，并在成本发生之前或在发生的过程中去考虑和研究为什么要发生这项成本、应不应该发生、应该发生多少、应该由谁来发生、应该在什么地方发生、是否必要，决定后应对过程活动进行监视、测量、分析和改进。

提高经济效益，不单是依靠降低成本的绝对数，更重要的是实现相对的节约，取得最佳的经济效益，以较少的消耗取得更多的成果。

5. 成本控制的基本流程

生产过程中的成本控制，就是在产品的制造过程中，对成本形成的各种因素按照事先拟定的标准严格加以监督，发现偏差就及时采取措施加以纠正，从而使生产过程中的各项资源的消耗和费用开支在标准规定的范围之内。成本控制的基本流程如下。

（1）制订成本

成本标准是成本控制的准绳，成本标准首先包括成本计划中规定的各项指标。但成本计划中的一些指标都比较综合，还不能满足具体控制的要求，可以采取一系列具体的标准，如计划指标分解法、预算法、定额法等。

（2）监督成本

监督成本就是根据控制标准，对成本形成的各个项目经常地进行检查、评比和监督。不仅要检查指标本身的执行情况，而且要检查和监督影响指标的各项条件，如设备、工艺、工具、工人技术水平、工作环境等。所以，成本日常控制要与生产作业控制等结合起来进行。成本日常控制包括材料费用、工资费用、间接费用等。

（3）纠正偏差

针对成本差异发生的原因，查明责任者，分别情况，分别轻重缓急，提出改进措施，加以贯彻执行。

（4）批量采购

1）寻求替代。对于那些在同类生产厂家可能存在替代品的零部件或原材料的小批量采购，寻求采购替代有时可以大幅度降低采购成本，因为你所需要的东西或许正是其他同类生产厂家放在仓库正急于进行处理的多余材料。

2）让技术人员参与采购。对于新产品的研发和试制，需要的原材料或元器件的数量只有技术人员最清楚。如果让技术人员直接与供应商沟通，可以让供应商确切地知道你采购的用途和数量的多少，供应商可以将你所需要的少量元器件安排在其他批量生产之中，从而可以用比正常最小批量还小的批量采购到所需的元器件，达到节约采购成本的目的。

3）与供应商结成战略联盟。通过与供应商结成战略联盟，也可以降低小批量采购成本。生产企业如果与供应商结成战略联盟，两者之间的关系就不再是简单的采购关系，而是一种长期合作的互惠互利的战略伙伴关系，双方不需要在一次交易中就急于收回成本，而是通过长期的交易来实现权利和义务的平衡。在这种合作关系下的小批量采购，供应商不会因为批量太小而不生产或要求很高的价格，反而会想办法节约成本，为长期合作尽到自己的义务。

（5）联合采购

联合采购是指同类型的中小生产企业，为了在采购价格上获得有利地位，扩大采购批量，联合起来共同采购的一种采购方法。中小企业由于生产规模小，在采购中的被动地位是很明显的，但通过跨企业的联合采购就可以扩大采购批量，增强集体的谈判实力，获取采购规模优势，采购直接面对制造商，减少中间层次，降低采购成本，保障产品质量。

（6）第三方采购

企业将产品或服务采购外包给第三方公司。国外的经验表明，与企业自己进行采购相比，第三方采购往往可以提供更多的价值和购买经验，可以帮助企业更专注核心竞争力。第三方采购多以采购联盟的形式存在，通过第三方进行小批量采购，可以变小批量为大批量，加上采购联盟的行业地位与采购经验，可大大降低采购成本。

4.3.2　风险管理

1. 风险管理的概念

风险管理是指如何在项目或者企业一个肯定有风险的环境里把风险可能造成的不良影响减至最低的管理过程。风险管理通过风险识别、风险估测、风险评价，并在此基础上选择与优化组合各种风险管理技术，对风险实施有效控制和妥善处理风险所致损失的后果，从而以最小的成本收获最大的安全保障。

风险管理最早起源于美国，在 20 世纪 30 年代，由于受到 1929—1933 年世界性经济危机的影响，美国约有 40% 左右的银行和企业破产，经济倒退了约 20 年。美国企业为应对经营上的危机，许多大中型企业都在内部设立了保险管理部门，负责安排企业的各种保险项目。可见，当时的风险管理主要依赖保险手段。

1938 年以后，美国企业对风险管理开始采用科学的方法，并逐步积累了丰富的经验。1950 年风险管理发展成为一门学科，风险管理一词才形成。

1970 年以后逐渐掀起了全球性的风险管理运动。随着企业面临的风险复杂多样和风险费用的增加，法国从美国引进了风险管理并在法国国内传播开来。与法国同时，日本也开始了风险管理研究。

美国、英国、法国、德国、日本等国家先后建立起全国性和地区性的风险管理协会。1983 年在美国召开的风险和保险管理协会年会上，世界各国专家学者云集纽约，共同讨论并通过了"101 条风险管理准则"，它标志着风险管理的发展已进入了一个新的发展阶段。

1986 年，由欧洲 11 个国家共同成立的"欧洲风险研究会"将风险研究扩大到国际交流范围。1986 年 10 月，风险管理国际学术讨论会在新加坡召开，风险管理已经由环大西洋地区向亚洲太平洋地区发展。

我国对于风险管理的研究开始于 1980 年。一些学者将风险管理和安全系统工程理论引入我国，在少数企业试用中感觉比较满意。我国大部分企业缺乏对风险管理的认识，也没有建立专门的风险管理机构。作为一门学科，风险管理学在我国仍旧处于起步阶段。

进入 20 世纪 90 年代，随着资产证券化在国际上兴起，风险证券化也被引入到风险管理的研究领域中。最为成功的例子是瑞士再保险公司发行的巨灾债券，和由美国芝加哥期货交易所发行的 PCS 期权。

当前，在经济全球化的格局下，企业面临市场开放、法规解禁、产品创新等竞争压力，各方面不确定变化波动程度提高，连带增加经营的风险性。良好的风险管理有助于降低决策错误的概率，避免损失的可能，相对提高企业本身的附加价值。

2. 风险管理的内涵

项目风险管理就是在项目进行的全过程中，对于影响项目的进程、效率、效益、目标等一系列不确定因素的管理，包括对外部环境因素与内部因素的管理，也包括对主观因素与客观因素、理性因素与感性因素的管理。

风险管理的目标就是要以最小的成本获取最大的安全保障。因此，它不仅仅只是一个安全生产问题，还包括识别风险、评估风险和处理风险，涉及财务、安全、生产、设备、物流、技术等多个方面，是一套完整的方案，也是一个系统工程。项目风险管理的内涵体现在如下三个方面。

（1）全过程管理

项目风险的全过程管理，要求项目风险管理者能够审时度势、高瞻远瞩，通过有效的风险识别，实现对项目风险的预警预控；要求项目管理者能够临危不乱、坦然面对，通过有效的风险管理工具或风险处理方法，对于项目运行过程中产生的风险进行分散、分摊或分割；要求项目风险管理者能够在项目风险发生后，采取有效的应对措施，并能够总结经验教训，对项目风险管理工作进行改进。

（2）全员管理

项目风险的全员管理要求所有的人员均能够参与项目风险的管理。项目管理风险不仅包括对政治、经济、社会、文化、制度等外部环境中不确定性因素的管理，还包括项目自身在其计划、组织、协调等过程中所产生的不确定因素的管理。对于后者而言，人为的主观影响成分较大。项目风险管理既是对项目全部参与方（人员）的管理，同时也是全员共同参与对项目风险的管理。

（3）全要素集成管理

项目风险管理需解决的根本问题主要涉及项目工期、造价以及质量三方面的问题。可见，项目风险管理的过程是一个在可能的条件下追求项目工期最短、造价最低、质量最优的多目标决策过程。项目的工期、造价与质量是三个直接关联和相互作用的相关要素。项目工期的提前或滞后将直接影响造价的高低，项目质量的优劣与项目工程造价直接相关，同样，项目的工期与质量的波动受造价因素的影响。由此不难得出，项目风险管理是对工期、造价以及质量的全要素集成管理。

对于现代企业来说，风险管理就是通过风险的识别、预测和衡量，选择有效的手段，以尽可能降低成本，有计划地处理风险，获得安全生产的经济保障。这就要求在生产经营过程中，应对可能发生的风险进行识别，预测各种风险发生后对资源及生产经营造成的消极影响，使生产能够持续进行。可见，风险的识别、风险的预测和风险的处理是项目风险管理的主要内容。

3. 项目风险识别

项目风险识别是指找出影响项目目标顺利实现的主要风险因素，并识别出这些风险究竟有哪些基本特征、可能会影响到项目的哪些方面。

项目风险识别是一项贯穿于项目实施全过程的项目风险管理工作。风险识别包括识别内在风险及外在风险。内在风险指项目工作组能加以控制和影响的风险，如人事任免和成本估计等；外在风险指超出项目工作组控制力和影响力之外的风险，如市场转向或政府行为等。严格来说，风险仅仅指遭受创伤和损失的可能性，但对项目而言，风险识别还涉及机会选择（积极成本）和不利因素威胁（消极结果）。任何能进行潜在问题识别的信息源都可用于风险识别。信息源有主观和客观两种，客观的信息源包括过去项目中记录的经验和表示当前项目进行情况的文件，如工程文档、计划分析、需求分析、技术性能评价等；主观信息源是基于有经验的专家的经验判断。

（1）识别项目中的潜在风险及其特征

这是项目风险识别的第一个目标。因为只有首先确定可能会遇到哪些风险，才能够进一步分析这些项目的性质和后果。所以在项目风险识别工作中，首先要全面分析项目的各种影响因素，从中找出可能存在的各种风险，并整理汇总成项目风险的清单。

（2）识别风险的主要来源

只有识别清楚各个项目风险的主要影响因素，才能够把握项目风险发展变化的规律，才能够度量项目风险的可能性与后果的大小，从而才有可能对项目风险进行应对和控制。

（3）预测风险可能会引起的后果

项目风险识别的根本目的就是要缩小和取消项目风险可能带来的不利后果。在识别出项目风险和项目风险的主要来源之后，必须全面分析项目风险可能带来的后果及其后果的严重程度。当然，这一阶段的识别和分析主要是定性分析。

（4）风险识别的方法

风险的范围、种类和严重程度经常容易被主观夸大或缩小，使项目的风险评估分析和处置发生差错，造成不必要的损失。识别项目风险的方法有很多，任何有助于发现风险信息的方法都可以作为风险识别的工具，常见的方法有：

1）生产流程分析法。生产流程分析法是对企业整个生产经营过程进行全面分析，对其中各个环节逐项分析可能遭遇的风险，找出各种潜在的风险因素。生产流程分析法可分为风险列举法和流程图法。风险列举法指风险管理部门根据该企业的生产流程，列举出各个生产环节的所有风险。流程图法指风险管理部门将整个企业生产过程一切环节系统化、顺序化、制成流程图，从而便于发现企业面临的风险。

2）财务表格分析法。财务表格分析法是通过对企业的资产负债表、损益表、营业报告书及其他有关资料进行分析，从而识别和发现企业现有的财产、责任等面临的风险。

3）保险调查法。采用保险调查法进行风险识别可以利用两种形式：一是通过保险险种一览表，企业可以根据保险公司或者专门保险刊物的保险险种一览表，选择适合该企业需要的险种，这种方法仅仅对可保风险进行识别，对不可保风险则无能为力；二是委托保险人或者保险咨询服务机构对该企业的风险管理进行调查设计，找出各种财产和责任存在的风险。

4. 项目风险预测

风险预测实际上就是估算、衡量风险，由风险管理人运用科学的方法，对其掌握的统计资料、风险信息及风险的性质进行系统分析和研究，进而确定各项风险的频度和强度，为选择适当的风险处理方法提供依据。风险的预测一般包括以下两个方面：

1）预测风险的概率。通过资料积累和观察，发现造成损失的规律性。预测风险的方法主要有系统工程文件、寿命期费用分析、进度分析、基线费用估计等。举一个简单的例子：一个时期一万栋房屋中有十栋发生火灾，则风险发生的概率是1/1000。由此对概率高的风险进行重点防范。

2）预测风险的强度。假设风险发生，要求进行分析以确定发生问题的可能性以及由其发生而产生的结果，其目的在于找出风险产生的原因，衡量其结果和风险大小（等级）。对于容易造成直接损失并且损失规模和程度大的风险应重点防范。

对于项目前和项目中都包含有风险预测的内容。在项目前预测中，风险预测是指项目上马以前，对项目环境风险的预测和评价，包括政治风险、经济风险、自然风险、技术风险等等，是项目可行性研究的一个组成部分。项目风险预测主要是项目中实施中的风险预测问题，因为在项目实施过程中，项目管理者需要随时掌握当前项目所面临的风险状况，指出项目进行不正常的风险信号，必要时预先采取纠正措施。

5. 项目风险处理

项目风险处理手段主要包括风险控制、风险自留、风险转移三种类型。

1）项目风险控制是指采取一切可能的手段规避项目风险、消除项目风险，或采取应急措施将已经发生的风险及其可能造成的风险损失控制在最低限度或可以接受的范围内。项目风险控制必须以一定的前提假设和代价为基础，比如规避风险意味着项目决策者会失去获取高额回报的机会或者必须通过高成本的技术方案应对风险，其本质仍在于支付了大量的风险开支。此外，项目风险控制意味着除技巧之外，决策者必须有足够的经验知识、前期积累、财务支持，否则有效的项目风险控制将难以实现。

2）项目风险自留也是项目风险控制的处理手段之一，其前提在于通过对项目风险的评估，得出其发生概率较小或者概率较大但风险损失较小，或者概率与风险损失均较大但在预期范围或可接受的范围内。此外，还包括当风险无法得到有效控制但项目很有必要进行时，项目决策者也会采取风险自留策略。我国大多数项目都不进行风险评价，或设置少量的项目储备（如不可预见费）就认为可以包容全部风险，这一做法通常是不正确的。

3）相对于项目风险控制与项目风险自留，项目风险转移是更为有效的项目风险处理手段。比如，将项目转移给从事风险合并事务的专业保险公司或其他风险投资机构，这是一种符合市场经济规则且公平的转移手段。根据原建设部和工商行政管理局联合制定并颁布的《施工合同示范文本》规定，项目业主与项目承包商可以共同协商保险。当前，由于参与实际保险业务的项目数量较少，我国的三大保险公司所收取的保费还比较昂贵，且保险合同条款明显不利于项目方。随着参保项目逐年增多，同时保险公司的竞争性越来越明显，保费和服务均会向有利于项目方的方向转化，项目风险的转移策略将越来越趋于完善和成熟。

当前，我国项目处理主要以风险控制与风险自留为主，其所出现问题与弊端的经济根源在于，国有大中型企业或政府部门所承担的一切项目投资通常由政府来为项目风险买单，企业或项目负责人无须为项目风险损失承担责任。项目风险处理的低效导致了项目管理的"三超"现象，即概算超估算、预算超概算、决算超预算。随着我国确立社会主义市场经济体制，投资主体（国有企业或政府）的经济责任日趋明朗化和具体化，项目投资的决策者也开始日益注重投资估算的准确性，项目风险处理的有效性得到了极大的改善。

6. 风险管理措施

风险是客观存在的，任何企业都面临内部或外部风险，它会影响企业目标的实现，因此企业管理者必须进行风险管理，那么该如何做好企业风险管理呢？

1）提高风险管理意识。在企业经营活动中，企业管理者应根据自身的能力去承接项目，对所承接的项目要进行预评估制度，对经评估确认风险较大的项目要尽量避开和放弃。有多少人接多少项目，这样才能有效避免由于人员不到位、人员与投标不符、资质降低等容易受到处罚的风险。此外，不盲目扩大规模，使各个项目均能处于企业管理者的有效管理范围之内，有效避免因企业管理不到位带来的风险。

2）企业应该尽量采用规范化的管理模式，制定规范化的规章制度、岗位责任制。《老板》杂志表示企业管理者对每个具体的项目，还应根据其自身特点，对涉及监理风险的工作内容，制定较为细致的、有针对性的监理实施细则和风险管理计划，从而使企业的所有项目均能按统一规定的工作程序、要求、标准去做好监理工作，正确履行监理的各种责任，从而达到降低风险的目的。

3）企业管理者应建立较为完善的监督检查机制，进行动态管理。企业的各级领导、业务部门要经常到项目中进行检查与指导，并加强与业主的沟通，听取业主的意见，及时把各种新的法律法规、内外形势变化、企业和业主的要求等传达到项目监理人员当中，并在检查中及时发现项目监理机构的不足。企业管理者应针对项目存在的风险隐患，及时加以处理，使其消失于萌芽状态，避免风险事故的发生。

4）组建突发事件公关队伍，全面应对突发事件。企业管理者为了加强对突发事件的管理与应对，在企业内部建立一支训练有素、精干高效的突发事件公关队伍是完全必要的。其成员应包括企业最高决策层、公关部门、生产部门、市场销售部门、技术研发部门、保安部门、人力资源部门等相关部门的人员以及法律顾问、公关专家等专业人士。在正常情况下，突发事件公关小组负责对企业内外环境进行实时监测，在广泛收集信息的基础上分析发现存在的问题和隐患，对可能出现的突发事件情况做出准确预测，帮助企业管理者根据预测结果制定切实可行的突发事件防范措施，监督指导防范措施的落实，加强对突发事件预警机制的管理，开展对公关人员和全体员工的培训，组织突发事件状况模拟演习等。当突发事件发生时，突发事件公关小组要起到指挥中心的作用，包括建立突发事件控制中心，制定紧急应对方案，策动方案实施，与媒体进行联系沟通，控制险情扩散、恶化，减弱突发事件的不良影响，化解公众疑虑和敌对情绪，以便尽快结束突发事件。

4.4 进度管理和质量管理

4.4.1 进度管理

1. 进度管理的概念

项目进度管理，是指采用科学的方法确定进度目标，编制进度计划和资源供应计划，进行进度控制，在与质量、费用目标协调的基础上，实现工期目标。

项目进度管理的主要目标是要在规定的时间内，制定出合理、经济的进度计划，然后在该计划的执行过程中，检查实际进度是否与计划进度相一致。若出现偏差，便要及时找出原因，采取必要的补救措施或调整、修改原计划，直至项目完成。其目的是保证项目能在满足其时间约束条件的前提下实现其总体目标。

2. 项目进度计划制定

在制定项目进度计划时，必须以项目范围管理为基础，对于项目范围的内容要求，有针对性的安排项目活动。

1）项目结构分析。编制进度计划前要进行详细的项目结构分析，系统地剖析整个项目结构，包括实施过程和细节，系统规则地分解项目。项目结构分解的工具是工作分解结构WBS 原理，它是一个分级的树形结构，是将项目按照其内在结构和实施过程的顺序进行逐层分解而形成的结构示意图。通过项目 WBS 分解，将项目分解到相对独立的、内容单一的、易于成本核算与检查的项目单元，明确单元之间的逻辑关系与工作关系，每个单元具体地落实到责任者，并能进行各部门、各专业的协调。图 4-6 所示是一个典型的建筑工程项目WBS 分解结构。

进度计划编制的主要依据是：项目目标范围、工期的要求、项目特点、项目的内外部条件、项目结构分解单元、项目对各项工作的时间估计、项目的资源供应状况等。进度计划编制要与费用、质量、安全等目标相协调，充分考虑客观条件和风险，确保项目目标的实现。

进度计划编制的主要工具是网络计划图和横道图，通过绘制网络计划图，确定关键路线和关键工作。根据总进度计划制定出项目资源总计划、费用总计划，把这些总计划分解到每年、每季度、每月、每旬等各阶段，从而进行项目实施过程的依据与控制。

2）成立进度控制管理小组。成立以项目经理为组长，以项目副经理为常务副组长，以各职能部门负责人为副组长，以各单元工作负责人、各班组长等为组员的控制管理小组。小

图 4-6 典型的建筑工程项目 WBS 分解结构

组成员应分工明确，责任清晰；定期不定期召开会议，严格执行讨论、分析、制定对策、执行、反馈的工作制度。

3）制定控制流程。控制流程运用了系统原理、动态控制原理、封闭循环原理、信息原理、弹性原理等。编制计划的对象由大到小，计划的内容从粗到细，形成了项目计划系统；控制是随着项目的进行而不断进行的，是个动态过程；由计划编制到计划实施、计划调整再到计划编制这么一个不断循环过程，直到目标的实现；计划实施与控制过程需要不断地进行信息的传递与反馈，也是信息的传递与反馈过程；同时，计划编制时也考虑到各种风险的存在，使进度留有余地，具有一定的弹性，进度控制时，可利用这些弹性，缩短工作持续时间，或改变工作之间的搭接关系，确保项目工期目标的实现。

3. 项目进度计划控制

在项目进度管理中，制定出一个科学、合理的项目进度计划，只是为项目进度的科学管理提供了可靠的前提和依据，但并不等于项目进度的管理就不再存在问题。在项目实施过程中，由于外部环境和条件的变化，往往会造成实际进度与计划进度发生偏差，若不能及时发现这些偏差并加以纠正，项目进度管理目标的实现就一定会受到影响。所以，必须实行项目进度计划控制。

项目进度计划控制的方法是以项目进度计划为依据，在实施过程中对实施情况不断进行跟踪检查，收集有关实际进度的信息，比较和分析实际进度与计划进度的偏差，找出偏差产生的原因和解决办法，确定调整措施，对原进度计划进行修改后再予以实施。随后继续检查、分析、修正，再检查、分析、修正，直至项目最终完成。

在项目执行和控制过程中，要对项目进度进行跟踪，主要有两种不同的表示方法：

（1）时间表

时间表是管理时间的一种方式。它是将某一时间段中已经明确的工作任务清晰的记载和表明的表格，是提醒使用人和相关人按照时间表的进程行动，有效管理时间、保证完成任务的简单方法。图 4-7 所示是一个无人车设计项目的时间表，其任务的划分在时间上是连续的，一个接一个地完成。

图 4-7　无人车设计项目的时间表

（2）甘特图

甘特图（Gantt chart）又称为横道图、条状图（Bar chart）。甘特图通过活动列表和时间刻度表示出特定项目的顺序与持续时间。甘特图是一个二维图，横轴表示时间，纵轴表示项目，线条表示期间计划和实际完成情况。甘特图直观表明计划何时进行，进展与要求的对比，是一份随着工作进度不断变化的活动文档。特定任务已经完成时，可以将它用阴影填充，以便管理者弄清项目各个方面工作完成情况、评估工作进度。图 4-8 所示是无人车设计项目的甘特图。

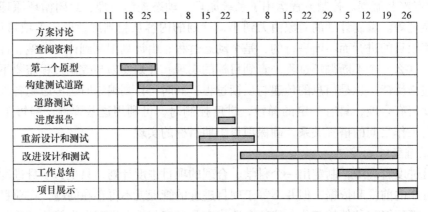

图 4-8　无人车设计项目的甘特图

在项目进度管理中，往往是时间表和甘特图配合使用，同时跟踪时间进度和工作量进度这两项指标，所以才有了"时间过半、任务过半"的说法。在掌握了实际进度及其与计划进度的偏差情况后，就可以对项目将来的实际完成时间做出预测。

4. 管理工具

对于大型项目管理，没有软件支撑，手工完成项目任务制定、跟踪项目进度、资源管理、成本预算的难度是相当大的。随着微型计算机的出现和运算速度的提高，20 世纪 80 年代后项目管理技术也呈现出繁荣发展的趋势，项目进度管理软件开始出现。

在项目管理软件中，必须要具备制定项目时间表的能力，包括能够基于 WBS 的信息建立项目活动清单，建立项目活动之间的多种依赖关系，能够从企业资源库中选择资源分配到项目活动中，能够为每个项目活动制定工期，并为各个项目活动建立时间方面的限制条件，能指定项目里程碑，当调整项目中某项活动的时间（起止时间或工期）时，后续项目都可以随着自动更新其时间安排，各个资源在项目中的时间安排也会随之更新。同时，还需要一定的辅助检查功能，包括查看项目中各资源的任务分配情况，各个资源的工作量分配情况，识别项目的关键路径，查看非关键路径上项目活动的可移动时间范围等，这些都是制定项目时间表所需要的基本功能。制定完项目计划后，通常情况下会将项目计划的内容保存为项目基线，作为对项目进行跟踪比较的基准。

现在市场上的项目进度管理软件很多，而且功能也很完善，例如 ERP、SAP、PLM、MES 等项目管理软件，采用 WBS、项目范围结构、甘特图、关键路径、EVM 等管理手段，这些管理软件基本上可以满足现代企业的项目进度管理需求。

4.4.2 质量管理

1. 质量管理的概念

质量管理是指确定质量方针、目标和职责，并通过质量体系中的质量策划、控制、保证和改进来使其实现的全部活动。

20 世纪前，产品质量主要依靠操作者的技艺水平和经验来保证，属于"操作者的质量管理"。20 世纪初，以 F. W. 泰勒为代表的科学管理理论的产生，促使产品的质量检验从加工制造中分离出来，质量管理的职能由操作者转移给工长，是"工长的质量管理"。随着企业生产规模扩大和产品复杂程度质量管理的提高，产品有了技术标准（技术条件），公差制度也日趋完善，各种检验工具和检验技术也随之发展，大多数企业开始设置检验部门，有的直属于厂长领导，这时是"检验员的质量管理"。上述几种做法都属于事后检验的质量管理方式。

1924 年，美国数理统计学家 W. A. 休哈特提出控制和预防缺陷的概念。他运用数理统计的原理提出在生产过程中控制产品质量的"6σ"法，绘制出第一张控制图并建立了一套统计卡片。与此同时，美国贝尔研究所提出关于抽样检验的概念及其实施方案，成为运用数理统计理论解决质量问题的先驱，但当时并未被普遍接受。以数理统计理论为基础的统计质量控制的推广应用始自第二次世界大战。由于事后检验无法控制武器弹药的质量，美国国防部决定把数理统计法用于质量管理，并由标准协会制定有关数理统计方法应用于质量管理方面的规划，成立了专门委员会，并于 1941—1942 年先后公布一批美国战时的质量管理标准。

1961 年，潘兴导弹在前 6 次成功发射的基础上开始第 7 次发射，在导弹的第二节点火以后，引爆了第一节的射程安全包，导弹发射失败。作为潘兴导弹项目的质量经理，在对事故的反思中，克洛斯比注意到在将导弹送到卡纳维拉尔角去发射前，通常会出现 10 个左右的小缺陷，并由此认识到问题的原因在于质量管理中 AQL 的概念，并由此提出了"第一次就将事情做好"和"零缺陷"的概念。克洛斯比提出："缺陷数是人们置某一特定事件之重要性的函数，人们对一种行为的关心超过另一种，所以人们学着接受这样一个现实：在一些事情上，人们愿意接受不完美的情况，而在另一些事情上，缺陷数必须为零"。克洛斯比的理论一出现，既获得了美国政府和国防部的重视，但也受到一些质量管理界的非议。这是由于克洛斯比的理论触动了统计过程控制技术的根基，对于大量的重复性连续过程，"每一次都做好"的要求比"第一次就做好"的要求困难得多，甚至是不现实的。但是对于项目这种一次性过程，则需要采用克洛斯比的"第一次就做好"和"零缺陷"的概念。

随着生产力的迅速发展和科学技术的日新月异，人们对产品的质量从注重产品的一般性能发展为注重产品的耐用性、可靠性、安全性、维修性和经济性等。在生产技术和企业管理中要求运用系统的观点来研究质量问题。在管理理论上也有新的发展，突出重视人的因素，强调依靠企业全体人员的努力来保证质量以外，还有"保护消费者利益"运动的兴起，企业之间市场竞争越来越激烈。在这种情况下，美国 A. V. 费根鲍姆于 20 世纪 60 年代初提出全面质量管理的概念。他提出，全面质量管理是"为了能够在最经济的水平上并考虑到充分满足顾客要求的条件下进行生产和提供服务，并把企业各部门在研制质量、维持质量和提高质量方面的活动构成为一体的一种有效体系"。

1987 年，ISO9000 系列国际质量管理标准问世，质量管理与质量保证开始在世界范围内对经济和贸易活动产生影响。

1994 年，ISO9000 系列标准改版，新的 ISO9000 标准更加完善，为世界绝大多数国家所采用。第三方质量认证普遍开展，有力地促进了质量管理的普及和管理水平的提高。

2. 项目质量管理过程

项目质量管理（Project Quality Management）是对整个项目质量进行把控、管理的过程，确保项目达到设计者规定的要求，它包括使整个项目的所有功能活动能够按照原有的质量及目标要求得以实施。项目质量管理主要是依赖于质量计划、质量控制、质量保证及质量改进所形成的质量保证系统来实现的，项目质量管理过程总览如图 4-9 所示。

图 4-9 项目质量管理过程总览

1）质量计划。质量计划是为了确定哪些质量标准适用于该项目，并决定如何达标。

2）质量保证。质量保证是指为使人们确信产品或服务能满足质量要求，而在质量管理体系中实施并根据需要进行证实的全部有计划和有系统的活动。它致力于提供质量要求会得到满足。

3）质量控制。监控特定项目的执行结果，以确定它们是否符合有关的质量标准，消除质量环上所有阶段引起不合格或不满意效果的因素。

这些工作程序互有影响，并且与其他知识领域中的程序之间也存在相互影响。依据项目的需要，每道程序都可能包含一个人或团队的努力。在每个项目阶段中，每道程序通常都会至少经历一次。

3. 项目质量计划

项目质量计划是指为确定项目应该达到的质量标准和如何达到这些项目质量标准而做的项目质量的计划与安排。项目质量计划是质量策划的结果之一。它规定与项目相关的质量标准，如何满足这些标准，由谁及何时应使用哪些程序和相关资源。

项目质量计划的目的主要是确保项目的质量标准能够得以满意的实现，其关键是在项目的计划期内确保项目按期完成，同时要处理与其他项目计划之间的关系。项目质量计划包括输入、手段和技巧、输出三部分，其流程如图 4-10 所示。

图 4-10　项目质量计划流程

（1）质量计划的输入

1）质量策略。质量策略是一个注重质量的组织的所有努力和决策，通常称为顶级管理。执行组织的质量策略经常能给项目所采用。然而，如果执行组织忽略了正式的质量策略，或者如果项目包含了多重的执行组织（合资企业），项目管理小组就需要专为这个项目而开发一次质量策略。

不管质量策略的因由是什么，项目管理小组有责任确保项目相关人员充分意识到它（如通过适当的信息发布）。

2）范围阐述。范围阐述是对质量计划的主要输入，因为它是揭示主要的子项目和项目目标的书面文件，后者界定了重要的项目相关人员的需求。

3）产品说明。虽然产品说明的因素可以在范围阐述中加以具体化，产品说明通常仍需阐明技术要点的细节和其他可能影响质量计划的因素。

4）标准和规则。项目管理小组必须考虑任何适用于特定领域的专门标准和规则。

5）其他程序的输出。除了范围阐述和产品说明，在其他知识领域中的程序也可能产生一定的结果，应当作为质量计划的一部分加以考虑。例如，采购计划可以确定应当在所有质量管理计划中反映的承包商的质量要求。

（2）质量计划的手段和技巧

1）效益/成本分析。质量计划程序必须考虑效益/成本平衡。达到质量标准，首先就是减少了返工，这就意味着高效率、低成本以及提高项目相关人员的满意度。达到质量标准的首要成本是与项目质量管理活动有关的费用。毫无疑问，质量管理的原理表明，效益比成本更重要。

2）基本水平标准。基本水平标准包括将实际的或计划中的项目实施情况与其他项目的实施情况相比较，从而得出提高水平的思路，并提供检测项目绩效的标准。其他项目可能在执行组织的工作范围之内，也可能在执行组织的工作范围之外；可能属于同一应用领域，也可能属于别的领域。

3）流程图。流程图是显示系统中各要素之间的相互关系的图表。在质量管理中常用的流程图技巧包括：因果图，又称 Ishikawa 图，用于说明各种直接原因和间接原因与所产生的潜在问题和影响之间的关系；系统或程序流程图，用于显示一个系统中各组成要素之间的相互关系。流程图能够帮助项目小组预测可能发生哪些质量问题，在哪个环节发生，因而有助于使解决问题手段更为高明。

4）试验设计。试验设计是一种分析技巧，它有助于鉴定哪些变量对整个项目的成果产生最大的影响。这种技巧最常应用于项目生产的产品，例如，汽车设计者可能希望决定哪种刹车与轮胎的组合能具有最令人满意的运行特性，而成本又比较合理。

但是，它也可应用于项目管理成果，如成本和进度的平衡。例如，高级发动机比低级发动机成本高，但它能用较短的时间完成所分配的工作。一项设计适当的试验（在此例中，就是计算项目中各种高级、低级发动机组合装置的成本和使用寿命），常常可以使人从数量有限的几种相关情况中得出解决问题的正确决策。

（3）质量计划中的输出

1）质量管理计划。质量管理计划应说明项目管理小组如何具体执行它的质量策略。ISO9000 对质量体系的描述是："组织结构、责任、工序、工作过程及具体执行质量管理所需的资源。"

质量管理计划为整个项目计划提供了输入资源，并必须兼顾项目的质量控制、质量保证和质量提高。

质量管理计划可以是正式的或非正式的，高度细节化的或框架概括型的，皆以项目的需要而定。

2）操作性定义。操作性定义是用非常专业化的术语描述各项操作规程的含义，以及如何通过质量控制程序对它们进行检测。例如，仅仅把满足计划进度时间作为管理质量的检测标准是不够的，项目管理小组还应指出是否每项工作都应准时开始，抑或只要准时结束即可；是否要检测个人的工作，抑或仅仅对特定的子项目进行检测。如果确定了这些标准，那么就可以明确哪些工作或工作报告需要检测。在一些应用领域，操作性定义又称为公制标准。

3）审验单。审验单是一种组织管理手段，通常是工业或专门活动中的管理手段，用以证明需要执行的一系列步骤是否已经得到贯彻实施。审验单可以很简单，也可以很复杂。常用的语句有命令式或询问式（你完成这项工作了吗？）。许多组织提供标准化审验单，以确保对常规工作的要求保持前后一致。在某些应用领域中，审验单还会由专业协会或商业服务机构提供。

4）对其他程序的输入。质量计划程序可以在其他领域提出更长远的工作要求。

4. 项目质量保证

项目质量保证是指通过项目质量计划，规定在项目实施过程中执行公司质量体系，针对项目特点和用户特殊要求采取相应的措施，使用户确信项目实施能符合项目的质量要求。项目质量保证可以分为内部质量保证和外部质量保证。

（1）内部质量保证

内部质量保证是使单位领导确信本单位产品或服务的质量满足规定要求所进行的活动，其中包括对质量体系的评价、审核以及对质量成绩的评定。

（2）外部质量保证

外部质量保证是为使需方确信供方的产品或服务的质量满足规定要求所进行的活动，在外部保证活动中，首先应把需方对供方质量体系要求写在合同中，然后对供方的质量体系进行验证、审核和评价。供方须向需方提供其质量体系，满足合同要求的各种证据，证据包括质量保证手册、质量计划、质量记录及各种工作程序。

质量保证是所有计划和系统工作实施达到质量计划要求的基础，为项目质量系统的正常运转提供可靠的保证，它应该贯穿于项目实施的全过程之中。在ISO9000系列实施之前，质量保证通常被描述在质量计划之中。

由于项目质量保证的主要目的是提高项目的效率和效果，为项目的所有项目干系人增加收益，因此，其实施的最终结果是项目质量的改进与提高，以及为用户提供满意的项目质量。

5. 项目质量控制

为达到质量要求所采取的作业技术和活动称为质量控制。这就是说，质量控制是为了通过监视质量形成过程，消除质量环节上所有阶段引起不合格或不满意效果的因素。以达到质量要求，获取经济效益，而采用的各种质量作业技术和活动。

项目质量控制主要是监督项目的实施结果，将项目的结果与事先制定的质量标准进行比较，找出其存在的差距，并分析形成这一差距的原因，质量控制同样贯穿于项目实施的全过程。项目的结果包括产品结果（如交付）以及管理结果（如实施的费用和进度）。质量控制通常是由质量控制部门或类似的质量组织单元实施。

项目管理组应该具有统计质量控制的工作知识，特别是抽样检查和概率方面的知识，以便帮助他们评价质量控制的输出。他们应该清楚预防和检查、特征样本和随机样本、特殊原因和随机原因、偏差和控制线等几个概念的不同。项目质量控制包括以下几方面：

（1）质量控制的输入

质量控制的输入包括工作结果、质量管理计划、操作描述、检查表格。

（2）质量控制的方法

质量控制方法是保证产品质量并使产品质量不断提高的一种质量管理方法。它通过研究、分析产品质量数据的分布，揭示质量差异的规律，找出影响质量差异的原因，采取技术组织措施，消除或控制产生次品或不合格品的因素，使产品在生产的全过程中每一个环节都能正常的、理想的进行，最终使产品能够达到人们需要所具备的自然属性和特性，即产品的适用性、可靠性及经济性。

1）检查。检查包括度量、考察和测试。

2）控制图。控制图是对生产过程中产品质量状况进行实时控制的统计工具，是质量控制中最重要的方法。通过观察样本点相关统计值是否在控制限内以判断过程是否受控，通过观察样本点排列是否随机，从而及时发现异常。

控制图的主要用途有：分析判断生产过程是否稳定；及时发现生产中异常情况，预防不合格品产生；检查生产设备和工艺装备的精度是否满足生产要求；对产品进行质量评定。

3）统计样本。对项目实际执行情况的统计值是项目质量控制的基础，统计样本涉及样本选择的代表性，合适的样本通常可以减少项目控制的费用，当然这需要一些样本统计方面的知识，项目管理组有必要熟悉样本变化的技术。

4）流图。流图通常被用于项目质量控制过程中，其主要目的是确定以及分析问题产生的原因。

5）趋势分析。趋势分析是应用数学的技术，根据历史的数据预测项目未来的发展。它用来显示一定时间间隔（例如一天、一周或一个月）内所得到的测量结果，以测得的数量为纵轴，以时间为横轴绘成图形。

走向图就像不断改变的记分牌。它的主要用处是确定各种类型问题是否存在重要的时间模式。这样就可以调查其中的原因。例如，按小时或按天画出次品出现的分布图，发现只要使用某个供货商提供的材料就一定会出问题，这表示该供货商的材料可能是原因所在；或者发现某台机器开动时一定会出现某种问题，这就说明问题可能出在这台机器上。

6）直方图。直方图是用横坐标标注质量特性值，纵坐标标注频数或频率值，各组的频数或频率的大小用直方柱的高度表示的图形。直方图法，即频数分布直方图法，它是将收集到的质量数据进行分组整理，绘制成频数分布直方图，用以描述质量分布状态的一种分析方法，所以又称质量分布图法。

7）排列图。排列图是一种简单的图表工具，用于统计和显示一定时间内各种类型缺陷或问题的数目，其结果在图上用不同长度的条形表示。所根据的原理是 19 世纪意大利经济学家维尔弗雷德·帕雷托（Vilfred Pareto）的研究，即各种可能原因中的 20% 造成 80% 左右的问题，其余 80% 的原因只造成 20% 的问题和缺陷。

8）因果分析图。因果分析图看上去有些像鱼骨，问题或缺陷（即后果）标在"鱼头"外。在鱼骨上长出鱼刺，上面按出现机会多寡列出产生生产问题的可能原因。因果分析图有助于说明各个原因之间如何相互影响，它也能表现出各个可能的原因是如何随时间而依次出现的，这有助于着手解决问题。

9）分布图。分布图提供了表示一个变量与另一个变量如何相互关联的标准方法。例如要想知道金属线的拉伸强度与线直径的关系，一般是将线拉伸到断裂，记下使线断裂时所用的力的准确数值，以直径为横轴，以力为纵轴将结果绘成图形。这样通过绘制分布图，计算相关系数等，分析研究两个变量之间是否存在相关关系，以及这种关系密切程度如何，进而对相关程度密切的两个变量，通过对其中一个变量的观察控制，去估计控制另一个变量的数值，以达到保证产品质量的目的。

（3）质量控制的输出

1）质量改进措施可接受的决定。每一项目都有接受和拒绝的可能，不被接受的工作需要重新进行。

2）重新工作。不被接受的工作需要重新执行，项目工作组的目标是使得返工的工作最少。

3）完成检查表。当检查的时候，应该完成对项目质量的记录并完成检查表格。

4）过程调整。过程调整包括对质量控制度量结果的纠正以及预防工作。

6. 项目质量管理要求

项目质量管理包含一些程序，它要求保证该项目能够兑现其关于满足各种需求的承诺。它包括在质量体系中，与决定质量工作的策略、目标和责任的全部管理功能有关的各种活动，并通过诸如质量计划、质量保证和质量提高等手段来完成这些活动。

1）坚持按标准组织生产。不讲规矩不成方圆，标准化工作是质量管理的重要前提，是实现管理规范化的需要。企业的标准分为技术标准和管理标准。工作标准实际上是从管理标准中分离出来的，是管理标准的一部分。技术标准主要分为原材料辅助材料标准、工艺工装标准、半成品标准、产成品标准、包装标准、检验标准等。它是沿着产品形成这根线，环环控制投入各工序物料的质量，层层把关设卡，使生产过程处于受控状态。在技术标准体系中，各个标准都是以产品标准为核心而展开的，都是为了达到产成品标准服务的。

2）强化质量检验机制。质量检验在生产过程中发挥以下职能：一是保证的职能，也就是把关的职能。通过对原材料、半成品的检验，鉴别、分选、剔除不合格品，并决定该产品或该批产品是否接收。保证不合格的原材料不投产，不合格的半成品不转入下道工序，不合格的产品不出厂。二是预防的职能。通过质量检验获得的信息和数据，为控制提供依据，发现质量问题，找出原因及时排除，预防或减少不合格产品的产生。三是报告的职能。质量检验部门将质量信息、质量问题及时向厂长或上级有关部门报告，为提高质量、加强管理提供必要的质量信息。

3）实行质量否决权。产品质量靠工作质量来保证，工作质量的好坏主要是人的问题。因此，如何挖掘人的积极因素，健全质量管理机制和约束机制，是质量工作中的一个重要环节。

质量责任制或以质量为核心的经济责任制是提高工作质量的重要手段。质量管理在企业各项管理中占有重要地位，这是因为企业的重要任务之一就是生产产品，为社会提供使用价值，同时获得经济效益。质量责任制的核心就是企业管理人员、技术人员、生产人员在质量问题上实行责、权、利相结合。生产过程质量管理，首先要分析各个岗位及人员的质量职能，即明确在质量问题上各自负什么责任，工作的标准是什么。其次，要把岗位人员的产品质量与经济利益紧密挂钩，兑现奖罚。对长期优胜者给予重奖，对玩忽职守造成质量损失的，除不计工资外，还处以赔偿或其他处分。

此外，为突出质量管理工作的重要性，还要实行质量否决。就是把质量指标作为考核干部职工的一项硬指标，其他工作不管做得如何好，只要在质量问题上出了问题，就取消评选先进、晋升、晋级等荣誉的资格。

4）抓住影响产品质量的关键因素，设置质量管理点或质量控制点。质量管理点（控制点）的含义是生产制造现场在一定时期、一定的条件下对需要重点控制的质量特性、关键部位、薄弱环节以及主要因素等采取的特殊管理措施和办法，实行强化管理，使工厂处于良好的控制状态，保证规定的质量要求。加强这方面的管理，需要专业管理人员对企业整体做出系统分析，找出重点部位和薄弱环节并加以控制。

质量是企业的生命，是一个企业整体素质的展示，也是一个企业综合实力的体现。伴随人类社会的进步和人们生活水平的提高，顾客对产品质量要求越来越高。因此，企业要想长期稳定发展，必须围绕质量这个核心开展生产，加强产品质量管理，借以生产出高品质的产品，让企业领导放心，让客户称心！

5）质量经济性。质量不仅从某些技术指标来考虑，还应从制造成本、价格、使用价值和消耗等几方面来综合评价。在确定质量水平或目标时，不能脱离社会的条件和需要，不能单纯追求技术上的先进性，还应考虑使用上的经济合理性，使质量和价格达到合理的平衡。

6）质量系统性。质量是一个受到设计、制造、安装、使用、维护等因素影响的复杂系统。例如，汽车是一个复杂的机械系统，同时又是涉及道路、司机、乘客、货物、交通制度等特点的使用系统。产品的质量应该达到多维评价的目标。费根鲍姆认为，质量系统是指具有确定质量标准的产品和为交付使用所必须的管理上和技术上的步骤的网络。

质量管理发展到全面质量管理，是质量管理工作的又一个大的进步，统计质量管理着重于应用统计方法控制生产过程质量，发挥预防性管理作用，从而保证产品质量。然而，产品质量的形成过程不仅与生产过程有关，还与其他许多过程、许多环节和因素相关联，这不是单纯依靠统计质量管理所能解决的。全面质量管理相对更加适应现代化大生产对质量管理整体性、综合性的客观要求，从过去限于局部性的管理进一步走向全面性、系统性的管理。

阅 读 材 料

【阅读材料4-1】

鲁布革冲击波

项目背景：

鲁布革水电站位于云南罗平县和贵州兴义县交界的黄泥河下游的深山峡谷中，如图4-11所示。1981年6月，国家批准建设装机容量60万kW的中型水电站，鲁布革水电站被列为国家重点工程。工程由首部枢纽、发电引水系统和厂房枢纽三大部分组成。

图4-11　鲁布革水电站

1977年水电部就着手进行鲁布革水电站的建设，水电十四局开始修路，进行施工准备。

但工程进展缓慢。1981年水电部决定利用世界银行贷款，贷款总额为1.454亿美元，按其规定，引水系统工程的施工要按照国际咨询工程师联合会（FIDIC）组织推荐的程序进行国际公开招标。

1982年9月招标公告发布，设计概算1.8亿美元，标底1.4958亿美元，工期1579天。1982年9月至1983年6月，资格预审，15家合资格的中外承包商购买标书。1983年11月8日，投标大会在北京举行，总共有8家公司投标，其中一家废标。法国SBTP公司报价最高（1.79亿美元），日本大成公司报价最低（8463万美元）。两者竟然相差1倍多。评标结果公布，日本大成公司中标（投标价是标底的56.58%，工期1545天）。

工程施工情况：

- 准备：大成公司提出投标意向之后，立即着手选配工程项目领导班子。他们首先指定了所长泽田担任项目经理，由泽田根据工程项目的工作划分和实际需要，向各职能部门提出所需要的各类人员的数量比例、时间、条件，各职能部门推荐备选人名单。磋商后，初选的人员集中培训两个月，考试合格者选聘为工程项目领导班子的成员，统归泽田安排。大成公司采用施工总承包制，在现场日本的管理和技术人员近30人左右，而作业层则主要从中国水电十四局雇用424名工人。

- 组织保障：大成公司中标后，设立了鲁布革大成事务所，与本部海外部的组织关系是矩阵式的。项目组织与企业组织协调配合十分默契。大成事务所所有成员在鲁布革项目中统归项目经理泽田领导，同时，每个人还以原所在部门为后盾，服从部门领导的业务指导和调遣。

比如设备长宫晃，他在鲁布革工程中，负责工程项目所有施工设备的选型配置、使用管理、保养维修，以确保施工需要和尽量节省设备费用，对泽田负完全责任；同时，他要随时保持与原本部职能部门的密切联系，以取得本部的指导和支持。当重大设备部件损坏，现场不能修复时，他要及时报告本部，由本部负责尽快组织采购设备并运往现场，或请设备制造厂家迅速派员赶赴现场进行修理。

比如工程项目隧洞开挖高峰时，人手不够，本部立即增派相关专业人员抵达现场支持。当开挖高峰过后，到混凝土初砌阶段，本部立即将多余人员抽回，调往其他工程项目。

这样的矩阵式组织架构，既保证项目的准时性，又提高了人力资源使用率。

- 科学管理：根据项目效益制定奖励制度。将奖励与关键路径结合，若工程在关键路径部分，完成进度越快奖金越高；若在非关键路径部分的非关键工作，干得快反而奖金少。就是说，非关键工作进度快了对整个工程没有什么效益。

注重施工设备管理。不备机械设备，多备损坏率高的机械配件。机械出现故障，将配件换上即可立即恢复运转。机械不离场，机械损坏，在现场进行修理，而不是将整台机械运到修理厂。操作机械的司机乘坐班车上下班。

- 方案优化：大成公司对施工图设计和施工组织设计相结合进行方案优化。比如，开挖长8800m、直径8m的引水隧洞，采用圆形断面一次开挖方案，而我国历来采用马蹄形开挖方案。圆形断面与马蹄形断面开挖相比，每1m进度就要相差7m³的工程量，即日本大成公司圆形断面开挖方案要减少$6×10^4$m³的开挖量，并相应减少$6×10^4$m³回填用量。当时国内一般是采用马蹄形开挖，直径8m的洞，下面至少要挖平7m直径宽，以便于汽车进出，主要是为了解决汽车出渣问题。大成公司优化施工方案，改变了施工图设计出来的马蹄形断面，采用圆形断面一次开挖成形的方法。圆形开挖的出渣方法是：保留底部1.4m先不挖，作为垫道，然后利用反铲一段段铲出来。比如改变汽车在隧道内掉头的做法，先前是每200m就得挖出一个$4m \times 20m$的扩大洞，汽车在此调头，而大成公司采用在路上安装转向盘，汽车开上去50s就可实现调头，仅此一项措施就免去了38个扩大洞，减少$5 \times 10^4 m^3$开挖量和混凝土回填量。

大成公司在鲁布革水电站隧道工程上使用过的施工工法很多，其中最具影响力的当属"圆形断面开挖工法"和"二次投料搅拌工法"。资料表明，大成公司在鲁布革水电站隧道工程上仅仅由于使用上述两种工法，就节约2070万美元。

- 施工进度：1984年11月开工，1988年12月竣工。开挖23个月，单头月平均进尺222.5m，相当于我国同类工程的2~2.5倍。在开挖直径8.8m的圆形发电隧洞中，在当时创造了单头进尺373.7m的国际先进纪录。

- 合同管理：合同管理制度相比传统那种单纯强调"风格"而没有合同关系的自家"兄弟"关系，发挥了管理刚性和控制项目目标的关键作用。合同执行的结果是工程质量综合评价为优良，包括除汇率风险以外的设计变更、物价涨落、索赔及附加工程量等增加费用在内的工程结算为9100万美元，仅为标底14958万美元的60.8%，比合同价仅增加了7.53%。

- 焦点所在：大成公司从日本只带来管理人员，工人和工长都是国内施工企业提供，施工设备并不比国内的先进，就创造出了比当时国内施工企业高得多的效率。同样的工人和设备只是在不同的管理之下就出现如此大不同的结果。施工中，以组织精干、管理科学、技术适用、强有力的计划施工理念，创造出了工程质量好、用工用料省、工程造价低的显著效果，创造出了隧洞施工国际一流水准。

- 相形见绌：相比引水隧洞施工进展，水电十四局承担的首部枢纽工程进展缓慢，1983年开工，世界银行特别咨询团于1984年4月和1985年5月两次到工地考察，都认为按期完成截流计划难以实现。虽然施工单位发动"千人会战"，进度有所加快，但成本大增，同时也出现了一些质量问题。

三大冲击波：

至完工后，日本大成公司共制造出了至少三大冲击波：第一是价格，中标价仅为标底的56.58%；第二是队伍，日本大成公司派到现场的只有一支30人的管理队伍，作业工人全部由中国承包公司委派；第三是结果，完工结算的工程造价为标底的60.8%、工期提前156天，质量达到合同规定的要求。

这令人咋舌的低成本、高质量、高速度和高效益，让当时中国建筑界的从业者叹为观止。

鲁布革经验：

1985年，国务院批准鲁布革工程厂房工地开始率先进行项目法施工的尝试。参照日本大成公司鲁布革事务所的建制，建立了精干的指挥机构，使用配套的先进施工机械，优化施工组织设计，改革内部分配办法，产生了我国最早的"项目法施工"雏形。通过试点，提高了劳动生产力和工程质量，加快了施工进度，取得了显著效果。在建设过程中，原水利电力部还实行了国际通行的工程监理制和项目法人责任制等管理办法，取得了投资省、工期短、质量好的经济效果。到1986年底，历时13个月，不仅把耽误的3个月时间抢了回来，还提前四个半月结束了开挖工程，安装车间混凝土工程也提前半年完成。

鲁布革工程的意义：

鲁布革冲击波带来了思想的解放。我国水电建设率先实行业主负责、招标承包和建设监理制度，推广项目法施工经验。新的水电建设体制逐步确立，计划经济的自营体制宣告结束，改革成效逐渐显现。这种新的管理模式带来了效率的极大提升，加快了我国水电开发进程，促进了我国水电建设管理体制改革。在此之后，全国大小施工工程开始试行招投标制与合同制管理，对我国工程建筑领域的管理体制、劳动生产率和报酬分配等方面产生了重大影响。它的影响早已超出水电系统本身，对人们的思想造成了强烈冲击，是我国水电建设改革史上的重要里程碑，在我国改革开放史上也占有一席之地。

【阅读材料4-2】

法国兴业银行：小交易员捅出的大窟窿

兴业银行事件：

法国第二大银行兴业银行于 2008 年 1 月 24 日披露，由于旗下一名交易员私下越权投资金融衍生品，该行因此蒙受了 49 亿欧元（约合 71.6 亿美元）的巨额亏损。据称这也是有史以来涉及金额最大的交易员欺诈事件。2010 年 10 月法院宣判该交易员应偿还这 49 亿欧元，而偿还时间需要 17.7 万年。

法国兴业银行创建于 1864 年 5 月，当年由拿破仑三世签字批准成立，经历了两次世界大战并最终成为法国商界支柱之一。可就是这样一个创造了无数骄人业绩的老牌银行在 2008 年年初因一个底层交易员的违规操作而受到了重创，"金字塔"险些倾塌。

有人说，一开始，这件事像是一个玩笑。如果一个交易员能够绕过层层监管，独自一人以"欺诈"的手段从事巨额股票衍生产品交易，那么，不但法国兴业银行的风险管理能力将受到质疑，整个金融业在公众心目中的信誉也都会大打折扣。在今后相当长的时间里，这个欧洲老牌的金融机构将面临重大困难，而它留给人们的则是关于企业内部控制及风险管理的沉重思考。任何一家机构，无论具有怎样雄厚的实力，一旦放松了对内部运作的控制，失去了对风险的警惕和防范，那么哪怕是一个级别很小的员工或者是一个小小的失误，都将有可能葬送整个企业。

案情回放：

2008 年 1 月 18 日，银行一名经理收到了一封来自另一家大银行的电子邮件。邮件内容是确认此前约定的一笔交易，但问题是法国兴业银行早已限制和这家银行的交易往来。很快，银行内部组成了一个小组进行清查，指出这是一笔虚假交易，伪造邮件的是凯维埃尔。一天后，凯维埃尔被要求对此进行解释。与此同时，法国兴业银行也查出对方银行对这笔所谓的交易根本一无所知。凯维埃尔最初还想靠老办法蒙混过去，但最终还是承认他伪造了虚假贸易往来。银行在 19 日连夜查账，并在 20 日震惊地发现，这起欺诈案件所涉及的资金总额如此惊人。

2008 年 1 月 20 日早晨，所有的头寸都被最终确认，当天下午，总体盈亏程度被确认。在 18 日（周五）交易日结束时，兴业银行损失接近 20 亿美元，但不幸的是，21 日（周一）重新开盘时，由于全球股市遭遇"黑色星期一"，损失进一步扩大。

2008 年 1 月 21 日，法国兴业集团开始在非常不利的市场环境之中，对"欺诈案"中头寸进行紧急平仓，整整抛售三天。平仓记录显示，1 月 21 日到 23 日，法国兴业集团的一系列市场对冲措施恰和上述几日欧洲股市暴跌相联系。不过，法国兴业集团等到 1 月 24 日将相关头寸全部平仓之后，才首次在公告中向公众披露，轧平这些仓位直接导致了其多达 48.2 亿欧元的损失。

2008 年 1 月 30 日，法国兴业银行董事成立了一个由独立董事组成的排外性的特别委员会。该特别委员会与内部审计委员会合作，拥有对所有外部专家和顾问的信息追索权。同时，特别委员会还委任普华永道作为这项"绿色任务（Green Mission）"的审计顾问，对内部调查结果进行再次审查。

2008 年 2 月 20 日，法国兴业特别委员会向法国兴业董事会提交了一份针对交易员凯维埃尔欺诈事件的中期调查报告。这份长达 12 页的报告说，兴业银行内部监控机制并未完全运转，内部监控系统多个环节有可能存在漏洞，主要包括对交易员盘面资金的监督、对资金流动的跟踪、后台与前台完全隔离规则的遵守、信息系统的安全及密码保护等。

报告披露，第 75 次警报拉响之后才让凯维埃尔的行径败露。从 2006 年 6 月到 2008 年 1 月，法国兴业银行的大多数风控系统自动针对凯维埃尔的各种交易发出了 75 次报警。其中，2006 年凯维埃尔的交易引起了 5 次警报，而 2007 年发布的可疑交易更多，共达到 67 次，随着交易量的膨胀，警报越来越频繁，平均每月有 5 次以上。而在 2008 年 1 月的 3 次警报的最后一次，事情终于败露。

2008 年 7 月 4 日，法国银行监管机构——法国银行委员会对兴业银行开出 400 万欧元罚单（目前其罚款上限为 500 万欧元），原因是兴业银行内部监控机制"严重缺失"，导致巨额欺诈案的发生。银行委员会在一份公告中指出，兴业银行内部监控机制严重缺失，使得金融交易在各个级别缺乏监控的情况下，在较长时期内难以被察觉并得到纠正，因而存在较大可能发生欺诈并造成严重后果。法国兴业银行也对凯维埃尔提出了四项指控，其中包括滥用信用和欺诈未遂。在这四项指控中，量刑最为严重的滥用信用一项，最高可判 7 年监禁，并处以 75 万欧元罚款。

事件原因及启示：

突然摆在眼前的 71 亿美元损失让以风险控制管理扬名的兴业银行上下以及业界震惊不已，这几乎抹去了兴业银行在业绩稳定期的全年利润。在对事件进行调查后，法国财政部出了一份长达 12 页的报告，将问题的矛头直指银行的内部监控机制。法国兴业银行的内控到底出现了哪些问题？

● **高绩效文化无视风险**

在对法国兴业银行的内部环境进行分析之后，我们发现法国兴业银行有着较为激进的企业文化。其制定的很多制度都鼓励员工不断地提高绩效，而使他们将风险置于脑后。事发后，大多数人会认为，凯维埃尔冒险这么做是想将越权交易获得的好处偷偷卷入囊中。然而，经核实，除了获得了年度奖金之外，他没有从中偷一分钱。"我只是想为公司挣大钱。"凯维埃尔说。

凯维埃尔此前在法国兴业银行虽然很努力地工作但表现并不出色，也得不到上司的认可，他如果不能获得奖金，便仅能获得很少的基本工资。在法国兴业银行，交易员的最终薪水是跟他给公司赚了多少钱直接挂钩的，而且是严重挂钩，也就是说，交易员从交易盈利中分得的奖金多少，是他工资高低的决定性因素。因为这个制度的存在，每个交易员都希望赚大钱，甘冒风险，这样的企业文化在给银行带来丰厚利润的同时，也无疑为其埋下了危险的种子。

当然，为了防止交易员的冒险行为，银行也设定了投资权限。所谓投资权限设定，是指银行的证券或期货交易员实行交易时，都会受到资金额度的严格限制，只要相关人员或主管人员细心审核一下交易记录清单，就会发现违规操作。但是，这样一道防护墙在一味追求利润最大化的企业文化风气的腐蚀下，也近乎形同虚设。由于此前的违规操作曾给银行带来过丰厚的利润，管理人员放松了应有的警惕，终于导致事件发生。事后，当凯维埃尔被问到为什么他的操作可以持续这么久时，他给出的答复是："因为我在赚钱的时候，人们并不在乎这些反常细节。只要我们赚钱，而且不是太多，就什么也不说。""我不相信我的上级主管没有意识到我的交易金额，小额资金不可能取得那么大的利润。当我盈利时，我的上级装作没看见我使用的手段和交易金额。在我看来，任何正确开展的检查都能发现那些违规交易行为。"从某种意义上讲，凯维埃尔是内控文化不良的受害者。他的悲剧其实也是当今金融系统内弥漫的贪欲和怂恿人们为追求高额利润铤而走险的金融体系所造成的。

- 低估风险发生的可能性和影响程度

《巴塞尔新资本协议框架》特别强调银行业的三大风险：信贷风险、市场风险和操作风险。商业银行最难控制的其实是操作风险，因为操作风险往往是由银行内部各个岗位上熟悉银行内控规则、知道如何规避的人造成的，即"内贼作案"。法国兴业银行欺诈案就完全属于操作风险。

然而，法国兴业银行的风险评估体系并非一无是处。法国兴业银行曾被评为世界上风险控制最出色的银行之一。事实上，其对于操作风险有着明确的风险策略，无论哪种业务，兴业银行都不允许交易员在市场大涨或是大跌时操作，这是为了避免导向风险，除非操作的时间很短，并且在严格的限制之下。而且，它的确拥有复杂而缜密的IT控制系统，并且会对交易人员的不当行为发出警告。从2006年6月到2008年1月，法国兴业银行的运营部门、股权衍生品部门、柜台交易、中央系统管理部门等28个部门的11种风险控制系统自动针对凯维埃尔的各种交易发出了75次报警。这11种风险控制系统几乎是法国兴业银行后台监控系统的全部，涉及经纪、交易、流量、传输、授权、收益数据分析、市场风险等风险控制的各个流程和方面，由运营部门和衍生品交易部门发出的警报高达35次。而且监控系统竟然发现在不可能进行交易的某个星期六，存在着一笔没有交易对手和经纪人姓名的交易。具有讽刺意味的是，这么多次警报都没有令他们及早地识破凯维埃尔的伎俩，发生如此小概率的事件，不能不说银行的风险评估过程存在着严重的问题。

虽然机器是铁面无私、恪尽职守的，但是人类的不负责任却令其毫无用武之地。风险控制部门负责调查的人员轻易相信了凯维埃尔的谎言，有些警报甚至在风险控制IT系统中转来转去，而没有得到最终解决。可能他会说："哎呀，是我搞错了，我马上把数据改过来。"这样，别人就不会再追究了。只要人们愿意相信，什么理由都可以把问题搪塞过去。如果遇到不好对付的风险调查人员或者质疑，凯维埃尔就编造虚假邮件来发布授权命令。有7封来自法国兴业银行内部和交易对手的邮件，对凯维埃尔的交易进行授权、确认或者发出具体指令。

- 职能重合导致监守自盗

凯维埃尔在做交易员之前，曾经供职于监管交易的中台多个部门，负责信贷分析、审批、风险管理、计算交易盈亏，不但对结算业务了解得非常透彻，而且还积累了关于风险控制流程的丰富经验。也就是说，凯维埃尔曾经就是监管者，后来又被人监管。熟悉中后台及电脑系统的优势使得凯维埃尔在买入金融产品时，懂得如何刻意去选择那些没有保证金补充警示的产品，以使风险经理难以发现交易的异常情况。同时，为了避免虚构仓位被发现，他还凭借在中后台流程控制方面的多年经验，从操作部门盗用了IT密码，通过把其虚假交易行为及时删除、伪造文件证明、虚构仓位等手段，成功地避开了中后台部门的日常监控。

一般来讲，一个监管健全的公司，股票交易要经过交易员所在的部门、风险管理部门和结算部门，这三个部门应该是完全独立的。如果交易员跟结算部门职能重合的话，那么交易员就可以在结算安排上做手脚，掩盖自己的交易记录。虽然法国兴业银行还不至于将这三个部门的职能重叠，但是它让一个在监管交易的中台工作过数年的员工在前台做交易员，本身也存在着一定的风险，违背了后台与前台完全隔离规则。交易人员不但能够利用自己在监管部门的经验作案，而且如果交易员跟结算部门的同事关系很不错，甚至可以通融或联合作案。

所以，法国兴业银行的案例提醒人们，在关注企业控制活动时，不仅要注意将不相容的岗位分离，同时也要慎重对待不相容岗位之间的人员流动问题，尽可能采取特别审查或有效监控的措施。

- 信息沟通得不够及时和畅通

凯维埃尔居然能够进入那么多未经授权的数据库，也表明兴业银行的计算机数据管理存在很大漏洞。5年的打杂工作使他对银行的电脑系统非常熟悉，可以绕过银行的监管系统投资衍生品。凯维埃尔花费许多时间侵入计算机系统，从而消除本可以阻挡他豪赌的信用和交易量限制。事情发生后，法国兴业银行也对信息系统的有效性进行了检讨，得出的结论是开发验收人员和IT管理人员应当对技术漏洞及时采取补救措施，不定期更改系统密码，并对每个户名及密码的使用进行定期监控。

- 内部监督的缺失

法国兴业银行的内部控制系统在对交易员盘面资金的监督、资金流动的跟踪、后台与前台完全隔离规则的遵守、信息系统的安全及密码保护等多个环节存在漏洞。然而，如果法国兴业银行能够对本行的内部控制体系进行有效的日常监督，那么也会从中发现蛛丝马迹，并及时纠正。凯维埃尔的违规操作实际上已经延续了比较长的一段时间，但在巨额盈利的掩盖下却一直未暴露出来。法国财政部的报告建议，可以在企业内部设立由独立人士组成的委员会，由其负责监督交易风险，核查内部监控系统各个环节的工作情况，最后将存在的问题提交领导层磋商解决。

【阅读材料4-3】

美国通用汽车公司破产

案例介绍：

美国通用汽车公司（GM）成立于1908年9月16日，自从威廉·杜兰特创建了美国通用汽车公司以来，先后联合或兼并了别克、凯迪拉克、雪佛兰、奥兹莫比尔、庞帝亚克、克尔维特等公司，拥有铃木、五十铃和斯巴鲁的股份，使原来的小公司成为它的分部。从1927年以来，它一直是全世界最大的汽车公司之一，公司下属的分部达二十多个，拥有员工266000名。截至2007年，在财富全球500公司营业额排名中，通用汽车公司排第五。

通用汽车公司是美国最早实行股份制和专家集团管理的特大型企业之一。通用汽车公司生产的汽车，是美国汽车豪华、宽大、内部舒适、速度快、储备功率大等特点的经典代表（如图4-12所示）。而且通用汽车公司尤其重视质量和新技术的采用，因此通用汽车公司的产品始终在用户心中享有盛誉。在2008年以前，通用连续77年蝉联全球汽车销量之冠。2009年6月1日，由于经营管理失误以及债务等问题，美国通用汽车公

图4-12 通用汽车公司生产线

司正式递交破产保护申请。这是美国历史上第四大破产案，也是美国制造业最大的破产案之一。

破产进程：

2009年2月7号，应美国政府的要求，通用推出了一个包含裁员、减负的重组计划，并要求政府再提供166亿美元援助贷款。

3月30号，美国总统奥巴马否决了通用的重组计划，理由是通用只想要钱而忽视重组，要求通用在60天内拿出具有全球市场竞争力的改组计划。通用首席执行官瓦格纳在压力下宣布辞去职务。

4月27号，通用抛出了改良后的重组计划，其中要求债券持有人放弃270亿美元的债务来换取重组后通用10%的股份。此方案一出，分析人士普遍认为，说服债券持有人接受这样的安排是"不可能完成的任务"，通用走向破产保护不可避免。

5月27号，通用宣布公司未能获得90%债券持有人对其债转股计划的支持，通用寻求破产保护进入倒计时。

6月1号，通用汽车公司正式宣布申请破产保护。

破产原因：

- 福利成本

昂贵的养老金和医疗保健成本，高出对手70%的劳务成本以及庞大的退休员工包袱让通用汽车公司不堪重负，让其财务丧失灵活性。

- 次贷危击

次贷危机冲击了各大经营次级抵押贷款的金融公司、各大投行和"两房"、各大保险公司和银行之后就是美国的实体经济。美国次贷危机给美国汽车工业带来了沉重的打击，汽车行业成了次贷风暴的重灾区。2008年以来，美国的汽车销量也像住房市场一样，开始以两位数的幅度下滑，最新数据显示，美国2008年9月汽车销量较去年同期下降27%，创1991年以来最大月度跌幅，也是美国市场15年来首次月度跌破百万辆。有底特律第一巨头之称的通用汽车公司，尽管其汽车销量仍居世界之首，但2009年4月底以来其市场规模急剧缩小了56%，从原本的130多亿美元降至不到60亿美元。销量下跌、原材料成本上涨导致盈利大幅减少。同时，通用公司的股价已降至54年来最低水平。始料不及的金融海啸，让押

宝华尔街、从资本市场获得投资以渡过难关的期望成为泡影。

● 战略失误

2005年来通用处在连续亏损状态，CEO瓦格纳没能扭转这一局面。通用汽车公司除了对其他汽车生产厂家的一系列并购和重组并不成功，以及在小型车研发方面落后于亚洲、欧洲同行外，其麾下的通用汽车金融公司也有一定责任。为了刺激汽车消费，争抢潜在客户，美国三大汽车巨头均通过开设汽车金融公司来给购车者提供贷款支持。银行对汽车按揭放贷的门槛相对较高，而向汽车金融公司申请贷款却十分简单快捷。只要有固定职业和居所，通用汽车金融公司甚至不用担保也可以向汽车金融公司申请贷款购车。这种做法虽然满足了一部分原本没有购车能力的消费者的购车欲望，在短期内增加了汽车销量，收取的高额贷款利息还增加了汽车公司的利润，但也产生了巨大的金融隐患。统计资料显示，美国汽车金融业务开展比例在80%~85%以上。过于依赖汽车消费贷款销售汽车的后果是：名义上通用汽车卖掉了几百万辆汽车，但只能收到一部分购车款，大部分购车者会选择用分期付款方式来支付车款。一旦购车者收入状况出现问题（如失业），汽车消费贷款就可能成为呆账或坏账。金融危机的爆发不仅使汽车信贷体系遭受重创，很多原本信用状况不佳只能从汽车金融公司贷款的购车者也因收入减少、失业、破产等原因无力支付贷款利息和本金，导致通用汽车出现巨额亏损。

● 资产负债糟糕

通用公司2009年2月提交给美国政府的复兴计划估计，为期两年的破产重组，包括资产出售和资产负债表的清理，将消耗860亿美元的政府资金，以及另外170亿美元已陷入困境的银行和放款人的资金。放款人以及美国政府担心他们的借款会得不到偿还。他们的恐惧有充分的理由，贷款安全是建立在抵押品安全的基础之上的，而通用汽车的抵押品基础正在削弱。

● 油价上涨

新能源、新技术的开发费用庞大，却没有形成产品竞争力。通用旗下各种品牌的汽车尽管车型常常出新，却多数是油耗高、动力强的传统美式车，通用汽车依赖运动型多用途车、卡车和其他高耗油车辆的时间太长，错失或无视燃油经济型车辆走红的诸多信号。

事件启示：

● 专业化发展，拒绝盲目扩张

通用重组有眼前的直接原因，还有两年来的根本原因，但是深层次的主要原因之一，就是其业务摊子铺得太大。自1990年到2002年，通用汽车在全球进行了多个项目的扩张，但吞并萨博、携手菲亚特耗费的上百亿美元投资，并未让通用收回任何财务上的收益。尽管在最鼎盛时期，通用旗下有别克、凯迪拉克、雪佛兰、GMC、霍顿、悍马、奥兹莫尔比、欧宝、庞蒂亚克、萨博、土星和沃克斯豪尔12个品牌。但回顾历史，几乎找不出一年通用旗下的所有品牌都是赢利的。所以通用的办法只能是"拆东墙、补西墙"。反观我国国内一些企业，尤其是一些本土品牌如奇瑞和吉利，近些年来不仅国内外合作项目"遍地开花"，自身的品牌架构也呈现出热衷于"多品牌"的趋势。尽管由于企业成长阶段和所处市场环境不一样，国内企业还没有暴露出像今日通用那样的矛盾，但通用的盲目扩张教训不可不取。

● 注重汽车消费趋势和消费者需求的研究

几十年来，美国市场一直是全球最大的汽车消费市场之一，新车年消费量达到1600万辆以上。这样的市场环境中,消费者的消费能力、消费层次和消费品位是多元化的,不同的车都会寻找到不同的消费者。身处这样的市场环境,尽管多年来通用热衷的都是全尺寸皮卡、全尺寸 SUV 和大排量轿车之类单车盈利较高的产品,但其销量基本上都还过得去,但也正是这点"麻醉"了通用。当发现消费趋势已从宽大、豪华和高油耗转为经济、适用等特征的时候,很多东西都已迟了,只能无奈地将市场份额拱手让给对手。就国内汽车产业而言,就国情出发,节能、环保和安全将是汽车产业的主导趋势。但目前,我国一些厂家,不仅包括本土汽车厂家也包括合资厂家,对节能、环保和安全的重视仍然没有摆上战略的层次。长此以往,这些企业也可能因对国内汽车消费趋势的研究不够而丧失竞争力。

● 提早关注成本优势

与通用不一样,我国汽车产业的劳动力成本与汽车发达国家比较显然不高,但我国汽车厂家的管理成本、采购成本及因效率不高带来的"损耗成本"却相当之高。当跨国汽车公司可以因全球采购而降低采购成本,可以因高效的现代公司管理制度而降低管理成本的同时,我国汽车产业也要及早三思而动。而且,即使从目前我国仍然占优势的劳动力成本来看,我国汽车产业也不是优势永在。据最新发布的有关劳动力成本报告,2008 年我国已经丢掉了全球劳动力成本最低的优势。如今,印度和墨西哥的劳动力成本都要比我们低。

习题与思考题

4-1 项目管理包括哪些方面?

4-2 简述项目开发的流程。

4-3 什么是职能式组织管理?

4-4 什么是项目式组织管理?

4-5 什么是矩阵式组织管理?

4-6 为什么要建立项目管理办公室?

4-7 项目经理需要具备哪些管理技能?

4-8 如何组建高效的项目团队?

4-9 产品成本包括哪些方面?

4-10 项目成本控制有什么作用?

4-11 如何识别项目风险?

4-12 项目风险预测有哪两个方面内容?

4-13 项目风险处理主要包括哪些手段?

4-14 如何做好企业风险管理?

4-15 什么是项目进度计划控制的时间表?

4-16 什么是项目进度计划控制的甘特图?

4-17 为什么要进行产品质量管理?

4-18 请查阅相关资料,论述什么是"6σ"质量控制方法,请结合具体应用案例分析该方法的理念和策略。

4-19 项目质量管理过程包括哪些内容?

4-20 项目质量控制的方法有哪些?

4-21 结合阅读材料4-1,画出鲁布革水电站项目进度甘特图。

4-22 在鲁布格水电站工程中,日本大成公司都运用了哪些项目管理方法,取得了什么效果?请结合阅读材料4-1具体分析。

4-23 如果你是风险控制工程师，你会设计怎样的风险管理方法避免或减少 2008 年法国兴业银行面临的巨大损失？请结合阅读材料 4-2 进行分析。

4-24 结合阅读材料 4-3，总结通用汽车公司破产原因，试分析通用公司需要加强哪些方面的管理才有可能避免破产，并给出方案。

4-25 如果你是一个生产电气设备的高科技公司的项目经理，你都有哪些职责？根据项目需求，你组建一个 20 人规模的团队，你会安排哪些团队角色，并在项目团队的不同发展阶段进行哪些团队建设活动，使团队工作高效、更具凝聚力？

第 5 章　工 程 安 全

5.1　安全生产的定义和本质

5.1.1　安全生产的定义

安全生产是国家的一项长期基本国策，是保护劳动者的安全、健康和国家财产，促进社会生产力发展的基本保证，也是保证社会主义经济发展，进一步实行改革开放的基本条件。因此，做好安全生产工作具有重要的意义。

《辞海》中将安全生产解释为：为预防生产过程中发生人身、设备事故，形成良好劳动环境和工作秩序而采取的一系列措施和活动。

《中国大百科全书》中将"安全生产"解释为：旨在保护劳动者在生产过程中安全的一项方针，也是企业管理必须遵循的一项原则，要求最大限度地减少劳动者的工伤和职业病，保障劳动者在生产过程中的生命安全和身体健康。后者将安全生产解释为企业生产的一项方针、原则和要求，前者则解释为企业生产的一系列措施和活动。

概括地说，安全生产是指采取一系列措施使生产过程在符合规定的物质条件和工作秩序下进行，有效消除或控制危险和有害因素，无人身伤亡和财产损失等生产事故发生，从而保障人员安全与健康、设备和设施免受损坏、环境免遭破坏，使生产经营活动得以顺利进行的一种状态。

安全生产是安全与生产的统一，其宗旨是安全促进生产，生产必须安全。搞好安全工作，改善劳动条件，可以调动职工的生产积极性；减少职工伤亡，可以减少劳动力的损失；减少财产损失，可以增加企业效益，无疑会促进生产的发展。而生产必须安全，则是因为安全是生产的前提条件，没有安全就无法生产。

5.1.2　安全生产的本质

安全生产这个概念，一般意义上讲，是指在社会生产活动中，通过人、机、物料、环境、方法的和谐运作，使生产过程中潜在的各种事故风险和伤害因素始终处于有效控制状态，切实保护劳动者的生命安全和身体健康。因此，安全生产的本质有以下几方面含义。

1）保护劳动者的生命安全和职业健康是安全生产最根本、最深刻的内涵，是安全生产本质的核心。它充分揭示了安全生产以人为本的导向性和目的性，它是我们党和政府以人为本的执政本质、以人为本的科学发展观的本质、以人为本构建和谐社会的本质在安全生产领域的鲜明体现。

2）突出强调了最大限度的保护。所谓最大限度的保护，是指在现实经济社会所能提供的客观条件的基础上，尽最大的努力采取加强安全生产的一切措施，保护劳动者的生命安全和职业健康。根据目前我国安全生产的现状，需要从三个层面上对劳动者的生命安全和职业健康实施最大限度的保护：一是在安全生产监管主体，即政府层面，把加强安全生产、实现安全发展、保护劳动者的生命安全和职业健康，纳入经济社会管理的重要内容，纳入社会主义现代化建设的总体战略，最大限度地给予法律保障、体制保障和政策支持；二是在安全生产责任主体，即企业层面，把安全生产、保护劳动者的生命安全和职业健康作为企业生存和发展的根本，最大限度地做到责任到位、培训到位、管理到位、技术到位、投入到位；三是在劳动者自身层面，把安全生产和保护自身的生命安全和职业健康，作为自我发展、价值实现的根本基础，最大限度地实现自主保护。

3）突出了在生产过程中的保护。在生产过程中，工人借助于劳动资料对劳动对象进行加工，制成劳动产品。因此生产过程既是产品创造过程，又是物化劳动（劳动资料和劳动对象）的消耗过程。安全生产的以人为本，具体体现在生产过程中的以人为本。同时，它还从深层次揭示了安全与生产的关系。在劳动者的生命和职业健康面前，生产过程应该是安全地进行生产的过程，安全是生产的前提，安全又贯穿于生产过程的始终。二者发生矛盾，当然是生产服从于安全，当然是安全第一。这种服从，是一种铁律，是对劳动者生命和健康的尊重，是对生产力最主要最活跃因素的尊重。如果不服从、不尊重，生产也将被迫中断。

4）突出了一定历史条件下的保护。这个一定的历史条件，主要是指特定历史时期的社会生产力发展水平和社会文明程度。强调一定历史条件的现实意义在于：第一，有助于加强安全生产工作的现实紧迫性。我国是一个正在工业化的发展中大国，经济持续快速发展与安全生产基础薄弱形成了比较突出的矛盾，处在事故的"易发期"，很可能发生事故甚至重特大事故，对劳动者的生命安全和职业健康威胁很大。做好这一历史阶段的安全生产工作，任务艰巨，时不我待，责任重大。第二，有助于明确安全生产的重点行业取向。由于社会生产力发展不平衡、科学技术应用的不平衡、行业自身特点的特殊性，在一定的历史发展阶段必然形成重点的安全生产产业、行业、企业，如煤矿、非交通、建筑施工等行业、企业。这是现阶段的高危行业，工作在这些行业的劳动者，其生命安全和职业健康更应受到重点保护，更应加大这些行业安全生产工作的力度，遏制重特大事故的发生。第三，有助于处理好一定历史条件下的保护与最大限度保护的关系。最大限度保护应该是一定历史条件下的最大限度，受一定历史发展阶段的文化、体制、法制、政策、科技、经济实力、劳动者素质等条件的制约，搞好安全生产离不开这些条件。因此，立足现实条件，充分利用和发挥现实条件，加强安全生产工作，是人们的当务之急。同时，最大限度保护是引力、是需求、是目的，它能够催生、推动现实条件向更高层次、更为先进的历史条件形态转化，从而为不断满足最大限度保护劳动者的生命安全和职业健康这一根本需求提供新的条件、新的手段、新的动力。

5.2 安全生产管理

《中华人民共和国安全生产法》确定了安全第一、预防为主、综合治理的安全生产管理基本方针，在此方针的规约下形成了一定的管理体制和基本原则。

5.2.1 管理体制

目前我国安全生产监督管理的体制是：综合监管与行业监管相结合、国家监察与地方监管相结合、政府监督与其他监督相结合的格局。

监督管理的基本特征：权威性、强制性、普遍约束性。

监督管理的基本原则：坚持有法必依、执法必严、违法必究的原则，坚持以事实为依据、以法律为准绳的原则，坚持预防为主的原则，坚持行为监察与技术监察相结合的原则，坚持监察与服务相结合的原则，坚持教育与惩罚相结合的原则。

5.2.2 基本原则

1."以人为本"的原则

在生产过程中，必须坚持"以人为本"的原则。在生产与安全的关系中，一切以安全为重，安全必须排在第一位。必须预先分析危险源，预测和评价危险、有害因素，掌握危险出现的规律和变化，采取相应的预防措施，将危险和安全隐患消灭在萌芽状态，

2."谁主管、谁负责"的原则

安全生产的重要性要求主管者也必须是责任人，要全面履行安全生产责任。

3."管生产必须管安全"的原则

工程项目各级领导和全体员工在生产过程中必须坚持在抓生产的同时抓好安全工作。该原则实现了安全与生产的统一，生产和安全是一个有机的整体，两者不能分割更不能对立起来，应将安全寓于生产之中。

4."安全具有否决权"的原则

安全生产工作是衡量工程项目管理的一项基本内容，它要求对各项指标进行考核。评优时首先必须考虑安全指标的完成情况，安全指标没有实现，即使其他指标顺利完成，仍无法实现项目的最优化，安全具有一票否决的作用。

5."三同时"原则

基本建设项目中的职业安全、卫生技术和环境保护等措施和设施，必须与主体工程同时设计、同时施工、同时投产使用的法律制度，即"三同时"原则。

6."四不放过"原则

"四不放过"原则是指事故原因未查清不放过，当事人和群众没有受到教育不放过，事故责任人未受到处理不放过，没有制订切实可行的预防措施不放过，其依据是《国务院关于特大安全事故行政责任追究的规定》（国务院令第302号）。

7."三个同步"原则

安全生产与经济建设、深化改革、技术改造同步规划、同步发展、同步实施。

8."五同时"原则

企业的生产组织及领导者在计划、布置、检查、总结、评比生产工作的同时，同时计划、布置、检查、总结、评比安全工作。

5.2.3 法规制度

1.安全生产责任制

安全生产责任制是根据我国的安全生产方针"安全第一，预防为主，综合治理"和安全生产法规，建立的各级领导、职能部门、工程技术人员、岗位操作人员在劳动生产过程中对安全生产层层负责的制度。安全生产责任制是企业岗位责任制的一个组成部分，是企业中最基本的一项安全制度，也是企业安全生产、劳动保护管理制度的核心。实践证明，凡是建

立、健全了安全生产责任制的企业，各级领导重视安全生产、劳动保护工作，切实贯彻执行党的安全生产、劳动保护方针、政策和国家的安全生产、劳动保护法规，在认真负责地组织生产的同时，积极采取措施，改善劳动条件，工伤事故和职业性疾病就会减少；反之，就会职责不清，相互推诿，而使安全生产、劳动保护工作无人负责，无法进行，工伤事故与职业病就会不断发生。

安全生产责任制是企业职责的具体体现，也是企业管理的基础，是以制度的形式明确规定企业内各部门及各类人员在生产经营活动中应负的安全生产责任，是企业岗位责任制的重要组成部分，也是企业最基本的制度。

安全生产责任制是贯彻"安全第一、预防为主、综合治理"方针的体现，是生产经营单位最基本的制度之一，是所有安全生产制度的核心制度。它使职责变为每一个职务人的责任，用书面加以确定的一项制度。

安全生产责任必须"纵向到底，横向到边"，这就明确指出了安全生产是全员管理。"纵向到底"就是生产经营单位从厂长、总经理直至每个操作工人，都应有各自己明确的安全生产责任；各业务部门都应对自己职责范围内的安全生产负责，这就从根本上明确了安全生产不是某一个人的事，也不只是安全部门一家的事，而是事关全局的大事，这体现了"安全生产，人人有责"的基本思想。"横向到边"分为四个层面：决策层、管理层、执行层、操作层。

2. 安全生产法律

《中华人民共和国安全生产法》是为了加强安全生产工作，防止和减少生产安全事故，保障人民群众生命和财产安全，促进经济社会持续健康发展而制定的法律。

《中华人民共和国安全生产法》包括总则、生产经营单位的安全生产保障、从业人员的安全生产权利义务、安全生产的监督管理、生产安全事故的应急救援与调查处理、法律责任、附则共七个方面的内容。《中华人民共和国安全生产法》的颁布和实施，对于全面加强我国安全生产法制建设，强化安全生产监督管理，规范生产经营单位的安全生产，遏制重大、特大事故，促进经济发展和保持社会稳定，具有重大而深远的意义。

5.2.4　安全生产的相关要素

1. 安全文化

企业安全文化建设，要紧紧围绕"一个中心"（以人为本）"两个基本点"（安全理念渗透和安全行为养成），内化思想，外化行为，不断提高广大员工的安全意识和安全责任，把安全第一变为每个员工的自觉行为。由于安全理念决定安全意识，安全意识决定安全行为，因此必须在抓好员工安全理念渗透和安全行为养成上下功夫。要使广大员工不仅对安全理念熟读、熟记，入脑入心，全员认知，而且要内化到心灵深处，转化为安全行为，升华为员工的自觉行动。企业可以通过搞好站场班组安全文化建设来实施，如根据各时期安全工作特点，悬挂安全横幅、张贴标语、宣传画（如图5-1所示）、制作宣传墙报、出版通讯、发放宣传资料、播放宣传片、广播安全知识，在班组园地和各科室张贴安全职责、操作规程，并在班组安全学习会上，不断向员工灌输安全知识，将安全文化变成员工的自觉行动。还可将安全知识制作成视频、电子杂志、幻灯片、动画发给员工，让员工自觉学习。

图 5-1 安全文化宣传画

2. 安全法制

应加强国家立法标准和政策，加强与国际接轨的认证标准，规范行业标准。要建立企业安全生产长效机制，必须坚持"以法治安"，用法律法规来规范企业领导和员工的安全行为，使安全生产工作有法可依、有章可循，建立安全生产法制秩序。坚持"以法治安"，必须"立法""懂法""守法""执法"。"立法"，一方面要组织员工学习国家有关安全生产的法律、法规、条例；另一方面，要建立、修订、完善企业安全管理相关的规定、办法、细则等，为强化安全管理提供法律依据。"懂法"，要实现安全生产法制化，"立法"是前提，"懂法"是基础。只有使全体干部、员工学法、懂法、知法，才能为"以法治安"打好基础。"守法"，要把以法治安落实到安全管理全过程，必须把各项安全规章制度落实到生产管理全过程。全体干部、员工都必须自觉守法，以消除人的不安全行为为目标，才能避免和减少事故发生。"执法"，要坚持"以法治安"，离不开监督检查和严格执法。为此，要依法进行安全检查、安全监督，维护安全法规的权威性。

3. 安全责任

必须层级落实安全责任。企业应逐级签订安全生产责任书，责任书要有具体的责任、措施、奖罚办法。对完成责任书各项考核指标、考核内容的单位和个人应给予精神奖励和物质奖励；对没有完成考核指标或考核内容的单位和个人给予处罚；对于安全工作做得好的单位，应对该单位领导和安全工作人员给予一定的奖励。

4. 安全投入

安全投入是安全生产的基本保障。它包括两个方面：一是人才投入，二是资金投入。对于安全生产所需的设备、设施、宣传等资金投入必须充足。同时，企业应创造机会让安全工作人员参加专业培训，组织安全工作人员到安全工作搞得好的单位参观、学习、取经；另一方面，可以通过招聘安全管理专业人才，提高公司安全管理队伍的素质，为实现公司安全和谐发展打下坚实的基础。

5. 安全科技

要提高安全管理水平，必须加大安全科技投入，运用先进的科技手段来监控安全生产全过程。如安装闭路电视监控系统、消防喷淋系统、X 射线安全检查机、全球定位系统（GPS）、行车记录仪等，把现代化、自动化、信息化全部应用到安全生产管理中。

5.3 安全生产与风险防范

5.3.1 安全与生产的矛盾

工程安全是工程的基本也是首要的要求，是工程建设和使用的内在要求和重要保证。在工程建造和使用过程中，安全事故时有发生。一般有以下两种情况。

1）难以完全避免的安全问题。工程必然涉及风险，只要进行生产，就可能出现意外的不可控的自然因素而发生事故，例如铁路隧道施工过程中，由于山体中溶洞和暗河，就可能出现意想不到的风险而导致事故发生；也有可能复杂的工程系统会产生意想不到的后果甚至意想不到的失败；某些过去曾经被认为是安全的产品、安全的化学物质、安全的生产过程，后来会发现其实并不安全。例如氢化植物油，也就是俗称的植物奶油，过去被大量运用于奶精、人造奶油等食品加工，但是随着人们认识到氢化植物油对人体健康有不利影响，氢化植物油在食品加工中的应用受到限制，如肯德基放弃氢化植物油，而选择较为安全的脂肪，如棕榈油等。

2）工程活动过程中没有遵守安全规范甚至没有安全保障等人为因素造成的事故以及工程质量问题造成的事故。现实工程活动中的安全问题，主要是这种情况。

在安全与生产的矛盾关系中，无危则安，无缺则全，安全是矛盾的主要方面。必须坚持安全第一，人是生产的第一要素，如果没有人，就谈不上安全。尊重生命的理念是"以人为本"的理念，因此，如果在生产过程中出现危及人身安全的时候，不论生产任务有多重，都必须坚决地首先排除事故隐患，采取有效措施保护人身安全。作为安全工作者，每个人都需要有高度的责任感和积极主动的精神，以科学的态度去解决生产中存在的每一个不安全因素，这样才能达到安全和生产的和谐统一。

5.3.2 工程中的安全生产问题

1. 工程决策、规划环节上的安全生产问题

由于各种主客观条件的限制，特别是在比较复杂的情况下，相关信息的收集工作没做好，分析、评估不正确，就可能造成对形势判断的失误，而形势判断的失误就会导致决策、规划失误，从而产生安全生产风险。例如，三门峡水利枢纽工程是在黄河上修建的第一座大型水利枢纽工程，在没有进行调查论证的情况下，按照一般水利状况做出的设计方案，导致三门峡水利枢纽工程建成运用后不久，就由于设计等方面的缺陷导致了严重的问题：水库库尾泥沙淤积，造成渭河入黄河部分抬高，渭河下游洪患严重、土地盐渍化，不得不降低蓄水位运行。但是低水位下，枢纽的泄水能力不能达到设计要求，不得不两次改建，浪费大量资源。

另外，由于监管体制不完善，钱权交易、商业贿赂等腐败现象导致决策、规划不正确，从而产生安全生产风险。例如，"8·12天津滨海新区爆炸事故"，瑞海公司严重违反天津市城市总体规划和滨海新区控制性详细规划，违法建设危险货物堆场，造成港口区域大面积损毁，建筑物、基础设施、港口设施以及存放的货物受损严重，数千辆进口汽车在事故中烧毁和损坏。

2. 工程设计环节上的安全生产问题

工程设计环节上的安全生产问题主要是设计者违反设计规范或责任心不强而产生的设计安全问题。例如，加拿大的魁北克大桥，第一次建造时由于设计人员低估了结构恒载以及计算错误，导致建造过程中关键结构部件变形而倒塌。

当然，工程设计环节上的安全生产问题也有外部原因造成的。对于那些难度很大的工程，往往存在一些难以完全预测的客观因素，由此就产生了设计安全问题。例如，宜万铁路有34座高风险的岩溶隧道，其中的一些风险性因素也是设计中没有预料到的，施工中发生过数起隧道施工突水事故，如图5-2所示。

图5-2　宜万铁路突水事故

3. 工程建造环节上的安全生产问题

在工程建造过程中，由于监管不力、履职不到位、违法违规，或者施工方案不科学、不按技术标准规范操作、材料质量不合格等问题，就会发生工程质量事故，造成财产损毁、人员伤亡以及由此产生的其他间接损失等。例如，加拿大的魁北克大桥在第二次建造时，中间跨度最长的一段桥身在被举起过程中突然掉落塌陷，事故的原因是举起过程中一个支撑点的材料指标不到位。

4. 工程使用环节上的安全生产问题

工程使用环节上的安全生产问题包括三个方面：

1）质量问题。质量问题主要是指由于设计不符合规范标准或建造达不到质量要求等原因而导致工程产品或使用功能存在瑕疵，进而引起工程产品在使用过程中发生安全事故。

2）意外灾害。意外灾害主要是由于使用环境或周边环境原因而导致的安全事故。例如由于泥石流或山体滑坡，造成列车停车、脱轨等事故。

3）使用不当带来的安全生产问题。例如电气火灾，由于运行中存在的不合理、不规范操作造成供电系统中出现的运行短路、过载、铁心短路、发热等故障，导致局部系统过热，从而带来火灾或爆炸隐患。

5.3.3　工程中的风险防范

1. 工程决策、规划环节上的风险防范

防范工程决策、规划环节上的风险，首先要提高决策者的预见能力和洞察能力。预见和洞察能力，需要领导者的智慧、思维水平、知识素养以及丰富的经验。要避免工程决策、规划环节上的风险，特别是"拍脑瓜"决策引起的工程风险问题发生，在决策中应当把科学性和民主性结合起来，对风险进行评估并确定什么样的风险是可接受的，多听取各方面专家的意见，从别人那里获得预见和洞察的能力，从而有利于形成科学决策。

2. 工程设计环节上的风险防范

工程设计环节上的风险，主要是设计单位和设计人员的责任。设计单位和设计人员要严格遵守设计规范和技术标准，严格按照程序对设计图样进行审核；对已发生事故进行分析，寻求事故发生的原因及其相互关系，提出预防类似事故发生的措施，提高设计人员的专业技术水平；加强对设计人员的职业道德教育，努力提高设计人员的职业道德水准，增强设计人员的责任感和使命感。

对于在建造中发现的设计漏洞，设计单位应积极与建造单位进行沟通，及时修改设计图样。

3. 工程建造环节上的风险防范

防范工程建造环节上的风险，必须要有强烈的质量意识和安全意识，并通过规范的管理和质量监理，防范质量和安全风险。要建立健全各项施工质量和安全管理的规章制度，确定科学的施工方案，严格按照技术规范和标准施工，保证提供的材料质量合格；要加强从业人员的岗位培训，提高管理人员和操作人员的专业技术水平，增强其责任心；要加强工程质量监理，对建造全过程进行检查、监督和管理，消除影响工程质量的各种不利因素，使工程项目符合合同、图样、技术规范和质量标准等方面的要求。

在建造中，对可能发生事故进行预测，提出消除危险因素的办法，避免事故发生。

4. 工程使用环节上的风险防范

防范工程使用环节上的风险，提出如下措施：

1）使用者要善于及时发现工程产品中可能存在的质量问题，及时消除隐患，追究建造者的责任。

2）对工程产品使用地的自然环境，如地质条件、气候变化、水文情况等进行科学分析，对可能出现的灾害提前预测，并采取有力措施进行防范。

3）规范使用工程产品。例如，公路桥梁的承载力、承载量都是经过科学计算的，使用时必须严格执行通行标准，超载汽车不能通过。

5.4 用电安全

5.4.1 电流对人体的伤害

电流对人体的伤害有三种：电击、电伤和电磁场生理伤害。电击是指电流通过人体，破坏人体心脏、肺及神经系统的正常功能。电伤是指电流热效应、化学效应和机械效应对人体的伤害，主要是指电弧烧伤、溶化金属溅出烫伤等。电磁场生理伤害是指在高频磁场的作用下，人会出现头晕乏力、记忆力减退和失眠多梦等神经系统的症状。

一般认为，电流通过人体的心脏、肺部和中枢神经系统的危险性是比较大的，特别是电流通过心脏时，危险性最大。所以从手到脚的电流途径最为危险。触电还容易因剧烈痉挛而摔倒，导致电流通过全身并造成摔伤、坠落等二次事故。

5.4.2 防止触电的技术措施

为了达到安全用电的目的，必须采用可靠的技术措施，防止触电事故发生。绝缘、安全间距、漏电保护、安全电压、遮栏及阻挡物等都是防止直接触电的防护措施。保护接地、保护接零是间接触电防护措施中最基本的措施。所谓间接触电防护措施，是指防止人体各个部位触及正常情况下不带电、在故障情况下才变为带电的电器金属部分的技术措施。

专业电工人员在全部停电或部分停电的电气设备上工作时，在技术措施上，必须完成停电、验电、装设接地线、悬挂标示牌和装设遮栏后，才能开始工作。

1. 绝缘

1）绝缘的作用。绝缘是用绝缘材料把带电体隔离起来，实现带电体之间、带电体与其他物体之间的电气隔离，使设备能长期安全、正常地工作，同时可以防止人体触及带电部分，避免发生触电事故，所以绝缘在电气安全中有着十分重要的作用。良好的绝缘是设备和线路正常运行的必要条件，也是防止触电事故的重要措施。绝缘具有很强的隔电能力，被广泛地应用在许多电器、电气设备和装置上以及电气工程领域，如胶木、塑料、橡胶、云母及矿物油等都是常用的绝缘材料。

2）绝缘破坏。绝缘材料经过一段时间的使用会发生绝缘破坏。绝缘材料除因在强电场作用下被击穿而破坏外，自然老化、电化学击穿、机械损伤、潮湿、腐蚀、热老化等也会降低其绝缘性能或导致绝缘破坏。

绝缘体承受的电压超过一定数值时，电流穿过绝缘体而发生放电现象称为电击穿。

气体绝缘在击穿电压消失后，绝缘性能还能恢复；液体绝缘多次击穿后，将严重降低绝缘性能；而固体绝缘击穿后，就不能再恢复绝缘性能。

在长时间存在电压的情况下，由于绝缘材料的自然老化、电化学作用、热效应作用，使其绝缘性能逐渐降低，有时电压并不是很高也会造成电击穿，所以绝缘需定期检测，保证电气绝缘的安全可靠。

3）绝缘安全用具。在一些情况下，手持电动工具的操作者必须戴绝缘手套、穿绝缘鞋（靴），或站在绝缘垫（台）上工作，采用这些绝缘安全用具使人与地面，或使人与工具的金属外壳，其中包括与相连的金属导体，隔离开来。

2. 屏护

屏护是指采用遮栏、围栏、护罩、护盖或隔离板等把带电体同外界隔绝开来，以防止人体触及或接近带电体所采取的一种安全技术措施。除防止触电的作用外，有的屏护装置还能起到防止电弧伤人、防止弧光短路或便利检修工作等作用。配电线路和电气设备的带电部分，如果不便加包绝缘或绝缘强度不足时，就可以采用屏护措施。

开关电器的可动部分一般不能加包绝缘，而需要屏护。其中防护式开关电器本身带有屏护装置，如胶盖刀开关的胶盖、铁壳开关的铁壳等。开启式石板刀开关需要另加屏护装置，起重机滑触线以及其他裸露的导线也需另加屏护装置。对于高压设备，由于全部加绝缘往往有困难，而且当人接近至一定程度时，即会发生严重的触电事故。因此，不论高压设备是否已加绝缘，都要采取屏护或其他防止接近的措施。

凡安装在室外地面上的变压器以及安装在车间或公共场所的变配电装置，都需要设置遮栏或栅栏作为屏护，如图5-3所示。邻近带电体的作业中，在工作人员与带电体之间及过道、人口等处应装设可移动的临时遮栏。屏护装置不直接与带电体接触，对所用材料的电性能没有严格要求。屏护装置所用材料应当有足够的机械强度和良好的耐火性能。但是金属材料制成的屏护装置，为了防止其意外带电造成触电事故，必须将其接地或接零。

图 5-3　变配电装置设置遮栏或栅栏

屏护装置的种类有：永久性屏护装置，如配电装置的遮栏、开关的罩盖等；临时性屏护装置，如检修工作中使用的临时屏护装置和临时设备的屏护装置；固定屏护装置，如母线的护网；移动屏护装置，如跟随天车移动的天车滑线的屏护装置等。使用屏护装置时，还应注意以下几点：

1）屏护装置应与带电体之间保持足够的安全距离。

2）被屏护的带电部分应有明显标志，标明规定的符号或涂上规定的颜色。遮栏、栅栏等屏护装置上应有明显的标志，如根据被屏护对象挂上"止步，高压危险""禁止攀登，高压危险"等标示牌（如图 5-4 所示），必要时还应上锁。标示牌只应由担负安全责任的人员进行布置和撤除。

图 5-4　几种电力安全标识

3）遮栏出入口的门上应根据需要装锁，或采用信号装置、联锁装置。前者一般是用灯光或仪表指示有电；后者是采用专门装置，当人体超过屏护装置而可能接近带电体时，被屏护的带电体将会自动断电。

3. 漏电保护器

漏电保护器是一种在规定条件下电路中漏（触）电流（mA）值达到或超过其规定值时能自动断开电路或发出报警的装置，如图 5-5 所示。

图 5-5　两种漏电保护器

漏电是指电器绝缘损坏或其他原因造成导电部分碰壳时,如果电器的金属外壳是接地的,那么电就由电器的金属外壳经大地构成通路,从而形成电流,即漏电电流,也称为接地电流。当漏电电流超过允许值时,漏电保护器能够自动切断电源或报警,以保证人身安全。

漏电保护器动作灵敏,切断电源时间短,因此只要能够合理选用和正确安装、使用漏电保护器,除了保护人身安全以外,还有防止电气设备损坏及预防火灾的作用。必须安装漏电保护器的设备和场所如下:

1)属于 I 类的移动式电气设备及手持式电气工具。

2)安装在潮湿、强腐蚀性等恶劣环境场所的电器设备。

3)建筑施工工地的电气施工机械设备,如打桩机、搅拌机等。

4)临时用电的电器设备。

5)宾馆、饭店及招待所客房内及机关、学校、企业、住宅等建筑物内的插座回路。

6)游泳池、喷水池、浴池的水中照明设备。

7)安装在水中的供电线路和设备。

8)医院在直接接触人体时使用的电气医用设备。

9)其他需要安装漏电保护器的场所。

漏电保护器的安装、检查等应由专业电工负责。对电工应进行有关漏电保护器知识的培训、考核,内容包括漏电保护器的原理、结构、性能、安装使用要求、检查测试方法、安全管理等。

4. 安全电压

把可能加在人身上的电压限制在某一范围之内,使得在这种电压下,通过人体的电流不超过允许的范围,这种电压就称为安全电压,也叫作安全特低电压。但应注意,任何情况下都不能把安全电压理解为绝对没有危险的电压。具有安全电压的设备属于 III 类设备。

我国确定的安全电压标准是 42V、36V、24V、12V、6V。特别危险环境中使用的手持电动工具应采用 42V 安全电压;有电击危险环境中,使用的手持式照明灯和局部照明灯应采用 36V 或 24V 安全电压;金属容器内、特别潮湿处等特别危险环境中使用的手持式照明灯应采用 12V 安全电压;在水下作业等场所工作应使用 6V 安全电压。

当电气设备采用超过 24V 的安全电压时,必须采取防止直接接触带电体的保护措施。

5. 安全间距

安全间距是指在带电体与地面之间、带电体与其他设施、设备之间、带电体与带电体之间保持的一定安全距离,简称间距。设置安全间距的目的是:防止人体触及或接近带电体造成触电事故;防止车辆或其他物体碰撞或过分接近带电体造成事故;防止电气短路事故、过电压放电和火灾事故;便于操作。安全间距的大小取决于电压高低、设备类型、安装方式等因素。

6. 接零与接地

在工厂里,使用的电气设备很多。为了防止触电,通常可采用绝缘、隔离等技术措施以保障用电安全。但工人在生产过程中经常接触的是电气设备不带电的外壳或与其连接的金属体,当设备发生漏电故障时,平时不带电的外壳就带电,并与大地之间存在电压,就会使操作人员触电。这种意外的触电是非常危险的。为了解决这个不安全的问题,采取的主要的安全措施就是对电气设备的外壳进行保护接零或保护接地。

1）保护接零。将电气设备在正常情况下不带电的金属外壳与变压器中性点引出的工作零线或保护零线相连接，这种方式称为保护接零。当某相带电部分碰触电气设备的金属外壳时，通过设备外壳形成该相线对零线的单相短路回路，该短路电流较大，足以保证在最短的时间内使熔丝熔断、保护装置或自动开关跳闸，从而切断电流，保障了人身安全。保护接零的应用范围，主要是用于三相四线制中性点直接接地供电系统中的电气设备，一般是 380/220V 的低压设备上。在中性点直接接地的低压配电系统中，为确保保护接零方式的安全可靠，防止零线断线所造成的危害，系统中除了工作接地外，还必须在整个零线的其他部位再进行必要的接地，这种接地称为重复接地，如图 5-6 所示。

2）保护接地。将电气设备平时不带电的金属外壳用专门设置的接地装置实行良好的金属性连接，如图 5-7 所示。保护接地的作用是当设备金属外壳意外带电时，将其对地电压限制在规定的安全范围内，消除或减小触电的危险。保护接地最常用于低压不接地配电网中的电气设备。

图 5-6　保护接零　　　　　　　　　　图 5-7　保护接地

5.4.3　预防触电的相关知识

1. 预防触电的注意事项

1）认识了解电源总开关，学会在紧急情况下关断总电源。

2）不用手或导电物（如铁丝、钉子、别针等金属制品）去接触、探试电源插座内部。

3）不用湿手触摸电器，不用湿布擦拭电器。

4）电器使用完毕后应拔掉电源插头；插拔电源插头时不要用力拉拽电线，以防止电线的绝缘层受损造成触电；电线的绝缘皮剥落，要及时更换新线或者用绝缘胶布包好。

5）发现有人触电要设法及时关断电源，或者用干燥的木棍等物将触电者与带电的电器分开，不要用手去直接救人。未成年人遇到这种情况，应呼喊成年人帮助，不要自己处理，以防触电。

6）不随意拆卸、安装电源线路、插座、插头等。即使安装灯泡等简单的事情，也要先关断电源。

7）使用中发现电器有冒烟、冒火花、发出异味等情况，应立即关掉电源开关，停止使用。

8）电气设备一旦发生故障，应由持证电工进行修理，不得擅自维修。

9）电动工具使用前需要确定电动工具是安全的，有正常的工作性能，按照安全技术规程进行操作。

10）离开实验室时切断电器电源。

2. 安全用电颜色标志

安全用电颜色标志常用来区分各种不同性质、不同用途的导线，或用来表示某处安全程度。为保证安全用电，必须严格按有关标准使用颜色标志。我国安全色标采用的标准，基本上与国际标准草案（ISD）相同。一般采用的安全色标有以下几种：

1）红色：用来标志禁止、停止和消防，如信号灯、信号旗、机器上的紧急停机按钮等都是用红色来表示"禁止"的信息。

2）黄色：用来标志注意危险，如"当心触电""注意安全"等。

3）绿色：用来标志安全无事，如"在此工作""已接地"等。

4）蓝色：用来标志强制执行，如"必须戴安全帽"等。

5）黑色：用来标志图像、文字符号和警告标志的几何图形。

按照规定，为便于识别，防止误操作，确保运行和检修人员的安全，采用不同颜色来区别设备特征。如电气母线，A 相为黄色，B 相为绿色，C 相为红色，明敷的接地线涂为黑色。在二次系统中，交流电压回路用黄色，交流电流回路用绿色，信号和警告回路用白色。

3. 安全用电图形标志

图形标志一般用来告诫人们不要去接近有危险的场所。安全标志可分为：禁止标志、警告标志、指令标志、提示标志四类，还有补充标志。

（1）禁止标志

禁止标志的含义是不准或制止人们的某些行动。

禁止标志的几何图形是带斜杠的圆环，其中圆环与斜杠相连，用红色；图形符号用黑色；背景用白色。

禁止标志如：禁放易燃物、禁止吸烟、禁止通行、禁止烟火、禁止用水灭火、禁带火种、禁止合闸、禁止靠近、禁止跨越、禁止攀登等，如图 5-8 所示。

图 5-8 安全用电禁止标志和警告标志

（2）警告标志

警告标志的含义是警告人们可能发生的危险。

警告标志的几何图形是黑色的正三角形、黑色符号和黄色背景。

警告标志如：当心触电、当心电缆、注意安全、当心爆炸、当心火灾、当心腐蚀、当心吊物、当心弧光、当心冒顶、当心电离辐射、当心裂变物质、当心激光、当心微波等，如图5-8 所示。

（3）指令标志

指令标志的含义是必须遵守。

指令标志的几何图形是圆形，蓝色背景，白色图形符号。

指令标志如：必须戴安全帽、必须穿防护鞋、必须系安全带、必须戴防护眼镜、必须戴防毒面具、必须戴护耳器、必须戴防护手套、必须穿防护服等，如图5-9所示。

（4）提示标志

提示标志的含义是示意目标的方向。

提示标志的几何图形是方形，绿、红色背景，白色图形符号及文字。

提示标志如：安全出口、紧急出口等，如图5-9所示。

图5-9　安全用电指令标志和提示标志

5.5　消防安全

5.5.1　消防安全基本常识

《消防安全常识二十条》是从国家消防法律法规、消防技术规范和消防常识中提炼概括的，具有语言简练、通俗易记、实用性强的特点，是公民应当掌握的最基本的消防知识。

第一条　自觉维护公共消防安全，发现火灾迅速拨打119电话报警，消防队救火不收费。

第二条　发现火灾隐患和消防安全违法行为可拨打96119电话，向当地公安消防部门举报。

第三条　不埋压、圈占、损坏、挪用、遮挡、私自未经允许使用消防设施和器材。

第四条　不携带易燃易爆危险品进入公共场所、乘坐公共交通工具。

第五条　不在严禁烟火的场所动用明火和吸烟。

第六条　购买合格的烟花爆竹，燃放时遵守安全燃放规定，注意消防安全。

第七条　家庭和单位配备必要的消防器材并掌握正确的使用方法。

第八条　每个家庭都应制定消防安全计划，绘制逃生疏散路线图，及时检查、消除火灾隐患。

第九条　室内装修装饰不应采用易燃材料。

第十条　正确使用电器设备，不乱接电源线，不超负荷用电，及时更换老化电器设备和线路，外出时要关闭电源开关。

第十一条　正确使用、经常检查燃气设施和用具，发现燃气泄漏，迅速关阀门、开门窗，切勿触动电器开关和使用明火。

第十二条 教育儿童不玩火，将打火机和火柴放在儿童拿不到的地方。

第十三条 不占用、堵塞或封闭安全出口、疏散通道和消防车通道，不设置妨碍消防车通行和火灾扑救的障碍物。

第十四条 不躺在床上或沙发上吸烟，不乱扔烟头。

第十五条 学校和单位定期组织逃生疏散演练。

第十六条 进入公共场所注意观察安全出口和疏散通道，记住疏散方向。

第十七条 遇到火灾时沉着、冷静，迅速正确逃生，不贪恋财物、不乘坐电梯、不盲目跳楼。

第十八条 必须穿过浓烟逃生时，尽量用浸湿的衣物保护头部和身体，捂住口鼻，弯腰低姿前行。

第十九条 身上着火，可就地打滚或用厚重衣物覆盖，压灭火苗。

第二十条 大火封门无法逃生时，可用浸湿的毛巾、衣物等堵塞门缝，发出求救信号等待救援。

5.5.2 消防标志

消防标志是用于表明消防设施特征的符号，它说明建筑配备各种消防设备、设施，标志安装的位置，并指导人们在事故时采取合理正确的行动，对安全疏散起到很好的作用，可以更有效地帮助人们在浓烟弥漫的情况下，及时识别疏散位置和方向，迅速沿发光疏散指示标志顺利疏散。

1. 消防设施标识

1）配电室、发电机房、消防水箱间、水泵房、消防控制室等场所的入口处应设置与其他房间区分的识别类标识和"非工勿入"警示类标识。

2）消防设施配电柜（配电箱）应设置区别于其他设施配电柜（配电箱）的标识；备用消防电源的配电柜（配电箱）应设置区别于主消防电源配电柜（配电箱）的标识；不同消防设施的配电柜（配电箱）应有明显区分的标识。

3）供消防车取水的消防水池、取水口或取水井、阀门、水泵接合器及室外消火栓等场所，应设置永久性固定的识别类标识和"严禁埋压、圈占消防设施"警示类标识。

4）消防水池、水箱、稳压泵、增压泵、气压水罐、消防水泵、水泵接合器的管道、控制阀、控制柜应设置提示类标识和相互区分的识别类标识。

5）室内消火栓给水管道应设置与其他系统区分的识别类标识，并标明流向。

6）灭火器的设置点、手动报警按钮设置点应设置提示类标识。

7）防排烟系统的风机、风机控制柜、送风口及排烟窗应设置注明系统名称和编号的识别类标识和"消防设施严禁遮挡"的警示类标识。

8）常闭式防火门应当设置"常闭式防火门，请保持关闭"警示类标识；防火卷帘底部地面应当设置"防火卷帘下禁放物品"警示类标识。

常见消防设施标识如图 5-10 所示。

2. 危险场所、危险部位标识

1）危险场所、危险部位的室外、室内墙面、地面及危险设施处等适当位置应设置警示类标识，标明安全警示性和禁止性规定。

图 5-10 常见消防设施标识

2）危险场所、危险部位的室外、室内墙面等适当位置应设置安全管理规程，标明安全管理制度、操作规程、注意事项及危险事故应急处置程序等内容。

3）仓库应当画线标识，标明仓库墙距、垛距、主要通道、货物固定位置等。储存易燃易爆危险物品的仓库应当设置标明储存物品的类别、品名、储量、注意事项和灭火方法的标识。

4）易操作失误引发火灾危险事故的关键设施部位应设置发光性提示标识，标明操作方式、注意事项、危险事故应急处置程序等内容。

常见危险场所、危险部位标识如图 5-11 所示。

图 5-11 常见危险场所、危险部位标识

3. 安全疏散标识

1）疏散指示标识应根据国家有关消防技术标准和规范设置，并应采用符合规范要求的灯光疏散指示标志、安全出口标志，标明疏散方向。

2）商场、市场、公共娱乐场所应在疏散走道和主要疏散路线的地面上增设能保持视觉连续性的自发光或蓄光疏散指示标志。

3）单位安全出口、疏散楼梯、疏散走道、消防车道等处应设置"禁止锁闭""禁止堵塞"等警示类标识。

4）消防电梯外墙面上要设置消防电梯的用途及注意事项的识别类标识。

5）公众聚集场所、宾馆、饭店等住宿场所的房间内应当设置疏散标识图，标明楼层疏散路线、安全出口、室内消防设施位置等内容。

5.5.3 火灾分类

火灾是指在时间和空间上失去控制的燃烧造成的灾害。火灾根据可燃物的类型和燃烧特性，分为 A、B、C、D、E、F 六大类，见表 5-1。

表 5-1 火灾类型

火灾类型	燃烧物	适用灭火器
A 类火灾（固体物质火灾）	木材、干草、煤炭、棉、毛、麻、纸张等有机物	水型灭火器、泡沫灭火器、干粉灭火器、卤代烷灭火器
B 类火灾（液体或可熔化固体物质火灾）	如煤油、柴油、原油、甲醇、乙醇、沥青、石蜡、塑料等	泡沫灭火器、干粉灭火器、卤代烷灭火器、二氧化碳灭火器
C 类火灾（气体火灾）	如煤气、天然气、甲烷、乙烷、丙烷、氢气等	干粉、水、七氟丙烷灭火剂
D 类火灾（金属火灾）	如钾、钠、镁、钛、锆、锂、铝镁合金等	粉状石墨灭火器、专用干粉灭火器，也可用干砂或铸铁屑末代替
E 类火灾（带电火灾）	家用电器、电子元器件、电气设备（计算机、电动机、变压器等）以及电线电缆等燃烧时仍带电的火灾，而日常照明灯具及起火后可自行切断电源的设备所发生的火灾则不应列入带电火灾范围	干粉灭火器、卤代烷灭火器、二氧化碳灭火器等
F 类火灾（烹饪器具内的烹饪物）	如动植物油脂等	干粉灭火器

5.5.4 常见火源

火源是火灾的发源地，也是引起燃烧和爆炸的直接原因。所以，防止火灾应控制好十种火源，具体如下：

1）人们日常点燃的各种明火，就是最常见的一种火源，在使用时必须控制好。

2）企业和各行各业使用的电气设备，由于超负荷运行、短路、接触不良，以及自然界中的雷击、静电火花等，都能使可燃气体、可燃物质燃烧，在使用中必须做好安全防护。

3）靠近火炉或烟道的干柴、木材、木器，紧聚在高温蒸汽管道上的可燃粉尘、纤维、大功率灯泡旁的纸张、衣物等，烘烤时间过长，都会引起燃烧。

4）在熬炼和烘烤过程中，由于温度掌握不好或自动控制失灵，都会着火甚至引起火灾。

5）炒过的食物或其他物质，不经过散热就堆积起来，或装在袋子内，也会聚热起火，必须注意散热。

6）企业的热处理工件，堆放在有油渍的地面上，或堆放在易燃品旁（如木材），易引起火灾，应堆放在安全地方。

7）在既无明火又无热源的条件下，褐煤、湿稻草、麦草、棉花、油菜籽、豆饼和沾有动、植物油的棉纱、手套、衣服、木屑、金属屑、抛光尘以及擦拭过设备的油布等，堆积在一起时间过长，本身也会发热，在条件具备时，可能引起自燃，应勤加处理。

8）不同性质的物质相遇，有时也会引起自燃。

9）摩擦与撞击。例如铁器与水泥地撞击，会引起火花，遇易燃物即可引起火灾。

10）绝缘压缩、化学热反应，可引起升温，使可燃物被加热至着火点。

5.5.5 逃生方法

面对滚滚浓烟和熊熊烈焰，只要冷静机智运用火场自救与逃生知识，就有极大可能拯救自己。

1. 熟悉环境，暗记出口

当你处在陌生的环境时，为了自身安全，务必留心疏散通道、安全出口及楼梯方位等，以便关键时候能尽快逃离现场。请记住：在安全无事时，一定要居安思危，给自己预留一条通路。

2. 通道出口，畅通无阻

楼梯、通道、安全出口等是火灾发生时最重要的逃生之路，应保证畅通无阻，切不可堆放杂物或设闸上锁，以便紧急时能安全迅速地通过。请记住：自断后路，必死无疑。

3. 扑灭小火，惠及他人

当发生火灾时，如果发现火势并不大，且尚未对人造成很大威胁时，当周围有足够的消防器材，如灭火器、消防栓等，应奋力将小火控制、扑灭；千万不要惊慌失措地乱叫乱窜，置小火于不顾而酿成大灾。请记住：争分夺秒，扑灭"初期火灾"。

4. 保持镇静，明辨方向，迅速撤离

突遇火灾，面对浓烟和烈火，首先要强令自己保持镇静，迅速判断危险地点和安全地点，决定逃生的办法，尽快撤离险地。千万不要盲目地跟从人流和相互拥挤、乱冲乱窜。撤离时要注意，朝明亮处或外面空旷地方跑，要尽量往楼层下面跑，若通道已被烟火封阻，则应背向烟火方向离开，通过阳台、气窗、天台等往室外逃生。请记住：人只有沉着镇静，才能想出好办法。

5. 不入险地，不贪财物

身处险境，应尽快撤离，不要因害羞或顾及贵重物品，而把逃生时间浪费在寻找、搬离贵重物品上。已经逃离险境的人员，切莫重返险地，自投罗网。请记住：留得青山在，不怕没柴烧。

6. 简易防护，蒙鼻匍匐

逃生时经过充满烟雾的路线，要防止烟雾中毒、预防窒息。为了防止火场浓烟呛入，可采用毛巾、口罩蒙鼻，匍匐撤离的办法。烟气较空气轻而飘于上部，贴近地面撤离是避免烟气吸入、滤去毒气的最佳方法。穿过烟火封锁区，应佩戴防毒面具、头盔、阻燃隔热服等护具，如果没有这些护具，那么可向头部、身上浇冷水或用湿毛巾、湿棉被、湿毯子等将头、身裹好，再冲出去。请记住：多件防护工具在手，总比赤手空拳好。

7. 善用通道，莫入电梯

按规范标准设计建造的建筑物都会有两条以上逃生楼梯、通道或安全出口。发生火灾时，要根据情况选择进入相对较为安全的楼梯通道。除可以利用楼梯外，还可以利用建筑物的阳台、窗台、天面屋顶等攀到周围的安全地点，沿着落水管、避雷线等建筑结构中的凸出物滑下楼来脱险。在高层建筑中，电梯的供电系统在火灾时随时会断电，或因热的作用导致电梯变形而使人被困在电梯内，同时由于电梯井犹如贯通的烟囱般直通各楼层，有毒的烟雾直接威胁被困人员的生命。请记住：逃生的时候，乘电梯极危险。

8. 缓降逃生，滑绳自救

高层、多层公共建筑内一般都设有高空缓降器或救生绳，人员可以通过这些设施安全地离开危险的楼层。如果没有这些专门设施，而安全通道又已被堵，救援人员不能及时赶到的情况下，可以迅速利用身边的绳索或床单、窗帘、衣服等自制简易救生绳并用水打湿，从窗台或阳台沿绳缓滑到下面楼层或地面，安全逃生。请记住：胆大心细，救命绳就在身边。

9. 避难场所，固守待援

假如用手摸房门已感到烫手，此时一旦开门；火焰与浓烟势必迎面扑来。逃生通道被切断且短时间内无人救援。这时候，可采取创造避难场所、固守待援的办法。首先应关紧迎火的门窗，打开背火的门窗，用湿毛巾或湿布塞堵门缝，或用水浸湿棉被蒙上门窗，然后不停用水淋透房间，防止烟火渗入，固守在房内，直到救援人员到达。请记住：坚盾何惧利矛。

10. 缓晃轻抛，寻求援助

被烟火围困暂时无法逃离的人员，应尽量待在阳台、窗口等易于被人发现和能避免烟火近身的地方。在白天，可以向窗外晃动鲜艳衣物，或外抛轻型晃眼的东西；在夜晚可以用手电筒不停地在窗口闪动或者敲击东西，及时发出有效的求救信号，引起救援者的注意。请记住：充分暴露自己，才能争取有效拯救自己。

11. 火已及身，切勿惊跑

火场上的人如果发现身上着了火，千万不可惊跑或用手拍打。当身上衣服着火时，应赶紧设法脱掉衣服或就地打滚，压灭火苗；能及时跳进水中或让人向身上浇水、喷灭火剂就更有效了。请记住：就地打滚虽狼狈，烈火焚身可免除。

12. 跳楼有术，虽损求生

跳楼逃生，也是一个逃生办法。但应该注意的是，只有消防队员准备好救生气垫并指挥跳楼或楼层不高（一般 4 层以下）时、非跳楼即烧死的情况下，才采取跳楼的方法。跳楼也要讲技巧，跳楼时应尽量往救生气垫中部跳或选择有水池、软雨篷、草地等方向跳；若有可能，要尽量抱些棉被、沙发垫等松软物品或打开大雨伞跳下，以减缓冲击力。如果徒手跳楼一定要扒窗台或阳台使身体自然下垂跳下，以尽量降低垂直距离，落地前要双手抱紧头部身体弯曲卷成一团，以减少伤害。请记住：跳楼不等于自杀，关键是要有办法。

13. 身处险境，自救莫忘救他人

任何人发现火灾，都应尽快拨打"119"电话呼救，及时向消防队报火警。火场中的儿童和老弱病残者，他们本人不具备或者丧失了自救能力，在场的其他人除自救外，还应当积极救助他们尽快逃离险境。

5.6 危险化学品使用安全

5.6.1 危险化学品的概念

《危险化学品安全管理条例》第三条所称危险化学品，是指具有毒害、腐蚀、爆炸、燃烧、助燃等性质，对人体、设施、环境具有危害的剧毒化学品和其他化学品。

依据 GB 13690—2009《化学品分类和危险性公示 通则》，按物理、健康或环境危险的性质共分三大类：理化危险、健康危险和环境危险。

危险化学品在不同的场合，叫法或者说称呼是不一样的，如在生产、经营、使用场所统称化工产品，一般不称为危险化学品；在运输过程中，包括铁路运输、公路运输、水上运输、航空运输都称为危险货物；在储存环节，一般又称为危险物品或危险品。

近些年，危险化学品的生产、储存、经营、运输过程中发生了很多事故，可以说是管理失控事故频发、危害严重。因此国家领导多次批示进行危险化学品专项整治，整治的内容主要包括生产环节、储运环节、包装管理、经营环节、剧毒品管理。

5.6.2 危险化学品的危险性类别

1. 爆炸品本类化学品

爆炸品本类化学品指在外界作用下，如受热、摩擦、撞击等，能发生剧烈的化学反应瞬时产生大量的气体和热量，使周围压力急骤上升发生爆炸并对周围环境造成破坏的物品，也包括无整体爆炸危险、抛射及较小爆炸危险的物品。

2. 压缩气体和液化气体本类化学品

压缩气体和液化气体本类化学品指压缩、液化或加压溶解气体并符合下述两种情况之一者：

1）临界温度低于$50℃$时，或在$50℃$时其蒸气压力大于$294kPa$的压缩气体或液化气体。

2）温度在$21.1℃$时气体的绝对压力大于$275kPa$或在$54.4℃$时气体的绝对压力大于$715kPa$的压缩气体，或在$37.8℃$时雷德蒸气压力大于$275kPa$的液化气体或加压溶解气体。

本类物品当受热、撞击或强烈震动时，容器内压力急剧增大，致使容器破裂爆炸或导致气体阀门松动漏气，酿成火灾或中毒事故。按其性质分为易燃气体、不燃气体、有毒气体三种。

3. 易燃液体

易燃液体指闭杯闪点等于或低于$61℃$的液体、液体混合物或含有固体物质的液体，但不包括由于危险性已列入其他类别的液体。本类物品在常温下易挥发，其蒸气与空气混合能形成爆炸性混合物。按闪点分为以下三项：

1）低闪点液体：闭环试验闪点 $< -18℃$。

2）中闪点液体：$-18℃ ≤$闭环试验闪点$<23℃$。

3）高闪点液体：$23℃ ≤$闭环试验闪点$≤61℃$。

4. 易燃固体、自燃品和遇湿易燃物品

本类物品易于引起火灾和促成火灾，按其燃烧特性分为以下三项：

1）易燃固体指燃点低且对热、撞击、摩擦敏感，易被外部火源点燃，燃烧迅速并可能散发出有毒烟雾或有害气体的固体，如硫磺、红磷等。

2）自燃物品指自燃点低，在空气中易发生氧化反应放出热量而自行燃烧的物品，如白磷等。

3）遇湿易燃品指遇水或受潮时发生剧烈化学反应，并放出大量易燃气体和热量的物品，有些不需明火即能燃烧或爆炸，如钠、钾等。

5. 氧化剂和有机过氧化物

本类物品具有强氧化性，易引起燃烧或爆炸，按其组成可分为以下两项：

1）氧化剂指处于高氧化状态具有强氧化性，易分解并放出氧和热量的物质。氧化剂包括含有过氧基的无机物，其本身不一定可燃但能够导致可燃物燃烧，与粉末状可燃物能组成爆炸性混合物。氧化剂对热、震动或摩擦敏感，按其危险大小分为一级氧化剂和二级氧化剂，如 $KMnO_4$ 等。

2）有机过氧化物指分子结构中含有过氧键的有机物，其本身易燃、易爆且极易热分解，对热、震动极为敏感。

6. 毒害品和感染性物品

毒害品和感染性物品指进入肌体后累积达到一定的量能，与体液和组织发生生物化学作用或生物物理作用，扰乱或破坏肌体正常的生理功能，引起暂时性或持久性的病理改变甚至危及生命的物品，如氰化钾、农药等。

7. 放射性物品

放射性物品指放射性比活度大于 $7.4 \times 10^4 Bq/kg$ 的物品，按其放射性大小分为一级放射性物品、二级放射性物品和三级放射性物品。

8. 腐蚀品

腐蚀品指能灼伤人体组织并对金属等物品造成损坏的固体或液体，或与皮肤接触在 4 小时内出现可见坏死现象，或温度在 55℃ 时对 20 号钢的表面均匀腐蚀率超过 6.25mm/年的固体或液体。按其化学性质分为三项：

1）酸性腐蚀品，如硫酸、硝酸、盐酸等。

2）碱性腐蚀品，如氢氧化钠等。

3）其他腐蚀品，如氯化锌等。

5.6.3　危险化学品储存和发生火灾的主要原因

1. 危险化学品储存

1）危险化学品储存取决于危险化学品分类、分项、容器类型、储存方法和消防的要求。

2）遇火、遇热、遇潮能引起燃烧、爆炸或发生化学反应产生有毒有害气体的危险化学品不得在露天或潮湿、积水的建筑物中储存。

3）受日光照射能发生化学反应引起燃烧、爆炸、分解、化合或能产生有毒气体的危险化学品应储存在一级建筑物中，其包装应采用避光措施。

4）爆炸性物品不准和其他类物品同储，必须单独隔离限量储存。

5）压缩气体和液化气体必须与爆炸物品、氧化剂、易燃物品、自燃物品、腐蚀性物品隔离储存。易燃气体不得与助燃气体、剧毒气体同储，氧气不得和油脂混合储存于盛装液化气体的容器，属压力容器的必须有压力表、安全阀、紧急切断装装并定期检查，不得超装。

6）易燃液体、固体、遇湿易燃物品不得与氧化剂混合储存，具有还原性的氧化剂应单独存放。

7）有毒物品应存放在阴凉、通风、干燥的场所，不要露天存放，不要接近酸类物质。

8）腐蚀性物品包装必须严密，不允许泄漏，严禁与液化气体和其他物品共存。

2. 危险化学品发生火灾的主要原因

1）着火源控制不严：一是外来火种，如汽车排气管的火星、吸烟的烟头等；二是内部设备不良、操作不当引起的电火花、撞击火花、化学能等。

2）性质相互抵触的物品混放。

3）产品变质。

4）养护管理不善。

5）包装损坏或不符合要求。

6）违反操作规程操作。

7）建筑物不符合存放要求。

8）雷击。

9）着火扑救不当。

5.6.4 危险化学品防灾应急

1. 危险化学应急要点

1）发现被遗弃的化学品，不要捡拾，应立即拨打报警电话，说清具体位置、包装标志、大致数量以及是否有气味等情况。

2）立即在事发地周围设置警告标志，不要在周围逗留。严禁吸烟，以防发生火灾或爆炸。

3）遇到危险化学品运输车辆发生事故，应尽快离开事故现场，撤离到上风口位置，不围观，并立即拨打报警电话。其他机动车驾驶员要听从工作人员的指挥，有序地通过事故现场。

4）居民小区施工过程中挖掘出有异味的土壤时，应立即拨打当地区（县）政府值班电话说明情况，同时在其周围拉上警戒线或竖立警示标志。在异味土壤清走之前，周围居民和单位不要开窗通风。

5）严禁携带危险化学品乘坐公交车、地铁、火车、汽车、轮船、飞机等交通工具。

特别提醒 一旦闻到刺激难闻的气味，或者发现有毒气体发生泄漏，就要马上采取措施：及时撤离现场，并马上通知其他人员，用湿毛巾捂住口鼻，然后报警；堵截一切火源，不开灯，不要动电器，以免产生导致爆炸的火花；熄灭火种，关阀断气，迅速疏散受火势威胁的物资；有关单位要禁止无关人员进入现场。化学品火灾的扑救应由专业消防队来进行。受到危险化学品伤害时，应立即到医院救治，不要拖延。

2. 几种特殊化学品的火灾扑救

1）扑救液化、气体类火灾切忌盲目扑灭火势，在没有采取堵漏和切断气源措施的情况下必须保持稳定燃烧，否则大量可燃气体泄漏出来与空气混合后遇着火源就会发生爆炸。

2）对于爆炸物品火灾切忌用沙土盖压，以免增强爆炸物品爆炸时的威力。另外，扑救爆炸物品堆垛火灾时，水流应用吊射，避免强力水流直接冲击堆垛，以免堆垛倒塌引起再次爆炸。

3）对于遇湿易燃物品火灾，绝对禁止用水、泡沫、酸碱性等湿性灭火剂扑救。

4）氧化剂和过氧化物的灭火比较复杂，应具体分析。

5）扑救毒害和腐蚀品火灾时应尽量使用低压水流或雾状水，避免腐蚀品、毒害品溅出。遇酸类或碱类腐蚀品泄漏，最好用相应的中和剂稀释中和。

6）易燃固体、自燃物品火灾一般可用水和泡沫扑救，控制住燃烧范围。在扑救过程中应不时向燃烧区域上空或周围喷射雾状水，并消除周围一切火源，逐步扑灭。

阅 读 材 料

【阅读材料 5-1】

工程师之戒

1900 年，横贯圣劳伦斯河的魁北克大桥开始修建。为了建造当时世界上最长的桥梁，加拿大工程学院的一个毕业生 Theodore Cooper 接受加拿大政府的委托设计这座大桥。为了节省成本，Cooper 擅自延长了大桥主跨的长度，由 487.7m 增加到了 548.6m。1907 年 8 月 29 日，当桥梁即将竣工之际，发生了垮塌，造成了 75 人死亡，11 人受伤。事故调查表明，正是因为 Cooper 的过分自信，忽略了对桁架重量的精确计算，而导致悲剧的发生。

1913 年，大桥的设计建造重新开始，可是后继者并没有汲取历史上血的教训。1916 年 9 月，由于某个支撑点的材料指标不到位，悲剧再度重演。这一次是中间最长的桥身突然塌陷，造成 13 名工人死亡。

1917 年，在经历了两次惨痛的悲剧后，魁北克大桥终于建成，成为迄今为止最长的悬臂跨度大桥之一，如图 5-12 所示。

设计师 Cooper 毕业于著名的加拿大工程学院，该学院因此也声誉扫地。但是学校并没有掩饰、隐瞒这件事，而是联合倡议加拿大七所工程学院筹资买下了大桥的钢梁残骸，打造成一枚枚指环，分发给每年从工程系毕业的学生，取名"Iron Ring"（工程师之戒，又译作铁戒、耻辱之戒）。为了铭记这次事故，也为了纪念事故中的死难者，戒指被设计成如残骸般的扭曲形状，如图 5-13 所示。

图 5-12　魁北克大桥

图 5-13　工程师之戒

在加拿大，当七大工程学院学生毕业的时候，都要参加一个独特而又神圣的毕业仪式——吉卜林仪式或称作铁戒指仪式，大家手握一条铁索链宣誓自觉、自愿接受工程师章程的规范，敬于、忠于工程师这严谨、严肃的称号。工程学院的毕业生们将在这个仪式上被授予象征着加拿大工程师身份的工程师之戒。它代表着工程师的骄傲、责任、义务以及谦逊，更重要的是提醒他们永远不要忘记历史的教训与耻辱。

后来，这样的传统就一直延续了下来，而那工程师之戒则被誉为"世界上最昂贵的戒指"。它们被戴在工程师常用手的小指上，告诫自己产品质量重于生命，牢记过去的教训，激励自己奋发图强。它们不是金，不是银，却无比珍贵。它们是几十名死难者的血肉，是工程师心里的警钟。它们不及钻石的珍贵与永恒，可是却时刻提醒着工程师所背负的责任。

【阅读材料5-2】

8.12 天津滨海新区爆炸事故

事件过程：

2015年8月12日22时51分46秒，瑞海公司危险品仓库最先起火。

2015年8月12日23时34分06秒发生第一次爆炸，近震震级约2.3级，相当于3吨TNT。发生爆炸的是集装箱内的易燃易爆物品。现场火光冲天，在强烈爆炸声后，高数十米的灰白色蘑菇云瞬间腾起，随后爆炸点上空被火光染红。

2015年8月12日23时34分37秒，发生第二次更剧烈的爆炸，近震震级约2.9级，相当于21吨TNT。

国家地震台网官方微博"@中国地震台网速报"发布消息称，"综合网友反馈，天津塘沽、滨海等，以及河北河间、肃宁、晋州、藁城等地均有震感"。

截至2015年8月13日早8点，距离爆炸发生已经有8个多小时，大火仍未被完全扑灭。因为需要沙土掩埋灭火，而且事故现场形成6处大火点及数十个小火点，灭火需要很长时间。

2015年8月14日16时40分，现场明火被扑灭。

事件损失：

事件造成165人遇难、8人失踪、798人受伤住院治疗。爆炸导致门窗受损的周边居民户数达到17000多户，另外还有779家商户受损。共304幢建筑物（其中办公楼宇、厂房及仓库等单位建筑73幢，居民一类住宅91幢、二类住宅129幢、居民公寓11幢）、12428辆商品汽车、7533个集装箱受损，如图5-14所示。截至2015年12月10日，依据《企业职工伤亡事故经济损失统计标准（GB 6721—1986）》统计，已核定的直接经济损失68.66亿元。

图5-14　8.12天津滨海新区爆炸事故

事件原因：

经调查组查明，最终认定事故直接原因是：瑞海公司危险品仓库运抵区南侧集装箱内的硝化棉由于湿润剂散失出现局部干燥，在高温（天气）等因素的作用下加速分解放热，积热自燃，引起相邻集装箱内的硝化棉和其他危险化学品长时间大面积燃烧，导致堆放于运抵区的硝酸铵等危险化学品发生爆炸。

调查组认定，瑞海公司严重违反有关法律法规，是造成事故发生的主体责任单位。该公司无视安全生产主体责任，严重违反天津市城市总体规划和滨海新区控制性详细规划，违法建设危险货物堆场，违法经营、违规储存危险货物，安全管理极其混乱，安全隐患长期存在。

调查组同时认定，有关地方党委、政府和部门存在有法不依、执法不严、监管不力、履职不到位等问题。天津交通、港口、海关、安监、规划和国土、市场和质检、海事、公安以及滨海新区环保、行政审批等部门单位，未认真贯彻落实有关法律法规，未认真履行职责，违法违规进行行政许可和项目审查，日常监管严重缺失；有些负责人和工作人员贪赃枉法、滥用职权。

天津市委、市政府和滨海新区区委、区政府未全面贯彻落实有关法律法规，对有关部门、单位违反城市规划行为和在安全生产管理方面存在的问题失察失管。

交通运输部作为港口危险货物监管主管部门，未依照法定职责对港口危险货物安全管理督促检查，对天津交通运输系统工作指导不到位。

海关总署督促指导天津海关工作不到位。有关中介及技术服务机构弄虚作假，违法违规进行安全审查、评价和验收等。

【阅读材料 5-3】

2003 年美加大停电事故

事件背景：

美加大停电是指 2003 年 8 月 14 日美国东北部部分地区以及加拿大东部地区出现的大范围停电。停电事故影响到约 5000 万人口，造成美国俄亥俄州、密歇根州、宾夕法尼亚州、佛蒙特州、马萨诸塞州、康涅狄格州、新泽西州以及加拿大安大略省等地区约 61800MW 的负荷损失。事故开始于美国东部时间 8 月 14 日 16 时左右，在美国部分地区，电力供应在 4 日后仍未恢复，而在全部电力供应恢复之前，加拿大安大略省部分地区的停电持续了一个多星期。美国因停电造成的损失估计在 40～100 亿美元。在加拿大，8 月份国民生产总值下降了 0.7%，即 1890 万工作小时的损失，安大略省的产值下降了 23 亿加元。

事件过程：

2003 年 8 月 14 日，整个东北部以及加拿大地区都陷入高温天气，温度从 8 月 11 日的 26℃飙升至 14 日的 31℃，大量空调用电使得第一能源公司的最大负荷在 3 天之内飙升了 20%，从 100950 万 kW 增加至 121650 万 kW，电网管理人员通过从中西部调动电力供给，基本应对了夏季的用电量增加。但是在中西部电网，管理人员严重低估了未来几天的用电增量，由于天气炎热，人们不得不增加空调的使用量，额外增加的负荷严重消耗了电网所储备的负荷，这减小了面临突发事件的回旋余地。

8 月 14 日，俄亥俄州及其附近的 5 座发电站（其中包括两座核电站）因为种种原因都没能提供电力，共计少提供了 31780 万 kW 的电力。8 月 14 日，克利夫兰和阿克伦地区有 4～5 组电容器组因为例行检查而退出供电序列，这其中包括一座重要的变电站的 138kV 继电组，这些设施对于稳定电压是非常重要的，而且这些设备短时间内都无法恢复。根据规程，这样的例行检查时间一般都会错开用电高峰期，而第一能源公司并未将这一状况告知其他公司或机构，这违背了北美电力可靠性委员会（NERC）的规则。

事故发生前，第一能源公司的戴维贝斯核电站因检修停运。14 时左右，俄亥俄州北部的东湖 5 号电厂 550MW 发电机组发生跳闸停运，使得线路负载显著地增加，但是依然维持在额定值之内（第一能源公司的标准值要低于美国电力公司以及 PJM 公司）。

15 时 05 分，俄亥俄州南北联络通道上送克利夫兰的 Harding－Chamberlin 线路跳闸，电压已经开始剧烈波动，由此线路供电的克利夫兰地区用电受到影响。

15 时 32 分，俄亥俄州南北联络通道上送克利夫兰的另一条 Hanna－juniper 345kV 线路跳闸，克利夫兰失去第二回电源线，电压降低，密歇根州内线路潮流保持稳定。

15 时 41 分，俄亥俄州南北联络通道上送克利夫兰的 Star－S. Canton 345kV 线路跳闸。

15 时 46 分，俄亥俄州南北联络通道上送克利夫兰的 Tidd－Canton Ctrl 345kV 线路跳闸，随着克利夫兰地区三起 345kV 线路跳闸，急剧升高的负荷与急剧降低的电压使得克利夫兰与阿克伦地区的 138kV 线路过载。

16 时 06 分，俄亥俄州南北联络通道上 Sammis－Star 345kV 线路跳闸，至此，俄亥俄州北部巨大的用电负荷彻底缺乏了电网支持，俄亥俄州与密歇根州之间潮流发生逆转，约 200MW 功率从密歇根州流向俄亥俄州。

16 时 08 分，加拿大与美国东部发生明显的功率摇摆，俄亥俄州南北通道上的最后两条 345kV 线路（E. Lima－Fostoria 和 Muskingum－OH Central）相继跳闸，至此俄亥俄州南北通道上所有线路全部断开，潮流发生大范围转移。北俄亥俄地区和东密歇根地区负荷中心主要由美国电力（American Electric Power，AEP）通过印第安纳州经密歇根州东西断面受电，此时印第安纳州和密歇根州断面潮流突增为 3700MW，密歇根州东西断面潮流突增为 4800MW，底特律地区至北俄亥俄地区送电在 10s 内突增 2000MW，密歇根州电压严重下降，使密歇根州中部两座电厂共 1800MW 机组在 15s 内相继跳闸，导致电压崩溃。

16 时 10 分 04 秒至 45 秒，北俄亥俄地区和东密歇根地区负荷中心所属环伊利湖地区大约 20 个发电机（当时出力约 2174MW）跳闸，密歇根热电厂 1265MW 机组跳闸，密歇根州东西断面潮流大增，导致 16 时 10 分 37 秒至 16 时 10 分 38 秒期间密歇根州东西通道上的线路相继跳闸；同时，在 16 时 10 分 38 秒，从 Perry－Ashtabula－Erie West 345kV 线路跳闸，使沿 Erie 湖南岸从宾夕法尼亚州到俄亥俄州北部的线路情况恶化，至此事故中心地区仅通过和安大略省的电网和美加东部主网联络。在地区电网进一步电压崩溃的同时，潮流再次发生大范围转移，从俄亥俄州南部经宾夕法尼亚州、纽约州、安大略省、底特律地区最终向北俄亥俄和东密歇根地区送电。安大略省和底特律地区之间潮流断面骤然反向，且 PJM 和纽约州电网断面的潮流极大。

16 时 10 分 40 秒至 44 秒，由于断面潮流太大，美国 PJM 和纽约州电网断面上的四条线路相继跳闸，断开了 PJM 和纽约州电网。此时整个美国东北部电网，即安大略省电网、纽约州电网以及正在电压崩溃的北俄亥俄州和东密歇根电网仅通过新泽西州和纽约州的联络线与加拿大西部等地区的联络线和美加主网联络。

16时10分41秒，由于北俄亥俄地区大量机组和线路跳闸，特别是Beaver – DavisBesse 345kV线路跳闸后，克利夫兰地区形成了电力"孤岛"，于是在低频减载动作和大量线路跳闸的共同作用下系统崩溃，全部负荷损失。

16时10分46秒至55秒，被解列出主网的美国东北部电网再次解列为两片，纽约电网和新英格兰电网断面线路全部跳闸。

16：10分57秒，事故中心电网又再次解列为纽约州和安大略省电网两片，而这次解列使电网的大量出力均留在解开后的纽约州电网，因此，安大略省电网低频减载连续动作以试图维持运行，但最终无法奏效，纽约州和安大略省电网的几条联络线也几次重合以期联络，但最后还是在5s内相继跳闸，导致安大略省电网全部崩溃。至此，美国整个东北部电网仅有新英格兰和纽约州西部电网剩余，美国东北部与加拿大渥太华省的大部分地区陷入了黑暗。

事件影响：

在短短的3秒钟之内，因为东部地区内部电网的自动断开，一些地区所有的接入电源被切断，彻底失去了电力，最终形成了电力"孤岛"。断电引发了一系列的次生事件：8月14日纽约市发生60起严重火灾，电梯救援行动多达800次，紧急求救电话接近8万次，急诊医疗服务求助电话也创纪录达到5000次。8月15日早上，尽管电力供应部分得以恢复，但由于地铁停开，交通信号灯仍没有恢复正常，成千上万的纽约市民一大早起来显得有些手足无措，街头景象忙乱不堪，如图5-15所示。8月15日，美国密歇根州和俄亥俄州部分地区又开始面临缺水威胁，密歇根州东南部的5个县进入紧急状态，俄亥俄州的克利夫兰地区，100多万居民8月14日晚靠国民警卫队运来的水度过了一个夜晚。

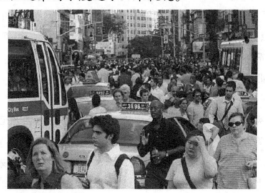

图5-15 2003年美加大停电事故

事件原因：

1）当时第一能源公司控制室的报警系统未正常工作，而控制室内的运行人员也未注意到这一点，即他们没有发现输电线路跳闸。

2）由于第一能源公司的监控设备没有报警，控制人员未采取相应的措施，如减负荷等，致使故障扩大化，最终失去控制。

3）正是由于第一能源公司根本未意识到出现问题，也就没有通告相邻的电力公司和可靠性协调机构，否则他们很可能协助解决问题。

4）此时，中部独立运营商（MISO）作为该地区（包括第一能源公司）的输电协调机构，也出现问题。

5）MISO 的系统分析工具在 8 月 14 日下午未能有效地工作，导致 MISO 没有及早注意到第一能源公司的问题并采取措施。

6）MISO 用过时的数据支持系统的实时监测，结果未能检测出第一能源公司的事态发展，也未采取缓解措施。

7）MISO 缺乏有效的工具确定是哪条输电线路断路器动作，否则 MISO 的运行人员可以根据这些信息更早地意识到事故的严重性。

8）MISO 和 PJM 互联机构（控制宾夕法尼亚州、马里兰州和新泽西州等地）在其交界处对突发事件各自采取的对策缺乏联合协调措施。

总体而言，这次大停电是诸多因素所致，包括通信设施差、人为错误、机械故障、运行人员培训不够及软件误差等。从复杂的计算机模拟系统到简单的输电走廊树枝修剪，都未予以足够的重视。

事件启示：

1）美国在电网建设和管理中缺乏统一规划、协调管理，电网网架结构存在不合理的薄弱环节，抗故障能力差。

2）美国没有一个能够协调组织各地区电网的统一电力调度中心，不能做到对大电网的协调控制，容易造成运行调度和事故处理过程的盲目性，贻误时机，导致事故扩大。

3）电网公司没有自己的调峰和调频电厂，电网运行备用不足，缺乏调控手段。

4）美国大部分电网建于 20 世纪 50 年代，由于片面追求经济效益，对变电站和输配电系统的维护和改造投入不足，造成高峰时线路负荷过重。

5）在厂网协调方面存在问题，未建立起厂网协调的保护和安全稳定控制系统。

6）各独立系统运行部门自成体系、自我防护，相互之间缺乏沟通，对整个电网情况了解不够，因而不能及时采取有效措施，制止事故的蔓延。

事件教训：

（1）做好电力系统的统一规划

美国电网多次发生大面积停电事故，其主要内在原因是缺乏统一规划，电网结构没有做到合理的分层分区，抗干扰能力差。在高峰负荷时线路负载重，发生"N–1"故障时极易导致相邻线路过载而相继跳闸。在故障扩大时，也很难采取恰当的解列措施。加上近年来对电网投资减少，电网发展滞后，使这一状况更为严重。我国应吸取美国的教训，做好电源和电网的统一规划和建设，其要点是：坚持电源分散接入受端系统的原则，加强输电通道中间支撑和受端系统的主网架建设，电网要做到合理的分层分区、结构清晰。

（2）坚持统一调度的方针

我国应坚持统一调度的方针，做到大电网的协调运行和控制，包括：运行方式的统一安排，电厂检修的统一安排，继电保护和安全自动装置的协调配置，事故处理的统一指挥等，确保整个电力系统的安全和稳定运行。

（3）电网运行要有足够的备用容量

美国这次事故与先前的一些事故一样，大多数发生在电网大负荷运行期间，电源备用不足。一旦电网发生故障，大电源退出，就会因供电不足而产生连锁反应，使事故扩大。当前我国部分地区供电形势紧张，电网运行处于备用不足或无备用的状态，因此要十分注意合理安排运行方式，采取各种有效措施，为电网的安全稳定运行提供可靠的保障。

（4）加强继电保护和安全稳定自动装置的优化配置

美国电网历次事故的扩大都与继电保护和安稳装置的配置有关系。我国电网结构薄弱，对二次继电保护和安全自动装置的要求更高，需要发展先进、可靠的继电保护装置和稳定控制技术，搞好三道防线的建设，防止事故扩大，避免大面积停电事故的发生。

（5）做好反事故预案和"黑启动"方案

大电网运行时，存在因各种原因导致事故扩大的可能性。因此，做好电网事故发生后的处理预案和电网一旦崩溃后尽快恢复的"黑启动"方案十分重要。

（6）加强电力系统计算分析和仿真试验工作

坚持做好电力系统的计算分析和仿真试验工作。通过事故预想分析，找出系统中存在的薄弱环节，对可能发生的事故作好预案，这对于防止大面积停电事故的发生是十分重要的。

（7）做好电力市场条件下的互联电网发展关键技术研究

目前我国电力体制改革进一步深化，西电东送、南北互供和全国电网互联工程逐步展开。为了适应这种情况，应加强电力市场条件下的互联电网运行关键技术研究，包括：新电力体制下的电网运行规则、电网互联格局和方式、厂网协调运行、电网安全稳定特性和监测控制技术、系统调压控制技术和提高电压稳定性的控制措施、电力系统负荷模型的研究与完善、发电机组励磁系统及PSS、调速器及原动机模型和参数的研究与实测等，并提出新形势下确保系统安全稳定运行、避免大面积停电事故的新技术和新措施。

习题与思考题

5-1 如何理解安全生产？

5-2 安全生产的本质是什么？

5-3 我国的安全生产方针是什么？

5-4 安全生产的基本原则有哪些？

5-5 安全生产的范围包括哪些方面？

5-6 企业为什么要坚持"管生产必须管安全"的方针？

5-7 什么是安全生产责任制？

5-8 安全文化建设有什么作用？

5-9 在安全与生产的矛盾关系中，如何理解安全是矛盾的主要方面？

5-10 工程中的安全生产问题有哪几个方面？

5-11 如何防范工程中的风险？

5-12 电流对人体的伤害有几种形式？

5-13 防止触电有哪些措施？

5-14 漏电保护器的功能是什么？

5-15 安全用电中红色、黄色、绿色、蓝色、白色、黑色分别代表什么含义？

5-16 消防标志的作用是什么？

5-17 对于不同火灾类型，使用灭火器需要注意什么？

5-18 发生火灾时逃生需要注意哪些方面？

5-19 哪些属于危险化学品？

5-20 危险化学品储存发生火灾的主要原因有哪些？

5-21　危险化学品储存有哪些要求？

5-22　画一张办公室（或教室、家庭）疏散逃生路线图，并演练一遍。请按照以下六个步骤设计办公室中的火灾逃生线路：

第一步：画一幅办公室（或教室、家庭）的平面图。

第二步：在图上标出所有可能的逃生出口。

第三步：尽量为每个房间画出两条逃生路线。

第四步：重点关注火灾发生时办公室（或教室、家庭）里其他需要帮助的成员。

第五步：在户外确定一个会合点。

第六步：在户外给消防队打电话报警。

最后，一定记得演练你的火灾逃生计划。

5-23　结合阅读材料5-1，谈谈安全生产与风险防范的重要意义。

5-24　结合阅读材料5-2，分析易燃易爆化学品如何安全运输和存放。发生火灾、爆炸等安全事故时如何逃生和应急？

5-25　结合阅读材料5-3，从电网公司、电网工程师、用电个人和家庭三个角度思考如何保障用电安全。

第6章 法律法规

工程活动是社会主体在一定时期和一定社会环境中开展的社会实践活动。在工程的规划、决策、建造、使用、管理等活动中，不是单纯的技术过程，还集成了众多的社会因素，包括政治的、经济的、法律的、文化的、伦理的各种因素。因此，在工程建设的各个环节都有可能出现纠纷。工程建设纠纷的解决是需要相关法律法规作为依据的。本章介绍一些基本的法律法规概念，包括知识产权法、合同法、劳动法、安全生产法、产品质量法等，侧重于工程与法律之间的关系，以帮助工程师在工程建设中建立法律意识。

6.1 知识产权和商业机密

6.1.1 知识产权

1. 知识产权的基本概念

知识产权是指权利人对其智力劳动所创作的成果和经营活动中的标记、信誉所依法享有的专有权利，通常是国家赋予创造者对其智力成果在一定时期内享有的专有权或独占权。各种智力创造比如发明、外观设计、文学和艺术作品，以及在商业中使用的标志、名称、图像，都可被认为是某一个人或组织所拥有的知识产权。

知识产权从本质上说是一种无形财产权，其客体是智力成果或是知识产品，是一种无形财产或者一种没有形体的精神财富，是创造性的智力劳动所创造的劳动成果。它与房屋、汽车等有形财产一样，都受到国家法律的保护，都具有价值和使用价值。有些重大专利、驰名商标或作品的价值也远远高于房屋、汽车等有形财产。

2017 年 4 月 24 日，最高人民法院首次发布《中国知识产权司法保护纲要（2016—2020）》。2018 年，中共中央办公厅、国务院办公厅印发《关于加强知识产权审判领域改革创新若干问题的意见》等重要文件。

2. 知识产权的类型

知识产权有两类：一类是著作权（也称为版权、文学产权），另一类是工业产权（也称为产业产权）。

著作权又称版权，是指自然人、法人或者其他组织对文学、艺术和科学作品依法享有的财产权利和精神权利的总称，主要包括著作权及与著作权有关的邻接权。通常人们说的知识产权主要是指计算机软件著作权和作品登记。

工业产权则是指工业、商业、农业、林业和其他产业中具有实用经济意义的一种无形财产权。工业产权包括专利、商标、服务标志、厂商名称、原产地名称，以及植物新品种权和集成电路布图设计专有权等。

3. 知识产权权益

按照内容组成，知识产权由人身权利和财产权利两部分构成，也称之为精神权利和经济权利。

所谓人身权利，是指权利同取得智力成果的人的人身不可分离，是人身关系在法律上的反映。例如，作者在其作品上署名的权利，或对其作品的发表权、修改权等，即为精神权利。

所谓财产权利，是指智力成果被法律承认以后，权利人可利用这些智力成果取得报酬或者得到奖励的权利，这种权利也称之为经济权利。它是指智力创造性劳动取得的成果，并且是由智力劳动者对其成果依法享有的一种权利。

4. 知识产权出资

根据《中华人民共和国公司法》第二十七条，股东可以用货币出资，也可以用实物、知识产权、土地使用权等可以用货币估价并可以依法转让的非货币财产作价出资；但是，法律、行政法规规定不得作为出资的财产除外。

对作为出资的非货币财产应当评估作价，核实财产，不得高估或者低估作价。法律、行政法规对评估作价有规定的，从其规定。

知识产权出资需要经过评估，评估需要提供如下材料：

1）提供专利证书，专利登记簿，商标注册证，与无形资产出资有关的转让合同，交接证明等。

2）填写无形资产出资验证清单。要求填写的名称、有效状况、作价等内容符合合同、协议、章程由企业签名或验收签章，获得各投资者认同，并在清单上签名。

3）无形资产应办理过户手续（知识产权办理产权转让登记手续；非专利技术签订技术转让合同；土地使用权办理变更土地登记手续）但在验资时尚未办妥的，填写出资财产移交表，由拟设立企业及其出资者签署，并承诺在规定期限内办妥有关财产权转移手续；交付方式、交付地点合同、协议、章程中有规定的，应与合同、协议、章程相符；"接收方签章"栏，由全体股东签字盖章。

4）资产评估机构出具的评估目的、评估范围与对象、评估基准日、评估假设等有关限定条件满足验资要求的评估报告和出资各方对评估资产价值的确认文件。

5）新公司法第二十七条删去了旧款关于知识产权出资比例的要求，意味着企业可以100%用知识产权出资。

6）以专利权出资的，如专利权人为全民所有制单位，提供上级主管部门批文；以商标权出资，提供商标主管部门批文；以高新技术成果出资的，提供国家或省级科技管理部门审查认定文件。

6.1.2 工业产权

1. 商标权

商标权是指商标主管机关依法授予商标所有人对其申请商标受国家法律保护的专有权。商标是用以区别商品和服务不同来源的商业性标志，由文字、图形、字母、数字、三维标志、颜色组合和声音等，以及上述要素的组合构成。中国商标权的获得必须履行商标注册程序，而且实行申请在先原则。商标是产业活动中的一种识别标志，所以商标权的作用主要在于维护产业活动中的秩序，与专利权的不同作用主要在于促进产业的发展不同。

2. 专利保护

专利是指一项发明创造向国家专利局提出专利申请，经依法审查合格后，向专利申请人授予的在规定时间内对该项发明创造享有的专有权。

根据《中华人民共和国专利法》，发明创造有三种类型：发明、实用新型和外观设计。发明和实用新型专利被授予专利权后，专利权人对该项发明创造拥有独占权，任何单位和个人未经专利权人许可，都不得实施其专利，即不得为生产经营目的制造、使用、许诺销售、销售和进口其专利产品。外观设计专利权被授予后，任何单位和个人未经专利权人许可，都不得实施其专利，即不得为生产经营目的制造、销售和进口其专利产品。未经专利权人许可，实施其专利即侵犯其专利权，引起纠纷的，由当事人协商解决；不愿协商或者协商不成的，专利权人或利害关系人可以向人民法院起诉，也可以请求管理专利工作的部门处理。当然，也存在不侵权的例外，比如先使用权和科研目的的使用等。专利保护采取司法和行政执法"两条途径、平行运作、司法保障"的保护模式。

3. 商号权

商号权即厂商名称权，是对自己已登记的商号（厂商名称、企业名称）不受他人妨害的一种使用权。企业的商号权不能等同于个人的姓名权（人格权的一种）。

此外，如原产地名称、专有技术、反不正当竞争等也规定在《保护工业产权巴黎公约》中，但原产地名称不是智力成果，专有技术和不正当竞争只能由《中华人民共和国反不当竞争法》保护，一般不列入知识产权的范围。

6.1.3 著作权

1. 著作权的概念

著作权亦称版权，是指作者对其创作的文学、艺术和科学技术作品所享有的专有权利。著作权是公民、法人依法享有的一种民事权利，属于无形财产权。

《中华人民共和国著作权法实施条例（2013 修订）》（以下简称《著作权法实施条例》）第二条对作品做出定义：著作权法所称作品，是指文学、艺术和科学领域内具有独创性并能以某种有形形式复制的智力成果。这里的"独创性"一般理解为原创性，即指作品应通过作者的构思和脑力活动进行创作，不应当是通过抄袭他人的作品而获得。同时，《著作权法实施条例》第三条规定，著作权法所称创作，是指直接产生文学、艺术和科学作品的智力活动。为他人创作进行组织工作，提供咨询意见、物质条件，或者进行其他辅助工作，均不视为创作。

《中华人民共和国著作权法（2010 修正）》第三条对作品种类划分，主要包括：文字作品，口述作品，音乐、戏剧、曲艺、舞蹈、杂技艺术作品，美术、建筑作品，摄影作品，电影作品和以类似摄制电影的方法创作的作品，工程设计图、产品设计图、地图、示意图等图形作品和模型作品，计算机软件，法律、行政法规规定的其他作品。

2. 著作权的权利

1）发表权，即决定作品是否公之于众的权利。

2）署名权，即表明作者身份，在作品上署名的权利。

3）修改权，即修改或者授权他人修改作品的权利。

4）保护作品完整权，即保护作品不受歪曲、篡改的权利。

5）复制权，即以印刷、复印、拓印、录音、录像、翻录、翻拍等方式将作品制作一份或者多份的权利。

6）发行权，即以出售或者赠与方式向公众提供作品的原件或者复制件的权利。

7）出租权，其主体为电影作品和以类似摄制电影的方法创作的作品的著作权人、计算机软件的著作权人、录像制品制作者、录音制品制作者等邻接权人。

8）展览权，即公开陈列美术作品、摄影作品的原件或者复制件的权利。

9）表演权，即公开表演作品，以及用各种手段公开播送作品的表演的权利。

10）放映权，即通过放映机、幻灯机等技术设备公开再现美术、摄影、电影和以类似摄制电影的方法创作的作品等的权利。

11）广播权，即以无线方式公开广播或者传播作品，以有线传播或者转播的方式向公众传播广播的作品，以及通过扩音器或者其他传送符号、声音、图像的类似工具向公众传播广播的作品的权利。

12）信息网络传播权，即以有线或者无线方式向公众提供作品，使公众可以在其个人选定的时间和地点获得作品的权利。

13）摄制权，即以摄制电影或者以类似摄制电影的方法将作品固定在载体上的权利。

14）改编权，即改变作品，创作出具有独创性的新作品的权利。

15）翻译权，即将作品从一种语言文字转换成另一种语言文字的权利。

16）汇编权，即将作品或者作品的片段通过选择或者编排，汇集成新作品的权利。

17）应当由著作权人享有的其他权利。

著作权要保障的是思想的表达形式，而不是保护思想本身，因为在保障著作财产权此类专属私人之财产权利益的同时，尚须兼顾人类文明的累积与知识及资讯的传播，而算法、数学方法、技术或机器的设计均不属著作权所要保障的对象。

著作权实行自愿登记，作品不论是否登记，作者或其他著作权人依法取得的著作权不受影响。实行作品自愿登记制度的目的在于维护作者或其他著作权人以及作品使用者的合法权益，有助于解决因著作权归属造成的著作权纠纷，并为解决著作权纠纷提供初步证据。

6.1.4 网络侵权

网络侵权行为按主体可分为网站侵权（法人）和网民（自然人）侵权，按侵权的主观过错可分为主动侵权（恶意侵权）和被动侵权，按侵权的内容可分为侵犯人身权和侵犯财产权（也有同时侵犯的情况）。

网站侵权多为主动性侵权，即网站转载别的网站或他人的作品既不注明出处和作者，也不向相关的网站和作者支付报酬，这就同时侵犯了著作权人的人身权和财产权。因为大多数网站都是营利性质的经济组织，利用别人的劳动成果为自己牟利而又不支付报酬，其非法性是显而易见的。实际上，这种情况大量存在着，很多网站把属于别人的软件、文章、图片、音乐、动画拿过来放在自己网站上供用户浏览、下载，以此向用户收费或者吸引广告主的资金投入。当然，侵权人是否以营利为目的并不影响侵权的构成。

网站的被动侵权主要是指在网站所不能控制的领域内本网站的用户有侵权行为的发生，经著作权人向网站提出警告后网站仍不将侵权作品移除的情况。由于网站信息的海量和自由度较大的特征，决定了网站不可能审查所有上传信息的合法性，当网络用户有侵犯著作权行为的发生时，网站往往不能及时发现。此时，权利人不能追究网站的侵权责任。但网站负有配合著作权人查明侵权人信息（一般的网站都实行注册用户管理）的义务，并在著作权人提出证据证明侵权行为确实发生并向网站提出警告后及时将该作品移除，否则即构成共同侵权。

网民的侵权多为被动性侵权，可以看到，在论坛或者博客等网民可以自由发表言论（文章）的领域，大多数网民并不知道自己使用别人的作品（图片、文章、音乐、动画等）还要注明出处和作者，甚至还要向作者支付报酬，虽然大多数网民主观上是没有恶意的，但确实已经构成了侵权行为。当然，如果是复制了别人的作品以自己的名义发表，那就是主动的和恶意的侵权了，通常把这种情况叫作抄袭。中国著作权法同时规定了一些例外的情况，比如为了个人学习和欣赏而使用别人已经发表的作品，为了介绍或评论某一作品或者说明某一问题在自己的作品中适当引用他人已经发表的作品，既不需要征得权利人的同意，也不需要支付报酬，这些情况都不看作是侵权。但在这里有两个问题需要注意，一是权利人明确声明未经同意不得使用（转载、复制）的，须事先征得权利人的同意；二是权利人未明确声明的情况下可以不用征求权利人的同意，也不必向其支付报酬，但在使用时必须注明作品的出处和作者，否则一样构成侵权。

6.1.5 商业机密

1. 商业秘密的概念

商业秘密是指不为公众所知悉、能为权利人带来经济利益、具有实用性并经权利人采取保密措施的技术信息和经营信息。商业秘密是企业的财产权利，它关乎企业的竞争力，对企业的发展至关重要，有的甚至直接影响到企业的生存。

商业秘密权是权利人劳动成果的结晶，商业秘密权是权利人拥有的一种无形财产权，反不正当竞争法将侵犯商业秘密行为作为不正当竞争行为予以禁止是十分必要的。侵犯商业秘密行为是指以不正当手段，获取、披露、使用或允许他人使用权利人的商业秘密，给权利人造成重大损失的行为，同时还会极大地破坏整个市场竞争环境和竞争秩序。

商业秘密表现的方式有很多种，根据这些主要领域信息可以了解商业机密，如管理方法、产销策略、客户名单、货源情报等经营信息，生产配方、工艺流程、技术诀窍、设计图样等技术信息。它们一旦泄露很可能会为他人所有，直接影响一个企业的或者是个人的发展。

2. 商业秘密和专利商标的区别

商业秘密不同于专利和注册商标，商业秘密不具有严格意义上的"独占性"，不受地域和时间的限制，其效力完全取决于商业秘密的保密程度。只要获得及使用手段合法，它可以为多个权利主体同时拥有和使用，如自主研究开发，或者通过反向工程破译他人商业秘密等。

专利是指该公司享有某种产品的技术权利，具有地域性和时间性的特点。其他人（或企业）在没有得到许可的情况下是不能生产同类产品的。

那么对于商业秘密侵权的该给出怎样的处罚呢？我国法律规定犯罪主体是一般主体，既包括自然人，也包括单位。违反相关法律规定，侵犯商业秘密的，监督检查部门应当责令停止违法行为，可以根据情节处以一万元以上二十万元以下的罚款。因此商业机密需做好保护，它不像专利、商标、版权一样可以直接公开出来保护。

6.2　合同法

我国于 1999 年 3 月 15 日第九届全国人民代表大会第二次会议通过颁布《中华人民共和国合同法》。在我国，合同法是调整平等主体之间的交易关系的法律，它主要规定合同的订立、合同的效力及合同的履行、变更、解除、保全、违约责任等问题。

6.2.1　合同的含义、订立原则和法律特征

1. 合同的含义

合同是指双方或多方当事人（自然人或法人）关于建立、变更、消灭民事法律关系的协议。此类合同是产生债的一种最为普遍和重要的根据，故又称债权合同。《中华人民共和国合同法》所规定的经济合同，属于债权合同的范围。合同有时也泛指发生一定权利、义务的协议，又称契约，如买卖合同、师徒合同、劳动合同以及工厂与车间订立的承包合同等。

2. 合同的订立原则

1）合同当事人的法律地位平等，一方不得将自己的意志强加给另一方。

2）当事人依法享有自愿订立合同的权利，任何单位和个人不得非法干预。

3）当事人应当遵循公平原则确定各方的权利和义务。

4）当事人行使权利、履行义务应当遵循诚实守信的原则。

5）当事人订立、履行合同，应当遵循法律、行政法规，尊重社会公德，不得干扰社会经济秩序，损害社会公共利益。

3. 合同的法律特征

1）合同是双方的法律行为，即需要两个或两个以上的当事人互为意思表示（意思表示就是将能够发生民事法律效果的意思表现于外部的行为）。

2）双方当事人意思表示须达成协议，即意思表示要一致。

3）合同系以发生、变更、终止民事法律关系为目的。

4）合同是当事人在符合法律规范要求条件下而达成的协议，故应为合法行为。

合同一经成立即具有法律效力，在双方当事人之间就发生了权利、义务关系；或者使原有的民事法律关系发生变更或消灭。当事人一方或双方未按合同履行义务，就要依照合同或法律承担违约责任。

6.2.2　合同的分类

根据不同的分类标准合同可以划分为以下几种。

1. 计划合同与普通合同

凡直接根据国家经济计划而签订的合同，称为计划合同，如企业法人根据国家计划签订的购销合同、建设工程承包合同等。普通合同亦称非计划合同，不以国家计划为合同成立的前提。公民间的合同是典型的非计划合同。中国经济体制改革以来，计划合同日趋减少。在社会主义市场经济条件下，计划合同已被控制在很小范围之内。

2. 双务合同与单务合同

双务合同即缔约双方相互负担义务，双方的义务与权利相互关联、互为因果的合同，如买卖合同、承揽合同等。单务合同指仅由当事人一方负担义务，而他方只享有权利的合同，如赠与、无息借贷、无偿保管等合同为典型的单务合同。

3. 有偿合同与无偿合同

有偿合同为合同当事人一方因取得权利需向对方偿付一定代价的合同。无偿合同即当事人一方只取得权利而不偿付代价的合同，故又称恩惠合同。前者如买卖、互易合同等，后者如赠与、使用合同等。

4. 诺成合同与实践合同

以当事人双方意思表示一致，合同即告成立的，为诺成合同。除双方当事人意思表示一致外，尚须实物给付，合同始能成立，为实践合同，亦称要物合同。

5. 要式合同与非要式合同

凡合同成立须依特定形式始为有效的，为要式合同；反之，为非要式合同。《中华人民共和国经济合同法》规定，法人之间的合同除即时清结者外，应当以书面形式订立。公民间房屋买卖合同除用书面形式订立外，尚须在国家主管机关登记过户。

6. 主合同与从合同

凡不依他种合同的存在为前提而能独立成立的合同，称为主合同。凡必须以他种合同的存在为前提始能成立的合同，称为从合同。例如债权合同为主合同，保证该合同债务之履行的保证合同为从合同。从合同以主合同的存在为前提，故主合同消灭时，从合同原则上亦随之消灭；反之，从合同的消灭，并不影响主合同的效力。

7. 其他合同

通常合同当事人均为自己或自己的被代理人取得一定权利而缔结合同。但在某些情况下，缔结合同的一方是为第三人取得权利或利益的，从而赋予第三人对债务人的独立请求权，故称为第三人利益缔结的合同。依据法律或合同规定向受益人给付保险金额的人寿保险合同，是典型的为第三人利益订立的合同，因被保险人死亡后，受益人为第三人。此外，合同还可分为总合同与分合同，要因合同与不要因合同，有名合同与无名合同等。

约定将来订立一定合同的协议为预约。嗣后履行预约而订立的合同为本约，即本合同。凡订有预约的，即负有订立本合同的义务，违背预约而使对方遭受损失时亦应负民事责任。

6.2.3 合同的形式

即合同双方当事人关于建立合同关系的意思表示的方式。中国的合同形式有口头合同、书面合同和经公证、鉴证或审核批准的书面合同等。

1. 口头合同

口头合同是以口头的（包括电话等）意思表示方式而建立的合同。这种合同形式在发生纠纷时，难以举证和分清责任。不少国家对于责任重大的或一定金额以上的合同，限制使用口头形式。

2. 书面合同

书面合同即以文字的意思表示方式（包括书信、电报、契券等）而订立的合同，或者把口头的协议做成书契、备忘录等。书面形式有利于分清是非责任、督促当事人履行合同。

中国法律要求法人之间的合同除即时清结者外，应以书面形式签订。其他国家也有适用书面合同的规定。

3. 经公证、鉴证或审核批准的书面合同

1）合同公证是国家公证机关根据合同当事人的申请，对合同的真实性及合法性所做的证明。经公证的合同，具有较强的证据效力，可作为法院判决或强制执行的根据。对于依法或依约定须经公证的合同，不经公证则合同无效。

2）合同鉴证是中国工商行政管理机关和国家经济主管部门应合同当事人的申请，依照法定程序，对当事人之间的合同进行的鉴证。鉴证机关认为合同内容有修改的必要时，有权要求当事人双方予以改正。鉴证机关还有监督合同履行的权利，故鉴证具有行政监督的特点。目前中国合同鉴证除部门或地方性法规有明确规定的以外，一般由当事人自愿决定是否鉴证。

3）合同的审核批准，指按照国家法律或主管机关的规定，某类合同或一定金额以上的合同，必须经主管机关或上级机关的审核批准，这类合同非经上述单位审核批准不能生效。例如，对外贸易合同即应依法进行审批程序。

6. 2. 4　合同的条款和签订

1. 合同的条款

合同可分为基本条款和普通条款，又称必要条款和一般条款。当事人对必要条款达成协议的，合同即为成立；反之，合同不能成立。

确定合同必要条款的根据有三种：

1）根据法律规定。凡是法律对合同的必要条款有明文规定，应根据法律规定。

2）根据合同的性质确定。法律对合同的必要条款没有明文规定的，可以根据合同的性质确定。例如买卖合同的标的物、价款是买卖合同的必要条款。

3）根据当事人的意愿确定。除法律规定和根据合同的性质确定的必要条款以外，当事人一方要求必须规定的条款，也是必要条款。例如当事人一方对标的物的包装有特别要求而必须达成协议的条款，就是必要条款。

合同条款除必要条款之外，还有其他条款，即一般条款。一般条款在合同中是否加以规定，不会影响合同的成立。将合同条款规定得具体详明，有利于明确合同双方的权利、义务和合同的履行。

2. 合同的签订

一般要经过要约和承诺两个步骤。

（1）要约

当事人一方向他方提出订立合同的要求或建议。提出要约的一方称要约人。在要约里，要约人除表示欲签订合同的愿望外，还必须明确提出足以决定合同内容的基本条款。要约可以向特定的人提出，亦可向不特定的人提出。要约人可以规定要约承诺期限，即要约的有效期限。在要约的有效期限内，要约人受其要约的约束，即有与接受要约者订立合同的义务；出卖特定物的要约人，不得再向第三人提出同样的要约或订立同样的合同。要约没有规定承诺期限的，可按通常合理的时间确定。对于超过承诺期限或已被撤销的要约，要约人则不受其拘束。

（2）承诺

当事人一方对他方提出的要约表示完全同意。同意要约的一方称要约受领人，或受要约人。受要约人对要约表示承诺，其合同即告成立，受要约人就要承担履行合同的义务。对要约内容的扩张、限制或变更的承诺，一般可视为拒绝要约而为新的要约，对方承诺新要约，合同即成立。

6.2.5 合同的变更或解除

合同的变更或解除是指对已经成立的合同内容的部分修改、补充或全部取消。合同一方因故需要修改、补充合同某些条款或解除合同关系时，必须征得对方同意。亦即以双方达成的新协议，变更或解除原来的旧协议。变更、解除合同的新协议，仍按原合同的形式办理。

在法律或合同明确规定的情况下，如当事人一方不履行或不适当履行合同义务时，另一方有权解除合同。故合同可由当事人一方行使解除权而消灭。《中华人民共和国经济合同法》规定，如由于合同所依据的国家计划被修改或取消，由于行政命令企业必须关闭、停产或转产，由于不可抗力以及由于一方违约致使合同不能履行或履行已无必要时，允许当事人一方及时通知他方变更或解除合同。

6.2.6 《中华人民共和国合同法》的主要内容

《中华人民共和国合同法》由中华人民共和国第九届全国人民代表大会第二次会议于1999 年 3 月 15 日通过，于 1999 年 10 月 1 日起施行。

《中华人民共和国合同法》主要内容包括 11 章。

1. 第一章　一般规定

对合同法的立法目的、合同法的调整范围以及合同法的基本原则做了规定。

2. 第二章　合同的订立

对订立合同的主体的资格、合同的形式、合同的主要条款、要约与承诺制度、根据国家的指令性任务或者国家订货任务订立的合同、格式条款、缔约过失责任做了规定。

3. 第三章　合同的效力

合同的效力，是指已经成立的合同在当事人之间产生的一定的法律拘束力，也就是通常说的合同的法律效力。本章对合同的生效时间、附条件的合同、附期限的合同、效力待定合同、表见代理合同、无效合同、可撤销合同等合同效力的主要问题做了规定。

4. 第四章　合同的履行

主要对合同当事人的权利义务以及合同中止履行的条件等做了规定。

5. 第五章　合同的变更和转让

主要对合同变更、合同权利转让、合同义务转移、合同权利和义务一并转让以及当事人合并和分立的权利和义务等做了规定。

6. 第六章　合同的权利义务终止

合同是平等主体的自然人、法人、其他组织之间设立、变更、终止民事权利义务关系的协议。本章规定了合同权利义务终止的情形，解除合同的条件、程序及解除合同后责任的承担，抵销的条件、程序，提存的条件、程序，债务的免除，债权债务的混同以及后合同义务等。

7. 第七章 违约责任

对承担违约责任的方式、预期违约制度、损失赔偿额的确定、违约金制度、违约金与定金的选择适用，不可抗力以及违约责任与侵权责任的竞合等内容做了规定。

8. 第八章 其他规定

关于其他法律对合同另有规定应如何适用法律、对无名合同如何适用法律、合同条款发生争议或者词句不一致的解释、涉外合同法律适用、对合同监督处理、对合同争议处理方式以及对国际货物买卖和技术进出口合同争议提起诉讼或者申请仲裁的期限的规定。

9. 第九章 买卖合同

对买卖合同标的物所有权的转移、标的物的交付和风险承担、买受人检验标的物的期间和效力、分期付款买卖、凭样品买卖、试用买卖等问题做了规定。

10. 第十章 供用电、水、气、热力合同

对供用电合同的概念、内容和履行地点、供用电双方的权利义务、违约责任以及供用水、气、热力合同参照适用等内容做了规定。

11. 第十一章 赠与合同

对赠与合同的概念、赠与合同的成立、当事人的权利义务、瑕疵担保责任、赠与的任意撤销和法定撤销、违约责任等做了规定。

12. 第十二章 借款合同

主要调整金融机构与自然人、法人和其他组织以及自然人之间的借款合同关系。对借款合同的概念、合同的形式及内容、合同的担保、贷款人和借款人双方的权利和义务以及当事人违反合同的责任等内容做了规定。

13. 第十三章 租赁合同

主要对租赁合同的概念、租赁合同的主要条款、租赁合同的期限、租赁合同的形式、出租人交付租赁物、对租赁物的维修以及对租赁物的质量和权利的瑕疵担保义务、承租人妥善保管租赁物、按时交纳租金的义务等问题做了规定。

14. 第十四章 融资租赁合同

主要内容包括融资租赁合同的定义、融资租赁合同的内容、融资租赁合同中出租人的主要权利和义务、承租人的主要权利和义务、融资租赁交易中融资租赁合同与买卖合同的关系、融资租赁合同中租金的构成、租赁期间届满租赁物的归属等。

15. 第十五章 承揽合同

对承揽合同的方式、材料的提供、履行期限、支付报酬、保管责任、留置权等承揽人与定作人之间的权利义务做了规定。

16. 第十六章 建设工程合同

对建设工程合同的订立、禁止违法分包与转包、建设工程合同的内容、竣工验收、支付价款以及发包人与承包人其他的权利义务做了规定。

17. 第十七章 运输合同

在综合各专门运输法的规定和借鉴国际公约、各国运输合同立法中的有益经验的基础上，规定了本章的运输合同。本章分为四节：第一节一般规定，主要规定了运输合同的一般规则；第二节客运合同，主要规定了客运合同的主要内容；第三节货运合同，主要规定了货运合同的主要内容；第四节多式联运合同，主要规定了多式联运合同的特殊内容。

18. 第十八章 技术合同

对技术合同的概念、技术合同的内容、职务技术成果的归属、技术合同的无效等做了一般性规定。对技术开发合同、技术转让合同、技术咨询合同和技术服务合同的概念、合同当事人的权利义务、违约责任等内容做了具体规定。

19. 第十九章 保管合同

对保管合同的定义、成立、有偿与无偿、保管凭证、保管人的权利义务、寄存人的权利义务、贵重物品的寄存，以及消费保管等做了规定。

20. 第二十章 仓储合同

对仓储合同的定义、生效、危险物品的储存、仓储物的验收、仓单的性质和作用，以及存货人和保管人的权利义务等做了规定。

21. 第二十一章 委托合同

主要内容包括：委托合同的概念，特别委托与概括委托，受托人的报告义务，受托人亲自处理事务的义务，受托人的报酬请求权，委托人支付报酬的义务，请求损害赔偿的权利，贸易代理、委托合同解除的规定等。

22. 第二十二章 行纪合同

主要内容有：行纪合同的概念，行纪人享有介入权、处置权、留置权以及自负费用的义务、妥善保管的义务，委托人享有指示权及支付报酬的义务等。

23. 第二十三章 居间合同

规定了居间合同的概念、居间人的报告义务、委托人支付报酬的义务和居间费用的负担等内容。

6.3 劳动法

《中华人民共和国劳动法》是为了保护劳动者的合法权益，调整劳动关系，建立和维护适应社会主义市场经济的劳动制度，促进经济发展和社会进步，根据宪法，制定本法。

6.3.1 劳动法的基本概念

劳动法是指调整劳动关系以及与劳动关系有密切联系的其他社会关系的法律。离不开调整劳动关系这一核心内容。

劳动法最早属于民法的范围，19世纪以来，随着工业革命的发展，劳动法在各国的法律体系中日益占有重要的地位，并逐渐脱离民法而成为一个独立的法律部门。1802年，英国议会通过了世界上第一部劳动法——《学徒健康与道德法》，禁止纺织厂使用9岁以下的学徒，并规定工作时间每日不得超过12小时，同时禁止夜班。1864年，英国颁布了适用于一切大工业的《工厂法》。1901年英国制定的《工厂和作坊法》，对劳动时间、工资给付日期、地点以及建立以生产额多少为比例的工资制等，都做了详细规定。

德国也于1839年颁布了《普鲁士工厂矿山条例》。法国于1806年制定了《工厂法》，1841年又颁布了《童工、未成年工保护法》，1912年最终制定了《劳工法》。

第一次世界大战后，由于国际无产阶级斗争的高涨，西方国家陆续制定了不少劳动法。1918年德国颁布了《工作时间法》，明确规定对产业工人实行8小时工作制，还颁布了《失业救济法》《工人保护法》《集体合同法》，在一定程度上保护了劳动者的利益，对资本家的权益做了适当的限制。

俄国十月革命后，1918 年颁布了第一部《劳动法典》，1922 年又重新颁布了更完备的《俄罗斯联邦劳动法典》，体现了工人阶级地位的转变和国家对劳动和劳动者的态度。它以法典的形式使劳动法彻底脱离了民法的范畴。

美国在 1935 年颁布的《国家劳工关系法》（《华格纳法》），规定工人有组织工会和工会有代表工人同雇主订立集体合同的权利。1938 年又颁布了《公平劳动标准法》，规定工人最低工资标准和最高工作时间限额，以及超过时间限额的工资支付办法。

我国的劳动立法出现于 20 世纪初期。1923 年 3 月 29 日北洋政府农商部公布了《暂行工厂规则》，内容包括最低的受雇年龄、工作时间与休息时间、对童工和女工工作的限制，以及工资福利、补习教育等规定。国民党政府则沿袭清末《民法草案》的做法，把劳动关系作为雇佣关系载入 1929—1931 年的民法中；1929 年 10 月颁布的《工会法》，实际上是限制与剥夺工人民主自由的法律。

1931 年 11 月中国共产党领导的中华工农兵苏维埃第一次全国代表大会就通过了《中华苏维埃共和国劳动法》。新中国成立后，我国先后制定了《中华人民共和国劳动保险条例》《工厂安全卫生规程》《中华人民共和国工会法》等一系列劳动法规。

《中华人民共和国劳动法》于 1994 年 7 月 5 日第八届全国人民代表大会常务委员会第八次会议通过，自 1995 年 1 月 1 日起施行。

2009 年 8 月 27 日第十一届全国人民代表大会常务委员会第十次会议通过《全国人民代表大会常务委员会关于修改部分法律的决定》。

2018 年 12 月 29 日，第十三届全国人民代表大会常务委员会第七次会议通过对《中华人民共和国劳动法》作出修改。

6.3.2　劳动法的基本原则

1. 基本原则

劳动既是权利又是义务的原则；保护劳动者合法权益的原则；劳动力资源合理配置原则。

2. 劳动是公民的权利

每一个有劳动能力的公民都有从事劳动的同等的权利：

1）对公民来说意味有就业权和择业权在内的劳动权。

2）有权依法选择适合自己特点的职业和用工单位。

3）有权利用国家和社会所提供的各种就业保障条件，以提高就业能力和增加就业机会。对企业来说意味着平等地录用符合条件的职工，加强提供失业保险、就业服务、职业培训等方面的职责。对国家来说，应当为公民实现劳动权提供必要的保障。

3. 劳动是公民的义务

这是劳动尚未普遍成为人们生活第一的现实和社会主义固有的反剥削性质所引申出的要求。

4. 保护劳动者合法权益的原则

1）偏重保护和优先保护：劳动法在对劳动关系双方都给予保护的同时，偏重于保护处于弱者的地位的劳动者，适当体现劳动者的权利本位和用人单位的义务本位，劳动法优先保护劳动者利益。

2）平等保护：全体劳动者的合法权益都平等地受到劳动法的保护，各类劳动者的平等保护，特殊劳动者群体的特殊保护。

3）全面保护：劳动者的合法权益，无论它存在于劳动关系的缔结前、缔结后或是终结后都应纳入保护范围之内。

4）基本保护：对劳动者的最低限度保护，也就是对劳动者基本权益的保护。

5. 劳动力资源合理配置原则

1）双重价值取向：配置是否合理的标准是能否兼顾效率和公平的双重价值取向，劳动法的任务在于对劳动力资源的宏观配置和微观配置进行规范。

2）劳动力资源宏观配置：即社会劳动力在全社会范围内各个用人单位之间的配置。

3）劳动力资源的微观配置：处理好劳动者利益和劳动效率的关系。

6.3.3 劳动法的主要内容

1. 劳动者权利

1）平等就业的权利。劳动者享有平等就业的权利，即劳动者拥有劳动就业权。劳动就业权是有劳动能力的公民获得参加社会劳动的切实保证按劳取酬的权利。公民的劳动就业权是公民享有其他各项权利的基础。如果公民的劳动就业权不能实现，其他一切权利也就失去了基础。

2）选择职业的权利。劳动者有权根据自己的意愿、自身的素质、能力、志趣和爱好，以及市场信息等选择适合自己才能、爱好的职业，即劳动者拥有自由选择职业的权利。选择职业的权利有利于劳动者充分发挥自己的特长，促进社会生产力的发展。这既是劳动者劳动权利的体现，也是社会进步的一个标志。

3）取得劳动薪酬的权利。劳动者有权依照劳动合同及国家有关法律取得劳动薪酬。获取劳动薪酬的权利是劳动者持续行使劳动权不可少的物质保证。

4）获得劳动安全卫生保护的权利。劳动者有获得劳动安全卫生保护的权利。这是对劳动者在劳动中的生命安全和身体健康，以及享受劳动权利的最直接的保护。

5）享有休息的权利。我国宪法规定，劳动者有休息的权利。为此，国家规定了职工的工作时间和休假制度，并发展劳动者休息和休养的设施。

6）享有社会保险的福利的权利。为了给劳动者患疾病时和年老时提供保障，我国《劳动法》规定，劳动者享有社会保险和福利的权利，即劳动者享有包括养老保险、医疗保险、工伤保险、失业保险、生育保险等在内的劳动保险和福利。社会保险和福利是劳动力再生产的一种客观需要。

7）接受职业技能培训的权利。我国宪法规定，公民有教育的权利和义务。所谓受教育既包括受普通教育，也包括受职业教育。接受职业技能培训的权利是劳动者实现劳动权的基础条件，因为劳动者要实现自己的劳动权，必须拥有一定的职业技能，而要获得这些职业技能，就必须获得专门的职业培训。

8）提请劳动争议处理的权利。当劳动者与用人单位发生劳动争议时，劳动者享有提请劳动争议处理的权利，即劳动者享有依法向劳动争议调解委员会、劳动仲裁委员会和法院申请调解、仲裁、提起诉讼的权利。其中，劳动争议调解委员会由用人单位、工会和职工代表组成，劳动仲裁委员会由劳动行政部门的代表、同级工会、用人单位代表组成。

9）法律规定的其他权利。法律规定的其他权利包括：依法参加和组织工会的权利，依法享有参与民主管理的权利，劳动者依法享有参加社会义务劳动的权利，从事科学研究、技术革新、发明创造的权利，依法解除劳动合同的权利，对用人单位管理人员违章指挥、强令冒险作业有拒绝执行的权利，对危害生命安全和身体健康的行为有权提出批评、举报和控告的权利，对违反劳动法的行为进行监督的权利等。

2. 用人单位权利

1）依法建立和完善规章制度的权利。依法建立和完善规章制度的权利源于用人单位享有的生产指挥权，既然用人单位享有生产指挥权，所有用人单位有权根据本单位的实际情况，在符合国家法律、法规的前提下制定各项规章制度，要求劳动者遵守。

2）根据实际情况制定合理劳动定额的权利。用人单位帮劳动者签订劳动合同后，就获得了一定范围劳动者的劳动使用权，并有权根据实际情况给劳动者制定合理的劳动定额。对于用人单位规定的合理的劳动定额，在没有出现特殊情况时，劳动者应当予以完成。

3）对劳动者进行职业技能考核的权利。用人单位有权对劳动者进行职业技能考核，并根据劳动者劳动技能的考核结果安排其适合的工作岗位和奖金薪酬。

4）制定劳动安全操作规程的权利。用人单位有权利根据劳动法上劳动安全卫生标准，制定本单位的劳动保护制度，要求劳动者在劳动过程中必须严格遵守操作规程。

5）制定合法作息时间的权利。用人单位享有根据本单位具体情况和对员工工作时间的要求，合法安排劳动者作息时间的权利。

6）制定劳动纪律和职业道德标准的权利。为了保证劳动得以正常有序进行，用人单位有权制定劳动纪律和职业道德标准。劳动纪律是用人单位制定的劳动者在劳动过程中必须遵守的规章制度。这是组织社会劳动的基础和必要条件。职业道德是劳动者在劳动实践中形成的共同的行为准则，也是劳动者的职业要求。当然，制定劳动纪律和职业道德标准必须符合法律规范。

7）其他权利。包括提请劳动争议处理的权利，平等签订劳动合同的权利等。

3. 监督检查

1）县级以上各级人民政府有关部门在各自职责范围内，对用人单位遵守劳动法律、法规的情况进行监督。

2）各级工会依法维护劳动者的合法权益，对用人单位遵守劳动法律、法规的情况进行监督。

3）任何组织和个人对于违反劳动法律、法规的行为有权检举和控告。

4. 法律责任

1）对用人单位侵害劳动者合法权益的，招用未满十六周岁的未成年人的，违反本法对女职工和未成年工的保护规定，以暴力、威胁手段强迫劳动的，劳动安全设施和劳动卫生条件不符合国家规定的，制定了处罚规定和赔偿责任；构成犯罪的，对责任人员依法追究刑事责任。

2）用人单位订立的无效合同，不订立劳动合同，招用尚未解除劳动合同的劳动者，不缴纳社会保险费的，对劳动者造成损害的，应当承担赔偿责任。

3）劳动者违反本法规定的条件解除劳动合同或者违反劳动合同中约定的保密事项，对用人单位造成经济损失的，应当依法承担赔偿责任。

4）国家机关工作人员滥用职权、玩忽职守、徇私舞弊，挪用社会保险基金，构成犯罪的，依法追究刑事责任；不构成犯罪的，给予行政处分。

6.4 安全生产法

《中华人民共和国安全生产法》（以下简称《安全生产法》）是我国第一部全面规范安全生产的法律，是各类生产经营单位及其从业人员实现安全生产所必须遵循的行为准则。

制定《安全生产法》是为了加强安全生产监督管理，防止和减少生产安全事故，保障人民群众生命和财产安全，促进经济发展。该法的精髓是将国家安全生产方针法律化，建立了安全生产基本法律制度。

《安全生产法》突出了以人为本的理念，把人民的人身和财产安全放在了第一位，并全面规定了安全生产的七项基本法律制度，明确了各种安全生产责任，加大了对违法者的惩罚力度，将对保障安全生产起到很好的规范作用。《安全生产法》的重点内容有以下几方面：

1）以人为本，坚持安全发展。

2）建立完善安全生产方针和工作机制。将安全生产工作方针完善为"安全第一、预防为主、综合治理"，进一步明确了安全生产的重要地位、主体任务和实现安全生产的根本途径。

3）落实"三个必须"，确立安全生产监管执法部门地位。安全生产管行业必须管安全、管业务必须管安全、管生产经营必须管安全。

4）强化乡镇人民政府以及街道办事处、开发区管理机构安全生产职责。

5）明确生产经营单位安全生产管理机构、人员的设置、配备标准和工作职责。

6）明确了劳务派遣单位和用工单位的职责和劳动者的权利义务。

7）建立事故隐患排查治理制度。

8）推进安全生产标准化建设。

9）推行注册安全工程师制度。

10）推进安全生产责任保险。

6.4.1 安全生产法的立法目的

《安全生产法》明确规定："为了加强安全生产监督管理，防止和减少生产安全事故，保障人民群众生命和财产安全，促进经济发展，制定本法。"这既是《安全生产法》的立法宗旨，又是法律所要解决的基本问题。

要全面、准确地领会和实现《安全生产法》的立法目的，应当把握以下五点：

1）安全生产工作必须坚持"以人为本"的基本原则。在生产与安全的关系中，一切以安全为重，安全必须排在第一位。必须预先分析危险源，预测和评价危险、有害因素，掌握危险出现的规律和变化，采取相应的预防措施，将危险和安全隐患消灭在萌芽状态。

2）依法加强安全生产监督管理是各级人民政府和各有关部门的法定职责。必须增强事故防范意识，以对人民群众高度负责的精神，忠于职守，依法行政。

3）生产经营单位必须把安全生产工作摆在首位。必须坚持"安全第一，预防为主"的方针，警钟长鸣，常抓不懈。不断更新、改造和维护安全技术装备，不断改善安全生产"硬件"环境；同时，加强各项安全生产规章制度、岗位安全责任、作业现场安全管理、从业人员安全素质"软件"建设。

4）从业人员必须提高自身安全素质，防止和减少生产安全事故。从业人员既是安全生产活动的主要承担者，又是生产安全事故的受害者或者责任者。要保障他们的人身安全，必须尽快提高他们的安全素质和安全生产技能。

5）安全生产监督管理部门必须加大监督执法力度，依法制裁安全生产违法犯罪分子。各级安全生产监督管理部门是安全生产监督管理的主体，应当坚持有法必依、执法必严、违法必究。

6.4.2 安全生产法的基本方针和适用范围

1. 安全生产法的基本方针

《安全生产法》第三条规定："安全生产管理，坚持安全第一、预防为主、综合治理的方针。"

"安全第一、预防为主、综合治理"是安全生产基本方针，是《安全生产法》的灵魂。《安全生产法》的基本法律制度和法律规范始终突出了"安全第一、预防为主、综合治理"的方针。安全生产，重在预防。《安全生产法》关于预防为主的规定，主要体现为"六先"，即：

1）安全意识在先。
2）安全投入在先。
3）安全责任在先。
4）建章立制在先。
5）隐患预防在先。
6）监督执法在先。

2. 安全生产法的适用范围

《安全生产法》是对所有市场经营单位的安全生产普遍适用的基本法律。

（1）空间的适用

按照《安全生产法》第九十七条的规定，自2002年11月1日起，所有在中华人民共和国陆地、海域和领空的范围内从事生产经营活动的生产经营单位，必须依照《安全生产法》的规定进行生产经营活动，违法者必将受到法律制裁。

（2）主体和行为的适用

《安全生产法》中所谓的"生产经营单位"，是指所有从事生产经营活动的基本生产经营单元，具体包括：各种所有制和组织形式的公司、企业、社会组织和个体工商户；从事生产经营活动的公民个人。

《安全生产法》对于除消防安全、道路交通安全、铁路交通安全、水上交通安全、民用航空安全适用有关法律、行政法规原有特殊规定以外的所有市场经营单位的安全生产都适用。

在我国安全生产法律体系中，《安全生产法》的法律地位和法律效力是最高的。

6.4.3 安全生产的法律责任

法律责任是国家管理社会事务所采用的强制当事人依法办事的法律措施。依照《安全生产法》的规定，各类安全生产法律关系的主体必须履行各自的安全生产法律义务，保障安全生产。《安全生产法》的执法机关将依照有关法律规定，追究安全生产违法犯罪分子的法律责任，对有关生产经营单位给予法律制裁。

1. 安全生产法律责任的形式

追究安全生产违法行为法律责任的形式有三种，即行政责任、民事责任和刑事责任。在现行有关安全生产的法律，行政法规中，《安全生产法》采用的法律责任形式最全，设定的处罚种类最多，实施处罚的力度最大。

《安全生产法》针对安全生产违法行为设定的行政处罚，共有责令改正、责令限期改正、责令停产停业整顿、责令停止建设、停止使用、责令停止违法行为、罚款、没收违法所得、吊销证照、行政拘留、关闭等，这在我国有关安全生产的法律和行政法规设定行政处罚和种类中是最多的。《安全生产法》是我国众多的安全生产法律和行政法规中首先设定民事责任的法律。

《安全生产法》针对生产经营单位将生产经营项目、场所、设备发包或者出租给不具备安全生产条件或者相应资质的单位或者个人的，导致发生生产安全事故给他人造成损害的，与承包方、承租方承担连带民事赔偿责任。生产经营单位发生生产安全事故造成人员伤亡、他人财产损失的，应当依法承担民事赔偿责任。

为了制裁那些严重的安全生产违法犯罪分子，《安全生产法》设定了刑事责任，包括重大责任事故罪、重大劳动安全事故罪、危险品肇事罪和提供虚假证明罪等。

2. 安全生产违法行为的责任主体

安全生产违法行为的责任主体，是指依照《安全生产法》的规定享有安全生产权利，负有安全生产义务和承担法律责任的社会组织和公民，责任主体主要包括以下四种：

1）有关人民政府和负有安全生产监督管理职责的部门及其领导人、负责人。

2）生产经营单位及其负责人，有关主管人员。

3）生产经营单位的从业人员。

4）安全生产中介服务机构和安全生产中介服务人员。

6.4.4 生产经营单位的安全生产违法行为

安全生产违法行为是指安全生产法律关系主体违反安全生产法律规定所从事的非法生产经营活动，安全生产违法行为是危害社会和公民人身安全的行为，是导致生产事故多发和人员伤亡的直接原因。安全生产违法行为分为作为和不作为，作为是指责任主体实施了法律禁止的行为而触犯法律；不作为是指责任体不履行法定义务而触犯法律。《安全生产法》规定追究法律责任的生产经营单位的安全生产违法行为，有以下 27 种：

1）生产经营单位的决策机构、主要负责人、个人经营的投资人不依照本法规定保证安全生产所必需的资金投入，致使生产经营单位不具备安全生产条件的。

2）生产经营单位的主要负责人未履行本法规定的安全生产管理职责的。

3）生产经营单位未按照规定设立安全生产管理机构或者配备安全生产管理人员的。

4）危险物品的生产、经营、储存单位以及矿山、建筑施工单位的主要负责人和安全生产管理人员未按照规定经考核合格的。

5）生产经营单位未按照规定对从业人员进行安全生产教育和培训，或者未按照规定如实告知从业人员有关的安全生产事项的。

6）特种作业人员未按照规定经专门的安全作业培训并取得特种作业操作资格证书、上岗作业的。

7）生产经营单位的矿山建设项目或者用于生产、储存危险物品的建设项目没有安全设施设计或者安全设施设计未按照规定报经有关部门审查同意的。

8）矿山建设项目或者用于生产、储存危险物品的建设项目的施工单位未按照批准的安全设施设计施工的。

9）矿山建设项目或者用于生产、储存危险物品的建设项目竣工投入生产或者使用前，安全设施未经验收合格的。

10）生产经营单位未在有较大危险因素的生产经营场所和有关设施、设备上设置明显的安全警示标志的。

11）安全设备的安装、使用、检测、改造和报废不符合国家标准或者行业标准的。

12）未对安全设备进行经常性维护、保养和定期检测的。

13）未为从业人员提供符合国家标准或者行业标准的劳动防护用品的。

14）特种设备以及危险物品的容器、运输工具未经取得专业资质的机构检测、检验合格，取得安全使用证或者安全标志投入使用的。

15）使用国家明令淘汰、禁止使用的危及生产安全的工艺、设备的。

16）未经依法批准，擅自生产、经营、储存危险物品的。

17）生产经营单位生产、经营、储存、使用危险物品，未建立专门安全管理制度、未采取可靠的安全措施或者不接受有关主管部门依法实施的监督管理的。

18）对重大危险源未登记建档，或者未进行评估、监控，或者未制定应急预案的。

19）进行爆破、吊装等危险作业，未安排专门管理人员进行现场安全管理的。

20）生产经营单位将生产经营项目、场所、设备发包或者出租给不具备安全生产条件或者相应资质的单位或者个人的。

21）生产经营单位未与承包单位、承租单位签订专门的安全生产管理协议或者未在承包合同、租赁合同中明确各自的安全生产管理职责，或者未对承包单位、承租单位的安全生产统一协调、管理的。

22）两个以上生产经营单位在同一作业区域内进行可能危及对方安全生产的生产经营活动，未签订安全生产管理协议或者未指定专职安全生产管理人员进行安全检查与协调的。

23）生产经营单位生产、经营、储存、使用危险物品的车间、商店、仓库与员工宿舍在同一座建筑内，或者与员工宿舍的距离不符合安全要求的。

24）生产经营场所和员工宿舍未设有符合紧急疏散需要、标志明显、保持畅通的出口，或者封闭、堵塞生产经营场所或者员工宿舍出口的。

25）生产经营单位与从业人员订立协议，免除或者减轻其对从业人员因生产安全事故伤亡依法应承揽的责任的。

26）生产经营单位不具备本法和其他有关法律、行政法规和国家标准或者行业标准规定的安全生产条件，经停产停业整顿仍不具备安全生产条件的。

27）生产经营单位发生生产安全事故造成人员伤亡、他人财产损失的。

《安全生产法》对上述安全生产违法行为设定的法律责任是实施罚款、没收违法所得、责令限期改正、停产停业整顿、责令停止建设、责令停止违法行为、吊销证照、关闭等行政处罚；导致发生生产安全事故给他人造成损害或者其他违法行为造成他人损害的，承担赔偿责任或者连带赔偿责任；构成犯罪的，依法追究刑事责任。

6.4.5 从业人员的安全生产违法行为

《安全生产法》规定追究法律责任的生产经营单位有关人员的安全生产违法行为，有以下七种：

1）生产经营单位的决策机构、主要负责人、个人经营的投资人不依照本法规定保证安全生产所必需的资金投入，致使生产经营单位不具备安全生产条件的。

2）生产经营单位的主要负责人未履行本法规定的安全生产管理职责的。

3）生产经营单位与从业人员订立协议，免除或者减轻其对从业人员因生产安全事故伤亡依法应承担的责任的。

4）生产经营单位主要负责人在本单位发生重大生产安全事故时，不立即组织抢救或者在事故调查处理期间擅离职守或者逃匿的。

5）生产经营单位主要负责人对生产安全事故隐瞒不报、谎报或者拖延不报的。

6）生产经营单位的从业人员不服从管理，违反安全生产规章制度或者操作规程的。

7）生产安全事故的责任人未依法承担赔偿责任，经人民法院依法采取执行措施后，仍不能对受害人给予足额赔偿的。

《安全生产法》对上述安全生产违法行为设定的法律责任分别是：处以降职、撤职、罚款、拘留的行政处罚；构成犯罪的，依法追究刑事责任。

6.4.6 从业人员的安全生产权利和义务

1. 从业人员的安全生产权利

1）知情权，即有权了解其作业场所和工作岗位存在的危险因素、防范措施和事故应急措施。

2）建议权，即有权对本单位安全生产工作提出建议。

3）批评权、检举、控告权，即有权对本单位安全生产管理工作中存在的问题提出批评、检举、控告。

4）拒绝权，即有权拒绝违章作业指挥和强令冒险作业。

5）紧急避险权，即发现直接危及人身安全的紧急情况时，有权停止作业或者在采取可能的应急措施后撤离作业场所。

6）依法向本单位提出要求赔偿的权利。

7）获得符合国家标准或者行业标准劳动防护用品的权利。

8）获得安全生产教育和培训的权利。

2. 从业人员的四项义务

《安全生产法》明确了从业人员的四项义务：

1）遵章守规、服从管理的义务。

2）正确佩戴和使用劳动防护用品的义务。

3）接受安全教育，掌握安全生产技能的义务。

4）危险报告的义务，即从业人员发现事故隐患或者其他不安全因素时，应当立即向现场安全生产管理人员或者本单位负责人报告。

《安全生产法》明确规定了从业人员安全生产的法定义务和责任：

第一，安全生产是从业人员最基本的义务和不容推卸的责任，从业人员必须具有高度的法律意识。

第二，安全生产是从业人员的天职。安全生产义务是所有从业人员进行安全生产活动必须遵守的行为规范。

第三，从业人员如不履行法定义务，必须承担相应的法律责任。

第四，安全生产义务的设定，可为事故处理及追究从业人员相关责任提供明确的法律依据。

6.4.7 安全生产中介机构的违法行为

《安全生产法》规定追究法律责任的安全生产中介服务违法行为，主要是承担安全评价、认证、检测、检验的机构，出具虚假证明的，对该种安全生产违法行为设定的法律责任是处以罚款，没收违法所得，撤销资格的行政处罚；给他人造成损害的，与生产经营单位承担连带赔偿责任；构成犯罪的，依法追究刑事责任。

6.4.8 安全生产监督管理部门工作人员的违法行为

《安全生产法》规定追究法律责任的负有安全生产监督管理职责的部门工作人员的违法行为有以下三种：

1）失职、渎职的违法行为。

2）负有安全生产监督管理职责的部门，要求被审查、验收的单位购买其指定的安全设备、器材或者其他产品的，对涉及安全生产事项的审查、验收中收取费用的。

3）有关地方人民政府或负有安全生产监督管理职责的部门，对生产安全事故隐瞒不报、谎报或者拖延不报的。

对上述安全生产违法行为设定的法律责任是给予行政降级、撤职等行政处分，构成犯罪的，依照刑法有关规定追究刑事责任。

6.5 产品质量法

《中华人民共和国产品质量法》（以下简称《产品质量法》）是为了加强对产品质量的监督管理，提高产品质量水平，明确产品质量责任，保护消费者的合法权益，维护社会经济秩序而制定的。

6.5.1 产品与产品质量的界定

1. 产品的界定

产品是指经过某种程度或方式加工用于消费和使用的物品，是指生产者、销售者能够对其质量加以控制的产品，而不包括内在质量主要取决于自然因素的产品。

产品质量法中的产品是指经过加工、制作而用于销售的产品，不包括建设工程和军工产品。

2. 产品质量的界定

产品质量一般指产品能满足规定的或者潜在需要的特性和特性的总和。我国是指产品应具有满足需要的适用性、安全性、可用性、可靠性、维修性、经济性和环境性等特征和特性的总和。

《产品质量法》第二十六条对产品质量做了细化，规定产品质量应当符合下列要求：

1）产品不存在危及人身、财产安全的不合理的危险，有保障人体健康和人身、财产安全的国家标准、行业标准的，应当符合该标准；没有国家标准、行业标准的，可以制定地方标准或企业标准。

2）具备产品应当具备的使用性能，但是，对产品存在使用性能的瑕疵做出说明的除外。

3）符合在产品或者其包装上注明采用的产品标准，符合以产品说明、实物样品等方式表明的质量状况。禁止生产、销售不符合保障人体健康和人身、财产安全的标准和要求的工业产品。

3. 产品质量的分类

根据产品的特性是否符合法律的规定，是否满足用户、消费者的要求，以及符合、满足的程度，合格即符合相关标准——国家标准、部级标准、行业标准、企业标准四类。不合格产品包括：

1）瑕疵：指产品质量不符合用户、消费者所需的某些要求，但不存在危及人身、财产安全的不合理危险，或者未丧失原有的使用价值。产品瑕疵可分为表面瑕疵和隐蔽瑕疵两种。

2）缺陷：指产品存在危及人体健康、人身、财产安全的不合理的危险，包括设计上的缺陷、制造上的缺陷和未预先通知的缺陷。例如，车漆不亮有划痕，制动刹车不好，房子墙体霉变，房子墙体有裂缝等。

3）劣质：指其标明的成分含量与法律规定的标准不符、与实际不符或已超过有效使用期限的产品。

4）假冒：指产品伪造或者冒用认证标志、名优标志等质量标志；伪造产品的产地，伪造或者冒用他人的厂名、厂址；在生产、销售的产品中掺杂、掺假，以假充真、以次充好。例如，奶粉中的蛋白质含量低于标准，香肠注水，自来水当矿泉水卖等。

6.5.2　产品质量的监督与管理

1. 产品质量监督管理体制

产品质量监督管理是指国务院产品质量监督部门和县以上产品质量监督管理部门依据法定的权力，对产品质量进行管理的活动。产品质量管理体制包括产品的国家监督和产品的行业监督。

国务院产品质量监督部门主管全国产品质量监督工作，国务院有关部门在各自的职责范围内负责产品质量监督工作。县级以上地方产品质量监督部门主管本行政区域内的产品质量监督工作。县级以上地方人民政府有关部门在各自的职责范围内负责产品质量监督工作。

2. 产品质量监督管理制度

根据《产品质量法》及其他法律的规定，目前关于产品质量的监督管理有以下制度。

（1）产品质量标准制度

规定产品质量特性应达到的技术要求，称为产品质量标准。产品质量标准是产品生产、检验和评定质量的技术依据。

我国现行的产品质量标准，从标准的适用范围和领域来看，主要包括：国际标准、国家标准、行业标准（或部颁标准）和企业标准等。

国际标准是指国际标准化组织（ISO）、国际电工委员会（IEC）以及其他国际组织所制定的标准。ISO 现已制订 10300 余个标准，主要涉及各个行业各种产品的技术规范。IEC 也是比较大的国际标准化组织，它主要负责电工、电子领域的标准化活动。

国家标准是对需要在全国范围内统一的技术要求，由国务院标准化行政主管部门制定的标准。我国实施等同采用 ISO9000 系列标准，编号为：GB/T19000 – ISO9000 系列，其技术内容和编写方法与 ISO9000 系列相同，使产品质量标准与国际同轨。

行业标准又称为部颁标准。当某些产品没有国家标准而又需要在全国某个行业范围内统一的技术要求时，则可以制定行业标准。在公布国家标准之后，该项行业标准即行废止。

企业标准主要是针对企业生产的产品没有国家标准和行业标准的，制定企业标准作为组织生产的依据而产生的。企业标准只能在企业内部适用。

（2）企业质量体系认证制度

企业质量体系认证制度，是认证机构根据企业申请，对企业的产品质量保证能力和质量管理水平所进行的综合性检查和评定，并对符合质量体系认证标准的企业颁发质量体系认证证书，以资证明的制度。

（3）产品质量认证制度

产品质量认证，是依据产品标准和相应技术要求，经国家认证机构确认并通过颁发认证证书和认证标志来证明某一产品符合相应标准和技术要求的活动。产品质量认证分安全认证和合格认证。实行安全认证的产品，必须符合《产品质量法》《标准化法》的有关规定。产品质量认证部门依法对符合规定条件的企业批准认证，颁发认证证书，并允许企业在该产品上使用认证标志。

（4）生产许可证制度

生产许可证是指国家对于具备生产条件并对其产品检验合格的工业企业，发给其许可生产该项产品的凭证。可能危及人体健康和人身、财产安全的工业产品，必须符合保障人体健康、人身、财产安全的国家标准。

（5）产品质量监督检查制度

产品质量监督检查制度由国务院产品质量监督部门统一规划和组织，实行以抽查为主要方式的监督检查制度，对可能危及人体健康和人身、财产安全的产品，影响国计民生的重要工业产品以及用户、消费者、有关组织反映有质量问题的产品进行抽查。县级以上地方人民政府管理产品质量监督工作的部门在本行政区域内也可以组织监督抽查。

6.5.3 生产者、销售者的产品质量义务

1. 生产者的产品质量义务

生产者应当对其生产的产品质量负责。产品质量应当符合下列要求：

1）不存在危及人身、财产安全的不合理的危险，有保障人体健康和人身、财产安全的

国家标准、行业标准的，应当符合该标准。

2）具备产品应当具备的使用性能，但是，对产品存在使用性能的瑕疵做出说明的除外。

3）符合在产品或者其包装上注明采用的产品标准，符合以产品说明、实物样品等方式表明的质量状况。

4）产品或者其包装上的标识必须真实，并符合下列要求：

第一，有产品质量检验合格证明。

第二，有中文标明的产品名称、生产厂厂名和厂址。

第三，根据产品的特点和使用要求，需要标明产品规格、等级、所含主要成分的名称和含量的，用中文相应予以标明；需要事先让消费者知晓的，应当在外包装上标明，或者预先向消费者提供有关资料。

第四，限期使用的产品，应当在显著位置清晰地标明生产日期和安全使用期或者失效日期。

第五，使用不当，容易造成产品本身损坏或者可能危及人身、财产安全的产品，应当有警示标志或者中文警示说明。

裸装的食品和其他根据产品的特点难以附加标识的裸装产品，可以不附加产品标识。

5）易碎、易燃、易爆、有毒、有腐蚀性、有放射性等危险物品以及储运中不能倒置和其他有特殊要求的产品，其包装质量必须符合相应要求，依照国家有关规定做出警示标志或者中文警示说明，标明储运注意事项。

6）生产者不得生产国家明令淘汰的产品。

7）生产者不得伪造产地，不得伪造或者冒用他人的厂名、厂址。

8）生产者不得伪造或者冒用认证标志等质量标志。

9）生产者生产产品，不得掺杂、掺假，不得以假充真、以次充好，不得以不合格产品冒充合格产品。

2. 销售者的产品质量义务

1）销售者应当建立并执行进货检查验收制度，验明产品合格证明和其他标识。

2）销售者应当采取措施，保持销售产品的质量。

3）销售者不得销售国家明令淘汰并停止销售的产品和失效、变质的产品。

4）销售者销售的产品的标识应当符合《产品质量法》第二十七条的规定。

5）销售者不得伪造产地，不得伪造或者冒用他人的厂名、厂址。

6）销售者不得伪造或者冒用认证标志等质量标志。

7）销售者销售产品，不得掺杂、掺假，不得以假充真、以次充好，不得以不合格产品冒充合格产品。

6.5.4 违反产品质量法的法律责任

1. 构成产品质量法律责任的条件

1）生产了不符合产品质量要求的产品。

2）必须有人身伤亡或财产损失的事实。

3）产品质量不合格与财产损害事实之间有因果联系。

上述三点是生产者的产品责任构成必要条件，这是一种严格责任；对销售者而言，除了具备以上三个必要条件之外，还应以其过错的存在为必要条件。销售者承担责任的归责原则是过错推定原则。

2. 产品质量法律责任的范围

根据我国《产品质量法》的规定，违反产品质量法应当承担民事责任、行政责任或刑事责任。

（1）承担的民事责任

1）修理、更换、退货、赔偿损失责任。

2）因产品存在缺陷造成人身、他人财产损害的，产品生产者应当承担赔偿责任。生产者能够证明有下列情况之一的，不承担赔偿责任：未将产品投入流通的；产品投入流通时，引起损害的缺陷尚不存在的；产品投入流通时的科学技术水平尚不能发现缺陷存在的。

3）由于销售者的过错使产品存在缺陷，造成人身、他人财产损害的，或者销售者不能指明缺陷产品的生产者或供货者的，销售者应当承担赔偿责任。

4）因产品存在缺陷造成受害人人身伤害的，侵害人应当赔偿医疗费、治疗期间的护理费、因误工减少的收入等费用；造成残疾的，还应当支付残疾者生活自助费、生活补助费、残疾赔偿金以及由其扶养的人所必需的生活费等费用；造成受害人死亡的，并应当支付丧葬费、死亡赔偿金以及由死者生前扶养的人所必需的生活费等费用；造成受害人财产损失的，侵害人应当恢复原状或折价赔偿；受害人因此遭受其他重大损失的，侵害人应当赔偿损失。

5）因产品存在缺陷造成人身、他人损害的，受害人可以向产品生产者要求赔偿，也可以向产品的销售者要求赔偿。属于产品生产者的责任，销售者在赔偿后有权向生产者追偿。属于产品的销售者的责任，生产者在赔偿后有权向销售者追偿。

（2）承担的行政责任

生产者、销售者有违反《产品质量法》规定的情形的，由有关行政管理部门，视情节轻重分别给予责令更正、责令停止生产、没收违法所得、没收违法产品、罚款、吊销营业执照等行政处罚。行政处罚视情节，既可单处，也可并处。

（3）承担的刑事责任

根据《产品质量法》和《刑法》中关于生产、销售伪劣商品犯罪的规定，如果生产者、销售者的行为触犯刑律的，应当承担刑事责任。

阅读材料

【阅读材料 6-1】

《中华人民共和国安全生产法》

《全国人民代表大会常务委员会关于修改〈中华人民共和国安全生产法〉的决定》已由中华人民共和国第十二届全国人民代表大会常务委员会第十次会议于 2014 年 8 月 31 日通过，现予公布，自 2014 年 12 月 1 日起施行。

第一章 总则

第一条 为了加强安全生产工作，防止和减少生产安全事故，保障人民群众生命和财产安全，促进经济社会持续健康发展，制定本法。

第二条 在中华人民共和国领域内从事生产经营活动的单位（以下统称生产经营单位）的安全生产及其监督管理，适用本法；有关法律、行政法规对消防安全和道路交通安全、铁路交通安全、水上交通安全、民用航空安全以及核与辐射安全、特种设备安全另有规定的，适用其规定。

第三条 安全生产工作应当以人为本，坚持安全发展，坚持安全第一、预防为主、综合治理的方针，强化和落实生产经营单位的主体责任，建立生产经营单位负责、职工参与、政府监管、行业自律和社会监督的机制。

第四条 生产经营单位必须遵守本法和其他有关安全生产的法律、法规，加强安全生产管理，建立、健全安全生产责任制和安全生产规章制度，改善安全生产条件，推进安全生产标准化建设，提高安全生产水平，确保安全生产。

第五条 生产经营单位的主要负责人对本单位的安全生产工作全面负责。

第六条 生产经营单位的从业人员有依法获得安全生产保障的权利，并应当依法履行安全生产方面的义务。

第七条 工会依法对安全生产工作进行监督。生产经营单位的工会依法组织职工参加本单位安全生产工作的民主管理和民主监督，维护职工在安全生产方面的合法权益。生产经营单位制定或者修改有关安全生产的规章制度，应当听取工会的意见。

第八条 国务院和县级以上地方各级人民政府应当根据国民经济和社会发展规划制定安全生产规划，并组织实施。安全生产规划应当与城乡规划相衔接。

国务院和县级以上地方各级人民政府应当加强对安全生产工作的领导，支持、督促各有关部门依法履行安全生产监督管理职责，建立健全安全生产工作协调机制，及时协调、解决安全生产监督管理中存在的重大问题。

乡、镇人民政府以及街道办事处、开发区管理机构等地方人民政府的派出机关应当按照职责，加强对本行政区域内生产经营单位安全生产状况的监督检查，协助上级人民政府有关部门依法履行安全生产监督管理职责。

第九条 国务院安全生产监督管理部门依照本法，对全国安全生产工作实施综合监督管理；县级以上地方各级人民政府安全生产监督管理部门依照本法，对本行政区域内安全生产工作实施综合监督管理。

国务院有关部门依照本法和其他有关法律、行政法规的规定，在各自的职责范围内对有关行业、领域的安全生产工作实施监督管理；县级以上地方各级人民政府有关部门依照本法和其他有关法律、法规的规定，在各自的职责范围内对有关行业、领域的安全生产工作实施监督管理。

安全生产监督管理部门和对有关行业、领域的安全生产工作实施监督管理的部门，统称负有安全生产监督管理职责的部门。

第十条 国务院有关部门应当按照保障安全生产的要求，依法及时制定有关的国家标准或者行业标准，并根据科技进步和经济发展适时修订。

生产经营单位必须执行依法制定的保障安全生产的国家标准或者行业标准。

第十一条 各级人民政府及其有关部门应当采取多种形式，加强对有关安全生产的法律、法规和安全生产知识的宣传，增强全社会的安全生产意识。

第十二条 有关协会组织依照法律、行政法规和章程，为生产经营单位提供安全生产方面的信息、培训等服务，发挥自律作用，促进生产经营单位加强安全生产管理。

第十三条 依法设立的为安全生产提供技术、管理服务的机构，依照法律、行政法规和执业准则，接受生产经营单位的委托为其安全生产工作提供技术、管理服务。

生产经营单位委托前款规定的机构提供安全生产技术、管理服务的，保证安全生产的责任仍由本单位负责。

第十四条 国家实行生产安全事故责任追究制度，依照本法和有关法律、法规的规定，追究生产安全事故责任人员的法律责任。

第十五条 国家鼓励和支持安全生产科学技术研究和安全生产先进技术的推广应用，提高安全生产水平。

第十六条 国家对在改善安全生产条件、防止生产安全事故、参加抢险救护等方面取得显著成绩的单位和个人，给予奖励。

第二章 生产经营单位的安全生产保障

第十七条 生产经营单位应当具备本法和有关法律、行政法规和国家标准或者行业标准规定的安全生产条件；不具备安全生产条件的，不得从事生产经营活动。

第十八条 生产经营单位的主要负责人对本单位安全生产工作负有下列职责：

（一）建立、健全本单位安全生产责任制；

（二）组织制定本单位安全生产规章制度和操作规程；

（三）组织制定并实施本单位安全生产教育和培训计划；

（四）保证本单位安全生产投入的有效实施；

（五）督促、检查本单位的安全生产工作，及时消除生产安全事故隐患；

（六）组织制定并实施本单位的生产安全事故应急救援预案；

（七）及时、如实报告生产安全事故。

第十九条 生产经营单位的安全生产责任制应当明确各岗位的责任人员、责任范围和考核标准等内容。

生产经营单位应当建立相应的机制，加强对安全生产责任制落实情况的监督考核，保证安全生产责任制的落实。

第二十条 生产经营单位应当具备的安全生产条件所必需的资金投入，由生产经营单位的决策机构、主要负责人或者个人经营的投资人予以保证，并对由于安全生产所必需的资金投入不足导致的后果承担责任。

有关生产经营单位应当按照规定提取和使用安全生产费用，专门用于改善安全生产条件。安全生产费用在成本中据实列支。安全生产费用提取、使用和监督管理的具体办法由国务院财政部门会同国务院安全生产监督管理部门征求国务院有关部门意见后制定。

第二十一条 矿山、金属冶炼、建筑施工、道路运输单位和危险物品的生产、经营、储存单位，应当设置安全生产管理机构或者配备专职安全生产管理人员。

前款规定以外的其他生产经营单位，从业人员超过一百人的，应当设置安全生产管理机构或者配备专职安全生产管理人员；从业人员在一百人以下的，应当配备专职或者兼职的安全生产管理人员。

第二十二条 生产经营单位的安全生产管理机构以及安全生产管理人员履行下列职责：

（一）组织或者参与拟订本单位安全生产规章制度、操作规程和生产安全事故应急救援预案；

（二）组织或者参与本单位安全生产教育和培训，如实记录安全生产教育和培训情况；

（三）督促落实本单位重大危险源的安全管理措施；

（四）组织或者参与本单位应急救援演练；

（五）检查本单位的安全生产状况，及时排查生产安全事故隐患，提出改进安全生产管理的建议；

（六）制止和纠正违章指挥、强令冒险作业、违反操作规程的行为；

（七）督促落实本单位安全生产整改措施。

第二十三条 生产经营单位的安全生产管理机构以及安全生产管理人员应当恪尽职守，依法履行职责。

生产经营单位作出涉及安全生产的经营决策，应当听取安全生产管理机构以及安全生产管理人员的意见。

生产经营单位不得因安全生产管理人员依法履行职责而降低其工资、福利等待遇或者解除与其订立的劳动合同。

危险物品的生产、储存单位以及矿山、金属冶炼单位的安全生产管理人员的任免，应当告知主管的负有安全生产监督管理职责的部门。

第二十四条 生产经营单位的主要负责人和安全生产管理人员必须具备与本单位所从事的生产经营活动相应的安全生产知识和管理能力。

危险物品的生产、经营、储存单位以及矿山、金属冶炼、建筑施工、道路运输单位的主要负责人和安全生产管理人员，应当由主管的负有安全生产监督管理职责的部门对其安全生产知识和管理能力考核合格。考核不得收费。

危险物品的生产、储存单位以及矿山、金属冶炼单位应当有注册安全工程师从事安全生产管理工作。鼓励其他生产经营单位聘用注册安全工程师从事安全生产管理工作。注册安全工程师按专业分类管理，具体办法由国务院人力资源和社会保障部门、国务院安全生产监督管理部门会同国务院有关部门制定。

第二十五条 生产经营单位应当对从业人员进行安全生产教育和培训，保证从业人员具备必要的安全生产知识，熟悉有关的安全生产规章制度和安全操作规程，掌握本岗位的安全操作技能，了解事故应急处理措施，知悉自身在安全生产方面的权利和义务。未经安全生产教育和培训合格的从业人员，不得上岗作业。

生产经营单位使用被派遣劳动者的，应当将被派遣劳动者纳入本单位从业人员统一管理，对被派遣劳动者进行岗位安全操作规程和安全操作技能的教育和培训。劳务派遣单位应当对被派遣劳动者进行必要的安全生产教育和培训。

生产经营单位接收中等职业学校、高等学校学生实习的，应当对实习学生进行相应的安全生产教育和培训，提供必要的劳动防护用品。学校应当协助生产经营单位对实习学生进行安全生产教育和培训。

生产经营单位应当建立安全生产教育和培训档案，如实记录安全生产教育和培训的时间、内容、参加人员以及考核结果等情况。

第二十六条 生产经营单位采用新工艺、新技术、新材料或者使用新设备，必须了解、掌握其安全技术特性，采取有效的安全防护措施，并对从业人员进行专门的安全生产教育和培训。

第二十七条 生产经营单位的特种作业人员必须按照国家有关规定经专门的安全作业培训，取得相应资格，方可上岗作业。

特种作业人员的范围由国务院安全生产监督管理部门会同国务院有关部门确定。

第二十八条 生产经营单位新建、改建、扩建工程项目（以下统称建设项目）的安全设施，必须与主体工程同时设计、同时施工、同时投入生产和使用。安全设施投资应当纳入建设项目概算。

第二十九条 矿山、金属冶炼建设项目和用于生产、储存、装卸危险物品的建设项目，应当按照国家有关规定进行安全评价。

第三十条 建设项目安全设施的设计人、设计单位应当对安全设施设计负责。

矿山建设项目和用于生产、储存危险物品的建设项目的安全设施设计应当按照国家有关规定报经有关部门审查，审查部门及其负责审查的人员对审查结果负责。

第三十一条 矿山、金属冶炼建设项目和用于生产、储存、装卸危险物品的建设项目的施工单位必须按照批准的安全设施设计施工，并对安全设施的工程质量负责。

矿山、金属冶炼建设项目和用于生产、储存危险物品的建设项目竣工投入生产或者使用前，应当由建设单位负责组织对安全设施进行验收；验收合格后，方可投入生产和使用。安全生产监督管理部门应当加强对建设单位验收活动和验收结果的监督核查。

第三十二条 生产经营单位应当在有较大危险因素的生产经营场所和有关设施、设备上，设置明显的安全警示标志。

第三十三条 安全设备的设计、制造、安装、使用、检测、维修、改造和报废，应当符合国家标准或者行业标准。

生产经营单位必须对安全设备进行经常性维护、保养，并定期检测，保证正常运转。维护、保养、检测应当作好记录，并由有关人员签字。

第三十四条 生产经营单位使用的危险物品的容器、运输工具，以及涉及人身安全、危险性较大的海洋石油开采特种设备和矿山井下特种设备，必须按照国家有关规定，由专业生产单位生产，并经具有专业资质的检测、检验机构检测、检验合格，取得安全使用证或者安全标志，方可投入使用。检测、检验机构对检测、检验结果负责。

第三十五条 国家对严重危及生产安全的工艺、设备实行淘汰制度，具体目录由国务院安全生产监督管理部门会同国务院有关部门制定并公布。法律、行政法规对目录的制定另有规定的，适用其规定。

省、自治区、直辖市人民政府可以根据本地区实际情况制定并公布具体目录，对前款规定以外的危及生产安全的工艺、设备予以淘汰。

生产经营单位不得使用应当淘汰的危及生产安全的工艺、设备。

第三十六条 生产经营单位应当建立健全生产安全事故隐患排查治理制度，采取技术、管理措施，及时发现并消除事故隐患。事故隐患排查治理情况应当如实记录，并向从业人员通报。

县级以上地方各级人民政府安全生产监督管理职责部门应当建立健全重大事故隐患治理督办制度，督促生产经营单位消除重大事故隐患。

第三十七条 生产、经营、运输、储存、使用危险物品或者处置废弃危险物品的，由有关主管部门依照有关法律、法规的规定和国家标准或者行业标准审批并实施监督管理。

生产经营单位生产、经营、运输、储存、使用危险物品或者处置废弃危险物品，必须执行有关法律、法规和国家标准或者行业标准，建立专门的安全管理制度，采取可靠的安全措施，接受有关主管部门依法实施的监督管理。

第三十八条 生产经营单位对重大危险源应当登记建档，进行定期检测、评估、监控，并制定应急预案，告知从业人员和相关人员在紧急情况下应当采取的应急措施。

生产经营单位应当按照国家有关规定将本单位重大危险源及有关安全措施、应急措施报有关地方人民政府负责安全生产监督管理的部门和有关部门备案。

第三十九条 生产、经营、储存、使用危险物品的车间、商店、仓库不得与员工宿舍在同一座建筑物内，并应当与员工宿舍保持安全距离。

生产经营场所和员工宿舍应当设有符合紧急疏散要求、标志明显、保持畅通的出口。禁止锁闭、封堵生产经营场所或者员工宿舍的出口。

第四十条 生产经营单位进行爆破、吊装以及国务院安全生产监督管理部门会同国务院有关部门规定的其他危险作业，应当安排专门人员进行现场安全管理，确保操作规程的遵守和安全措施的落实。

第四十一条 生产经营单位应当教育和督促从业人员严格执行本单位的安全生产规章制度和安全操作规程；并向从业人员如实告知作业场所和工作岗位存在的危险因素、防范措施以及事故应急措施。

第四十二条 生产经营单位必须为从业人员提供符合国家标准或者行业标准的劳动防护用品，并监督、教育从业人员按照使用规则佩戴、使用。

第四十三条 生产经营单位的安全生产管理人员应当根据本单位的生产经营特点，对安全生产状况进行经常性检查；对检查中发现的安全问题，应当立即处理；不能处理的，应当及时报告本单位有关负责人，有关负责人应当及时处理。检查及处理情况应当如实记录在案。

生产经营单位的安全生产管理人员在检查中发现重大事故隐患，依照前款规定向本单位有关负责人报告，有关负责人不及时处理的，安全生产管理人员可以向主管的负有安全生产监督管理职责的部门报告，接到报告的部门应当依法及时处理。

第四十四条 生产经营单位应当安排用于配备劳动防护用品、进行安全生产培训的经费。

第四十五条 两个以上生产经营单位在同一作业区域内进行生产经营活动，可能危及对方生产安全的，应当签订安全生产管理协议，明确各自的安全生产管理职责和应当采取的安全措施，并指定专职安全生产管理人员进行安全检查与协调。

第四十六条 生产经营单位不得将生产经营项目、场所、设备发包或者出租给不具备安全生产条件或者相应资质的单位或者个人。

生产经营项目、场所发包或者出租给其他单位的，生产经营单位应当与承包单位、承租单位签订专门的安全生产管理协议，或者在承包合同、租赁合同中约定各自的安全生产管理职责；生产经营单位对承包单位、承租单位的安全生产工作统一协调、管理，定期进行安全检查，发现安全问题的，应当及时督促整改。

第四十七条　生产经营单位发生生产安全事故时，单位的主要负责人应当立即组织抢救，并不得在事故调查处理期间擅离职守。

第四十八条　生产经营单位必须依法参加工伤保险，为从业人员缴纳保险费。

国家鼓励生产经营单位投保安全生产责任保险。

第三章　从业人员的安全生产权利义务

第四十九条　生产经营单位与从业人员订立的劳动合同，应当载明有关保障从业人员劳动安全、防止职业危害的事项，以及依法为从业人员办理工伤保险的事项。

生产经营单位不得以任何形式与从业人员订立协议，免除或者减轻其对从业人员因生产安全事故伤亡依法应承担的责任。

第五十条　生产经营单位的从业人员有权了解其作业场所和工作岗位存在的危险因素、防范措施及事故应急措施，有权对本单位的安全生产工作提出建议。

第五十一条　从业人员有权对本单位安全生产工作中存在的问题提出批评、检举、控告；有权拒绝违章指挥和强令冒险作业。

生产经营单位不得因从业人员对本单位安全生产工作提出批评、检举、控告或者拒绝违章指挥、强令冒险作业而降低其工资、福利等待遇或者解除与其订立的劳动合同。

第五十二条　从业人员发现直接危及人身安全的紧急情况时，有权停止作业或者在采取可能的应急措施后撤离作业场所。

生产经营单位不得因从业人员在前款紧急情况下停止作业或者采取紧急撤离措施而降低其工资、福利等待遇或者解除与其订立的劳动合同。

第五十三条　因生产安全事故受到损害的从业人员，除依法享有工伤保险外，依照有关民事法律尚有获得赔偿的权利的，有权向本单位提出赔偿要求。

第五十四条　从业人员在作业过程中，应当严格遵守本单位的安全生产规章制度和操作规程，服从管理，正确佩戴和使用劳动防护用品。

第五十五条　从业人员应当接受安全生产教育和培训，掌握本职工作所需的安全生产知识，提高安全生产技能，增强事故预防和应急处理能力。

第五十六条　从业人员发现事故隐患或者其他不安全因素，应当立即向现场安全生产管理人员或者本单位负责人报告；接到报告的人员应当及时予以处理。

第五十七条　工会有权对建设项目的安全设施与主体工程同时设计、同时施工、同时投入生产和使用进行监督，提出意见。

工会对生产经营单位违反安全生产法律、法规，侵犯从业人员合法权益的行为，有权要求纠正；发现生产经营单位违章指挥、强令冒险作业或者发现事故隐患时，有权提出解决的建议，生产经营单位应当及时研究答复；发现危及从业人员生命安全的情况时，有权向生产经营单位建议组织从业人员撤离危险场所，生产经营单位必须立即作出处理。

工会有权依法参加事故调查，向有关部门提出处理意见，并要求追究有关人员的责任。

第五十八条 生产经营单位使用被派遣劳动者的，被派遣劳动者享有本法规定的从业人员的权利，并应当履行本法规定的从业人员的义务。

第四章 安全生产的监督管理

第五十九条 县级以上地方各级人民政府应当根据本行政区域内的安全生产状况，组织有关部门按照职责分工，对本行政区域内容易发生重大生产安全事故的生产经营单位进行严格检查。

安全生产监督管理部门应当按照分类分级监督管理的要求，制定安全生产年度监督检查计划，并按照年度监督检查计划进行监督检查，发现事故隐患，应当及时处理。

第六十条 负有安全生产监督管理职责的部门依照有关法律、法规的规定，对涉及安全生产的事项需要审查批准（包括批准、核准、许可、注册、认证、颁发证照等，下同）或者验收的，必须严格依照有关法律、法规和国家标准或者行业标准规定的安全生产条件和程序进行审查；不符合有关法律、法规和国家标准或者行业标准规定的安全生产条件的，不得批准或者验收通过。对未依法取得批准或者验收合格的单位擅自从事有关活动的，负责行政审批的部门发现或者接到举报后应当立即予以取缔，并依法予以处理。对已经依法取得批准的单位，负责行政审批的部门发现其不再具备安全生产条件的，应当撤销原批准。

第六十一条 负有安全生产监督管理职责的部门对涉及安全生产的事项进行审查、验收，不得收取费用；不得要求接受审查、验收的单位购买其指定品牌或者指定生产、销售单位的安全设备、器材或者其他产品。

第六十二条 安全生产监督管理部门和其他负有安全生产监督管理职责的部门依法开展安全生产行政执法工作，对生产经营单位执行有关安全生产的法律、法规和国家标准或者行业标准的情况进行监督检查，行使以下职权：

（一）进入生产经营单位进行检查，调阅有关资料，向有关单位和人员了解情况；

（二）对检查中发现的安全生产违法行为，当场予以纠正或者要求限期改正；对依法应当给予行政处罚的行为，依照本法和其他有关法律、行政法规的规定作出行政处罚决定；

（三）对检查中发现的事故隐患，应当责令立即排除；重大事故隐患排除前或者排除过程中无法保证安全的，应当责令从危险区域内撤出作业人员，责令暂时停产停业或者停止使用相关设施、设备；重大事故隐患排除后，经审查同意，方可恢复生产经营和使用；

（四）对有根据认为不符合保障安全生产的国家标准或者行业标准的设施、设备、器材以及违法生产、储存、使用、经营、运输的危险物品予以查封或者扣押，对违法生产、储存、使用、经营危险物品的作业场所予以查封，并依法作出处理决定。

第六十三条 生产经营单位对负有安全生产监督管理职责的部门的监督检查人员（以下统称安全生产监督检查人员）依法履行监督检查职责，应当予以配合，不得拒绝、阻挠。

第六十四条 安全生产监督检查人员应当忠于职守，坚持原则，秉公执法。

安全生产监督检查人员执行监督检查任务时，必须出示有效的监督执法证件；对涉及被检查单位的技术秘密和业务秘密，应当为其保密。

第六十五条 安全生产监督检查人员应当将检查的时间、地点、内容、发现的问题及其处理情况，作出书面记录，并由检查人员和被检查单位的负责人签字；被检查单位的负责人拒绝签字的，检查人员应当将情况记录在案，并向负有安全生产监督管理职责的部门报告。

第六十六条 负有安全生产监督管理职责的部门在监督检查中，应当互相配合，实行联合检查；确需分别进行检查的，应当互通情况，发现存在的安全问题应当由其他有关部门进行处理的，应当及时移送其他有关部门并形成记录备查，接受移送的部门应当及时进行处理。

第六十七条 负有安全生产监督管理职责的部门依法对存在重大事故隐患的生产经营单位作出停产停业、停止施工、停止使用相关设施或者设备的决定，生产经营单位应当依法执行，及时消除事故隐患。生产经营单位拒不执行，有发生生产安全事故的现实危险的，在保证安全的前提下，经本部门主要负责人批准，负有安全生产监督管理职责的部门可以采取通知有关单位停止供电、停止供应民用爆炸物品等措施，强制生产经营单位履行决定。通知应当采用书面形式，有关单位应当予以配合。

负有安全生产监督管理职责的部门依照前款规定采取停止供电措施，除有危及生产安全的紧急情形外，应当提前二十四小时通知生产经营单位。生产经营单位依法履行行政决定、采取相应措施消除事故隐患的，负有安全生产监督管理职责的部门应当及时解除前款规定的措施。

第六十八条 监察机关依照行政监察法的规定，对负有安全生产监督管理职责的部门及其工作人员履行安全生产监督管理职责实施监察。

第六十九条 承担安全评价、认证、检测、检验的机构应当具备国家规定的资质条件，并对其作出的安全评价、认证、检测、检验的结果负责。

第七十条 负有安全生产监督管理职责的部门应当建立举报制度，公开举报电话、信箱或者电子邮件地址，受理有关安全生产的举报；受理的举报事项经调查核实后，应当形成书面材料；需要落实整改措施的，报经有关负责人签字并督促落实。

第七十一条 任何单位或者个人对事故隐患或者安全生产违法行为，均有权向负有安全生产监督管理职责的部门报告或者举报。

第七十二条 居民委员会、村民委员会发现其所在区域内的生产经营单位存在事故隐患或者安全生产违法行为时，应当向当地人民政府或者有关部门报告。

第七十三条 县级以上各级人民政府及其有关部门对报告重大事故隐患或者举报安全生产违法行为的有功人员，给予奖励。具体奖励办法由国务院安全生产监督管理部门会同国务院财政部门制定。

第七十四条 新闻、出版、广播、电影、电视等单位有进行安全生产公益宣传教育的义务，有对违反安全生产法律、法规的行为进行舆论监督的权利。

第七十五条 负有安全生产监督管理职责的部门应当建立安全生产违法行为信息库，如实记录生产经营单位的安全生产违法行为信息；对违法行为情节严重的生产经营单位，应当向社会公告，并通报行业主管部门、投资主管部门、国土资源主管部门、证券监督管理机构以及有关金融机构。

第七十六条 国家加强生产安全事故应急能力建设，在重点行业、领域建立应急救援基地和应急救援队伍，鼓励生产经营单位和其他社会力量建立应急救援队伍，配备相应的应急救援装备和物资，提高应急救援的专业化水平。

国务院安全生产监督管理部门建立全国统一的生产安全事故应急救援信息系统，国务院有关部门建立健全相关行业、领域的生产安全事故应急救援信息系统。

第五章　生产安全事故的应急救援与调查处理

第七十七条 县级以上地方各级人民政府应当组织有关部门制定本行政区域内生产安全事故应急救援预案，建立应急救援体系。

第七十八条 生产经营单位应当制定本单位生产安全事故应急救援预案，与所在地县级以上地方人民政府组织制定的生产安全事故应急救援预案相衔接，并定期组织演练。

第七十九条 危险物品的生产、经营、储存单位以及矿山、金属冶炼、城市轨道交通运营、建筑施工单位应当建立应急救援组织；生产经营规模较小的，可以不建立应急救援组织，但应当指定兼职的应急救援人员。

危险物品的生产、经营、储存、运输单位以及矿山、金属冶炼、城市轨道交通运营、建筑施工单位应当配备必要的应急救援器材、设备和物资，并进行经常性维护、保养，保证正常运转。

第八十条 生产经营单位发生生产安全事故后，事故现场有关人员应当立即报告本单位负责人。单位负责人接到事故报告后，应当迅速采取有效措施，组织抢救，防止事故扩大，减少人员伤亡和财产损失，并按照国家有关规定立即如实报告当地负有安全生产监督管理职责的部门，不得隐瞒不报、谎报或者迟报，不得故意破坏事故现场、毁灭有关证据。

第八十一条 负有安全生产监督管理职责的部门接到事故报告后，应当立即按照国家有关规定上报事故情况。负有安全生产监督管理职责的部门和有关地方人民政府对事故情况不得隐瞒不报、谎报或者迟报。

第八十二条 有关地方人民政府和负有安全生产监督管理职责的部门的负责人接到生产安全事故报告后，应当按照生产安全事故应急救援预案的要求立即赶到事故现场，组织事故抢救。

参与事故抢救的部门和单位应当服从统一指挥，加强协同联动，采取有效的应急救援措施，并根据事故救援的需要采取警戒、疏散等措施，防止事故扩大和次生灾害的发生，减少人员伤亡和财产损失。

事故抢救过程中应当采取必要措施，避免或者减少对环境造成的危害。

第八十三条 事故调查处理应当按照科学严谨、依法依规、实事求是、注重实效的原则，及时、准确地查清事故原因，查明事故性质和责任，总结事故教训，提出整改措施，并对事故责任者提出处理意见。事故调查报告应当依法及时向社会公布。事故调查和处理的具体办法由国务院制定。

事故发生单位应当及时全面落实整改措施，负有安全生产监督管理职责的部门应当加强监督检查。

第八十四条 生产经营单位发生生产安全事故，经调查确定为责任事故的，除了应当查明事故单位的责任并依法予以追究外，还应当查明对安全生产的有关事项负有审查批准和监督职责的行政部门的责任，对有失职、渎职行为的，依照本法第七十七条的规定追究法律责任。

第八十五条 任何单位和个人不得阻挠和干涉对事故的依法调查处理。

第八十六条 县级以上地方各级人民政府安全生产监督管理部门应当定期统计分析本行政区域内发生生产安全事故的情况，并定期向社会公布。

第六章 法律责任

第八十七条 负有安全生产监督管理职责的部门的工作人员，有下列行为之一的，给予降级或者撤职的处分；构成犯罪的，依照刑法有关规定追究刑事责任：

（一）对不符合法定安全生产条件的涉及安全生产的事项予以批准或者验收通过的；

（二）发现未依法取得批准、验收的单位擅自从事有关活动或者接到举报后不予取缔或者不依法予以处理的；

（三）对已经依法取得批准的单位不履行监督管理职责，发现其不再具备安全生产条件而不撤销原批准或者发现安全生产违法行为不予查处的；

（四）在监督检查中发现重大事故隐患，不依法及时处理的。

负有安全生产监督管理职责的部门的工作人员有前款规定以外的滥用职权、玩忽职守、徇私舞弊行为的，依法给予处分；构成犯罪的，依照刑法有关规定追究刑事责任。

第八十八条 负有安全生产监督管理职责的部门，要求被审查、验收的单位购买其指定的安全设备、器材或者其他产品的，在对安全生产事项的审查、验收中收取费用的，由其上级机关或者监察机关责令改正，责令退还收取的费用；情节严重的，对直接负责的主管人员和其他直接责任人员依法给予处分。

第八十九条 承担安全评价、认证、检测、检验工作的机构，出具虚假证明的，没收违法所得；违法所得在十万元以上的，并处违法所得二倍以上五倍以下的罚款；没有违法所得或者违法所得不足十万元的，单处或者并处十万元以上二十万元以下的罚款；对其直接负责的主管人员和其他直接责任人员处二万元以上五万元以下的罚款；给他人造成损害的，与生产经营单位承担连带赔偿责任；构成犯罪的，依照刑法有关规定追究刑事责任。

对有前款违法行为的机构，吊销其相应资质。

第九十条 生产经营单位的决策机构、主要负责人或者个人经营的投资人不依照本法规定保证安全生产所必需的资金投入，致使生产经营单位不具备安全生产条件的，责令限期改正，提供必需的资金；逾期未改正的，责令生产经营单位停产停业整顿。

有前款违法行为，导致发生生产安全事故的，对生产经营单位的主要负责人给予撤职处分，对个人经营的投资人处二万元以上二十万元以下的罚款；构成犯罪的，依照刑法有关规定追究刑事责任。

第九十一条 生产经营单位的主要负责人未履行本法规定的安全生产管理职责的，责令限期改正；逾期未改正的，处二万元以上五万元以下的罚款，责令生产经营单位停产停业整顿。

生产经营单位的主要负责人有前款违法行为，导致发生生产安全事故的，给予撤职处分；构成犯罪的，依照刑法有关规定追究刑事责任。

生产经营单位的主要负责人依照前款规定受刑事处罚或者撤职处分的，自刑罚执行完毕或者受处分之日起，五年内不得担任任何生产经营单位的主要负责人；对重大、特别重大生产安全事故负有责任的，终身不得担任本行业生产经营单位的主要负责人。

第九十二条 生产经营单位的主要负责人未履行本法规定的安全生产管理职责，导致发生生产安全事故的，由安全生产监督管理部门依照下列规定处以罚款：

（一）发生一般事故的，处上一年年收入百分之三十的罚款；

（二）发生较大事故的，处上一年年收入百分之四十的罚款；

（三）发生重大事故的，处上一年年收入百分之六十的罚款；

（四）发生特别重大事故的，处上一年年收入百分之八十的罚款。

第九十三条 生产经营单位的安全生产管理人员未履行本法规定的安全生产管理职责的，责令限期改正；导致发生生产安全事故的，暂停或者撤销其与安全生产有关的资格；构成犯罪的，依照刑法有关规定追究刑事责任。

第九十四条 生产经营单位有下列行为之一的，责令限期改正，可以处五万元以下的罚款；逾期未改正的，责令停产停业整顿，并处五万元以上十万元以下的罚款，对其直接负责的主管人员和其他直接责任人员处一万元以上二万元以下的罚款：

（一）未按照规定设置安全生产管理机构或者配备安全生产管理人员的；

（二）危险物品的生产、经营、储存单位以及矿山、金属冶炼、建筑施工、道路运输单位的主要负责人和安全生产管理人员未按照规定经考核合格的；

（三）未按照规定对从业人员、被派遣劳动者、实习学生进行安全生产教育和培训，或者未按照规定如实告知有关的安全生产事项的；

（四）未如实记录安全生产教育和培训情况的；

（五）未将事故隐患排查治理情况如实记录或者未向从业人员通报的；

（六）未按照规定制定生产安全事故应急救援预案或者未定期组织演练的；

（七）特种作业人员未按照规定经专门的安全作业培训并取得相应资格，上岗作业的。

第九十五条 生产经营单位有下列行为之一的，责令停止建设或者停产停业整顿，限期改正；逾期未改正的，处五十万元以上一百万元以下的罚款，对其直接负责的主管人员和其他直接责任人员处二万元以上五万元以下的罚款；构成犯罪的，依照刑法有关规定追究刑事责任：

（一）未按照规定对矿山、金属冶炼建设项目或者用于生产、储存、装卸危险物品的建设项目进行安全评价的；

（二）矿山、金属冶炼建设项目或者用于生产、储存、装卸危险物品的建设项目没有安全设施设计或者安全设施设计未按照规定报经有关部门审查同意的；

（三）矿山、金属冶炼建设项目或者用于生产、储存、装卸危险物品的建设项目的施工单位未按照批准的安全设施设计施工的；

（四）矿山、金属冶炼建设项目或者用于生产、储存危险物品的建设项目竣工投入生产或者使用前，安全设施未经验收合格的。

第九十六条 生产经营单位有下列行为之一的，责令限期改正，可以处五万元以下的罚款；逾期未改正的，处五万元以上二十万元以下的罚款，对其直接负责的主管人员和其他直接责任人员处一万元以上二万元以下的罚款；情节严重的，责令停产停业整顿；构成犯罪的，依照刑法有关规定追究刑事责任：

（一）未在有较大危险因素的生产经营场所和有关设施、设备上设置明显的安全警示标志的；

（二）安全设备的安装、使用、检测、改造和报废不符合国家标准或者行业标准的；

（三）未对安全设备进行经常性维护、保养和定期检测的；

（四）未为从业人员提供符合国家标准或者行业标准的劳动防护用品的；

（五）危险物品的容器、运输工具，以及涉及人身安全、危险性较大的海洋石油开采特种设备和矿山井下特种设备未经具有专业资质的机构检测、检验合格，取得安全使用证或者安全标志，投入使用的；

（六）使用应当淘汰的危及生产安全的工艺、设备的。

第九十七条 未经依法批准，擅自生产、经营、运输、储存、使用危险物品或者处置废弃危险物品的，依照有关危险物品安全管理的法律、行政法规的规定予以处罚；构成犯罪的，依照刑法有关规定追究刑事责任。

第九十八条 生产经营单位有下列行为之一的，责令限期改正，可以处十万元以下的罚款；逾期未改正的，责令停产停业整顿，并处十万元以上二十万元以下的罚款，对其直接负责的主管人员和其他直接责任人员处二万元以上五万元以下的罚款；构成犯罪的，依照刑法有关规定追究刑事责任：

（一）生产、经营、运输、储存、使用危险物品或者处置废弃危险物品，未建立专门安全管理制度、未采取可靠的安全措施的；

（二）对重大危险源未登记建档，或者未进行评估、监控，或者未制定应急预案的；

（三）进行爆破、吊装以及国务院安全生产监督管理部门会同国务院有关部门规定的其他危险作业，未安排专门人员进行现场安全管理的；

（四）未建立事故隐患排查治理制度的。

第九十九条 生产经营单位未采取措施消除事故隐患的，责令立即消除或者限期消除；生产经营单位拒不执行的，责令停产停业整顿，并处十万元以上五十万元以下的罚款，对其直接负责的主管人员和其他直接责任人员处二万元以上五万元以下的罚款。

第一百条 生产经营单位将生产经营项目、场所、设备发包或者出租给不具备安全生产条件或者相应资质的单位或者个人的，责令限期改正，没收违法所得；违法所得十万元以上的，并处违法所得二倍以上五倍以下的罚款；没有违法所得或者违法所得不足十万元的，单处或者并处十万元以上二十万元以下的罚款；对其直接负责的主管人员和其他直接责任人员处一万元以上二万元以下的罚款；导致发生生产安全事故给他人造成损害的，与承包方、承租方承担连带赔偿责任。

生产经营单位未与承包单位、承租单位签订专门的安全生产管理协议或者未在承包合同、租赁合同中明确各自的安全生产管理职责，或者未对承包单位、承租单位的安全生产统一协调、管理的，责令限期改正，可以处五万元以下的罚款，对其直接负责的主管人员和其他直接责任人员可以处一万元以下的罚款；逾期未改正的，责令停产停业整顿。

第一百零一条 两个以上生产经营单位在同一作业区域内进行可能危及对方安全生产的生产经营活动，未签订安全生产管理协议或者未指定专职安全生产管理人员进行安全检查与协调的，责令限期改正，可以处五万元以下的罚款，对其直接负责的主管人员和其他直接责任人员可以处一万元以下的罚款；逾期未改正的，责令停产停业。

第一百零二条 生产经营单位有下列行为之一的，责令限期改正，可以处五万元以下的罚款，对其直接负责的主管人员和其他直接责任人员可以处一万元以下的罚款；逾期未改正的，责令停产停业整顿；构成犯罪的，依照刑法有关规定追究刑事责任：

（一）生产、经营、储存、使用危险物品的车间、商店、仓库与员工宿舍在同一座建筑内，或者与员工宿舍的距离不符合安全要求的；

（二）生产经营场所和员工宿舍未设有符合紧急疏散需要、标志明显、保持畅通的出口，或者锁闭、封堵生产经营场所或者员工宿舍出口的。

第一百零三条 生产经营单位与从业人员订立协议，免除或者减轻其对从业人员因生产安全事故伤亡依法应承担的责任的，该协议无效；对生产经营单位的主要负责人、个人经营的投资人处二万元以上十万元以下的罚款。

第一百零四条 生产经营单位的从业人员不服从管理，违反安全生产规章制度或者操作规程的，由生产经营单位给予批评教育，依照有关规章制度给予处分；构成犯罪的，依照刑法有关规定追究刑事责任。

第一百零五条 违反本法规定，生产经营单位拒绝、阻碍负有安全生产监督管理职责的部门依法实施监督检查的，责令改正；拒不改正的，处二万元以上二十万元以下的罚款；对其直接负责的主管人员和其他直接责任人员处一万元以上二万元以下的罚款；构成犯罪的，依照刑法有关规定追究刑事责任。

第一百零六条 生产经营单位的主要负责人在本单位发生生产安全事故时，不立即组织抢救或者在事故调查处理期间擅离职守或者逃匿的，给予降级、撤职的处分，并由安全生产监督管理部门处上一年年收入百分之六十至百分之一百的罚款；对逃匿的处十五日以下拘留；构成犯罪的，依照刑法有关规定追究刑事责任。

生产经营单位的主要负责人对生产安全事故隐瞒不报、谎报或者迟报的，依照前款规定处罚。

第一百零七条 有关地方人民政府、负有安全生产监督管理职责的部门，对生产安全事故隐瞒不报、谎报或者迟报的，对直接负责的主管人员和其他直接责任人员依法给予处分；构成犯罪的，依照刑法有关规定追究刑事责任。

第一百零八条 生产经营单位不具备本法和其他有关法律、行政法规和国家标准或者行业标准规定的安全生产条件，经停产停业整顿仍不具备安全生产条件的，予以关闭；有关部门应当依法吊销其有关证照。

第一百零九条 发生生产安全事故，对负有责任的生产经营单位除要求其依法承担相应的赔偿等责任外，由安全生产监督管理部门依照下列规定处以罚款：

（一）发生一般事故的，处二十万元以上五十万元以下的罚款；

（二）发生较大事故的，处五十万元以上一百万元以下的罚款；

（三）发生重大事故的，处一百万元以上五百万元以下的罚款；

（四）发生特别重大事故的，处五百万元以上一千万元以下的罚款；情节特别严重的，处一千万元以上二千万元以下的罚款。

第一百一十条 本法规定的行政处罚，由安全生产监督管理部门和其他负有安全生产监督管理职责的部门按照职责分工决定。予以关闭的行政处罚由负有安全生产监督管理职责的部门报请县级以上人民政府按照国务院规定的权限决定；给予拘留的行政处罚由公安机关依照治安管理处罚法的规定决定。

第一百一十一条 生产经营单位发生生产安全事故造成人员伤亡、他人财产损失的，应当依法承担赔偿责任；拒不承担或者其负责人逃匿的，由人民法院依法强制执行。

生产安全事故的责任人未依法承担赔偿责任，经人民法院依法采取执行措施后，仍不能对受害人给予足额赔偿的，应当继续履行赔偿义务；受害人发现责任人有其他财产的，可以随时请求人民法院执行。

第七章 附则

第一百一十二条 本法下列用语的含义：

危险物品，是指易燃易爆物品、危险化学品、放射性物品等能够危及人身安全和财产安全的物品。

重大危险源，是指长期地或者临时地生产、搬运、使用或者储存危险物品，且危险物品的数量等于或者超过临界量的单元（包括场所和设施）。

【阅读材料6-2】

《中华人民共和国劳动法》

2018年12月29日，第十三届全国人民代表大会常务委员会第七次会议通过对《中华人民共和国劳动法》作出修改。

第一章 总则

第一条 为了保护劳动者的合法权益，调整劳动关系，建立和维护适应社会主义市场经济的劳动制度，促进经济发展和社会进步，根据宪法，制定本法。

第二条 在中华人民共和国境内的企业、个体经济组织（以下统称用人单位）和与之形成劳动关系的劳动者，适用本法。

国家机关、事业组织、社会团体和与之建立劳动合同关系的劳动者，依照本法执行。

第三条 劳动者享有平等就业和选择职业的权利、取得劳动报酬的权利、休息休假的权利、获得劳动安全卫生保护的权利、接受职业技能培训的权利、享受社会保险和福利的权利、提请劳动争议处理的权利以及法律规定的其他劳动权利。

劳动者应当完成劳动任务，提高职业技能，执行劳动安全卫生规程，遵守劳动纪律和职业道德。

第四条 用人单位应当依法建立和完善规章制度，保障劳动者享有劳动权利和履行劳动义务。

第五条 国家采取各种措施，促进劳动就业，发展职业教育，制定劳动标准，调节社会收入，完善社会保险，协调劳动关系，逐步提高劳动者的生活水平。

第六条 国家提倡劳动者参加社会义务劳动，开展劳动竞赛和合理化建议活动，鼓励和保护劳动者进行科学研究、技术革新和发明创造，表彰和奖励劳动模范和先进工作者。

第七条 劳动者有权依法参加和组织工会。

工会代表和维护劳动者的合法权益，依法独立自主地开展活动。

第八条 劳动者依照法律规定，通过职工大会、职工代表大会或者其他形式，参与民主管理或者就保护劳动者合法权益与用人单位进行平等协商。

第九条 国务院劳动行政部门主管全国劳动工作。

县级以上地方人民政府劳动行政部门主管本行政区域内的劳动工作。

第二章 促进就业

第十条 国家通过促进经济和社会发展，创造就业条件，扩大就业机会。

国家鼓励企业、事业组织、社会团体在法律、行政法规规定的范围内兴办产业或者拓展经营，增加就业。国家支持劳动者自愿组织起来就业和从事个体经营实现就业。

第十一条 地方各级人民政府应当采取措施，发展多种类型的职业介绍机构，提供就业服务。

第十二条 劳动者就业，不因民族、种族、性别、宗教信仰不同而受歧视。

第十三条 妇女享有与男子平等的就业权利。在录用职工时，除国家规定的不适合妇女的工种或者岗位外，不得以性别为由拒绝录用妇女或者提高对妇女的录用标准。

第十四条 残疾人、少数民族人员、退出现役的军人的就业，法律、法规有特别规定的，从其规定。

第十五条 禁止用人单位招用未满十六周岁的未成年人。

文艺、体育和特种工艺单位招用未满十六周岁的未成年人，必须遵守国家有关规定，并保障其接受义务教育的权利。

第三章 劳动合同和集体合同

第十六条 劳动合同是劳动者与用人单位确立劳动关系、明确双方权利和义务的协议。建立劳动关系应当订立劳动合同。

第十七条 订立和变更劳动合同，应当遵循平等自愿、协商一致的原则，不得违反法律、行政法规的规定。

劳动合同依法订立即具有法律约束力，当事人必须履行劳动合同规定的义务。

第十八条 下列劳动合同无效：

（一）违反法律、行政法规的劳动合同；

（二）采取欺诈、威胁等手段订立的劳动合同。

无效的劳动合同，从订立的时候起，就没有法律约束力。确认劳动合同部分无效的，如果不影响其余部分的效力，其余部分仍然有效。

劳动合同的无效，由劳动争议仲裁委员会或者人民法院确认。

第十九条 劳动合同应当以书面形式订立，并具备以下条款：

（一）劳动合同期限；

（二）工作内容；

（三）劳动保护和劳动条件；

（四）劳动报酬；

（五）劳动纪律；

（六）劳动合同终止的条件；

（七）违反劳动合同的责任。

劳动合同除前款规定的必备条款外，当事人可以协商约定其他内容。

第二十条 劳动合同的期限分为有固定期限、无固定期限和以完成一定的工作为期限。

劳动者在同一用人单位连续工作满十年以上，当事人双方同意延续劳动合同的，如果劳动者提出订立无固定期限的劳动合同，应当订立无固定期限的劳动合同。

第二十一条 劳动合同可以约定试用期。试用期最长不得超过六个月。

第二十二条 劳动合同当事人可以在劳动合同中约定保守用人单位商业秘密的有关事项。

第二十三条 劳动合同期满或者当事人约定的劳动合同终止条件出现，劳动合同即行终止。

第二十四条 经劳动合同当事人协商一致，劳动合同可以解除。

第二十五条 劳动者有下列情形之一的，用人单位可以解除劳动合同：

（一）在试用期间被证明不符合录用条件的；

（二）严重违反劳动纪律或者用人单位规章制度的；

（三）严重失职，营私舞弊，对用人单位利益造成重大损害的；

（四）被依法追究刑事责任的。

第二十六条 有下列情形之一的，用人单位可以解除劳动合同，但是应当提前三十日以书面形式通知劳动者本人：

（一）劳动者患病或者非因工负伤，医疗期满后，不能从事原工作也不能从事由用人单位另行安排的工作的；

（二）劳动者不能胜任工作，经过培训或者调整工作岗位，仍不能胜任工作的；

（三）劳动合同订立时所依据的客观情况发生重大变化，致使原劳动合同无法履行，经当事人协商不能就变更劳动合同达成协议的。

第二十七条 用人单位濒临破产进行法定整顿期间或者生产经营状况发生严重困难，确需裁减人员的，应当提前三十日向工会或者全体职工说明情况，听取工会或者职工的意见，经向劳动行政部门报告后，可以裁减人员。

用人单位依据本条规定裁减人员，在六个月内录用人员的，应当优先录用被裁减的人员。

第二十八条 用人单位依据本法第二十四条、第二十六条、第二十七条的规定解除劳动合同的，应当依照国家有关规定给予经济补偿。

第二十九条 劳动者有下列情形之一的，用人单位不得依据本法第二十六条、第二十七条的规定解除劳动合同：

（一）患职业病或者因工负伤并被确认丧失或者部分丧失劳动能力的；

（二）患病或者负伤，在规定的医疗期内的；

（三）女职工在孕期、产期、哺乳期内的；

（四）法律、行政法规规定的其他情形。

第三十条 用人单位解除劳动合同，工会认为不适当的，有权提出意见。如果用人单位违反法律、法规或者劳动合同，工会有权要求重新处理；劳动者申请仲裁或者提起诉讼的，工会应当依法给予支持和帮助。

第三十一条 劳动者解除劳动合同，应当提前三十日以书面形式通知用人单位。

第三十二条 有下列情形之一的，劳动者可以随时通知用人单位解除劳动合同：

（一）在试用期内的；

（二）用人单位以暴力、威胁或者非法限制人身自由的手段强迫劳动的；

（三）用人单位未按照劳动合同约定支付劳动报酬或者提供劳动条件的。

第三十三条 企业职工一方与企业可以就劳动报酬、工作时间、休息休假、劳动安全卫生、保险福利等事项，签订集体合同。集体合同草案应当提交职工代表大会或者全体职工讨论通过。

集体合同由工会代表职工与企业签订；没有建立工会的企业，由职工推举的代表与企业签订。

第三十四条 集体合同签订后应当报送劳动行政部门；劳动行政部门自收到集体合同文本之日起十五日内未提出异议的，集体合同即行生效。

第三十五条 依法签订的集体合同对企业和企业全体职工具有约束力。职工个人与企业订立的劳动合同中劳动条件和劳动报酬等标准不得低于集体合同的规定。

第四章 工作时间

第三十六条 国家实行劳动者每日工作时间不超过八小时、平均每周工作时间不超过四十四小时的工时制度。

第三十七条 对实行计件工作的劳动者，用人单位应当根据本法第三十六条规定的工时制度合理确定其劳动定额和计件报酬标准。

第三十八条 用人单位应当保证劳动者每周至少休息一日。

第三十九条 企业因生产特点不能实行本法第三十六条、第三十八条规定的，经劳动行政部门批准，可以实行其他工作和休息办法。

第四十条 用人单位在下列节日期间应当依法安排劳动者休假：

（一）元旦；

（二）春节；

（三）国际劳动节；

（四）国庆节；

（五）法律、法规规定的其他休假节日。

第四十一条 用人单位由于生产经营需要，经与工会和劳动者协商后可以延长工作时间，一般每日不得超过一小时；因特殊原因需要延长工作时间的，在保障劳动者身体健康的条件下延长工作时间每日不得超过三小时，但是每月不得超过三十六小时。

第四十二条 有下列情形之一的，延长工作时间不受本法第四十一条规定的限制：

（一）发生自然灾害、事故或者因其他原因，威胁劳动者生命健康和财产安全，需要紧急处理的；

（二）生产设备、交通运输线路、公共设施发生故障，影响生产和公众利益，必须及时抢修的；

（三）法律、行政法规规定的其他情形。

第四十三条 用人单位不得违反本法规定延长劳动者的工作时间。

第四十四条 有下列情形之一的，用人单位应当按照下列标准支付高于劳动者正常工作时间工资的工资报酬：

（一）安排劳动者延长工作时间的，支付不低于工资的百分之一百五十的工资报酬；

（二）休息日安排劳动者工作又不能安排补休的，支付不低于工资的百分之二百的工资报酬；

（三）法定休假日安排劳动者工作的，支付不低于工资的百分之三百的工资报酬。

第四十五条 国家实行带薪年休假制度。

劳动者连续工作一年以上的，享受带薪年休假。具体办法由国务院规定。

第五章 工资

第四十六条 工资分配应当遵循按劳分配原则，实行同工同酬。工资水平在经济发展的基础上逐步提高。国家对工资总量实行宏观调控。

第四十七条 用人单位根据本单位的生产经营特点和经济效益，依法自主确定本单位的工资分配方式和工资水平。

第四十八条 国家实行最低工资保障制度。最低工资的具体标准由省、自治区、直辖市人民政府规定，报国务院备案。

用人单位支付劳动者的工资不得低于当地最低工资标准。

第四十九条 确定和调整最低工资标准应当综合参考下列因素：

（一）劳动者本人及平均赡养人口的最低生活费用；

（二）社会平均工资水平；

（三）劳动生产率；

（四）就业状况；

（五）地区之间经济发展水平的差异。

第五十条 工资应当以货币形式按月支付给劳动者本人。不得克扣或者无故拖欠劳动者的工资。

第五十一条 劳动者在法定休假日和婚丧假期间以及依法参加社会活动期间，用人单位应当依法支付工资。

第六章 劳动安全卫生

第五十二条 用人单位必须建立、健全劳动安全卫生制度，严格执行国家劳动安全卫生规程和标准，对劳动者进行劳动安全卫生教育，防止劳动过程中的事故，减少职业危害。

第五十三条 劳动安全卫生设施必须符合国家规定的标准。

新建、改建、扩建工程的劳动安全卫生设施必须与主体工程同时设计、同时施工、同时投入生产和使用。

第五十四条 用人单位必须为劳动者提供符合国家规定的劳动安全卫生条件和必要的劳动防护用品，对从事有职业危害作业的劳动者应当定期进行健康检查。

第五十五条 从事特种作业的劳动者必须经过专门培训并取得特种作业资格。

第五十六条 劳动者在劳动过程中必须严格遵守安全操作规程。

劳动者对用人单位管理人员违章指挥、强令冒险作业，有权拒绝执行；对危害生命安全和身体健康的行为，有权提出批评、检举和控告。

第五十七条 国家建立伤亡事故和职业病统计报告和处理制度。县级以上各级人民政府劳动行政部门、有关部门和用人单位应当依法对劳动者在劳动过程中发生的伤亡事故和劳动者的职业病状况，进行统计、报告和处理。

第七章 女职工和未成年工特殊保护

第五十八条 国家对女职工和未成年工实行特殊劳动保护。未成年工是指年满十六周岁未满十八周岁的劳动者。

第五十九条 禁止安排女职工从事矿山井下、国家规定的第四级体力劳动强度的劳动和其他禁忌从事的劳动。

第六十条 不得安排女职工在经期从事高处、低温、冷水作业和国家规定的第三级体力劳动强度的劳动。

第六十一条 不得安排女职工在怀孕期间从事国家规定的第三级体力劳动强度的劳动和孕期禁忌从事的活动。对怀孕七个月以上的女职工，不得安排其延长工作时间和夜班劳动。

第六十二条 女职工生育享受不少于九十天的产假。

第六十三条 不得安排女职工在哺乳未满一周岁的婴儿期间从事国家规定的第三级体力劳动强度的劳动和哺乳期禁忌从事的其他劳动，不得安排其延长工作时间和夜班劳动。

第六十四条 不得安排未成年工从事矿山井下、有毒有害、国家规定的第四级体力劳动强度的劳动和其他禁忌从事的劳动。

第六十五条 用人单位应当对未成年工定期进行健康检查。

第八章 职业培训

第六十六条 国家通过各种途径，采取各种措施，发展职业培训事业，开发劳动者的职业技能，提高劳动者素质，增强劳动者的就业能力和工作能力。

第六十七条 各级人民政府应当把发展职业培训纳入社会经济发展的规划，鼓励和支持有条件的企业、事业组织、社会团体和个人进行各种形式的职业培训。

第六十八条 用人单位应当建立职业培训制度，按照国家规定提取和使用职业培训经费，根据本单位实际，有计划地对劳动者进行职业培训。

从事技术工种的劳动者，上岗前必须经过培训。

第六十九条 国家确定职业分类，对规定的职业制定职业技能标准，实行职业资格证书制度，由经备案的考核鉴定机构负责对劳动者实施职业技能考核鉴定。

第九章 社会保险和福利

第七十条 国家发展社会保险事业，建立社会保险制度，设立社会保险基金，使劳动者在年老、患病、工伤、失业、生育等情况下获得帮助和补偿。

第七十一条 社会保险水平应当与社会经济发展水平和社会承受能力相适应。

第七十二条 社会保险基金按照保险类型确定资金来源，逐步实行社会统筹。用人单位和劳动者必须依法参加社会保险，缴纳社会保险费。

第七十三条 劳动者在下列情形下，依法享受社会保险待遇：

（一）退休；

（二）患病、负伤；

（三）因工伤残或者患职业病；

（四）失业；

（五）生育。

劳动者死亡后，其遗属依法享受遗属津贴。

劳动者享受社会保险待遇的条件和标准由法律、法规规定。

劳动者享受的社会保险金必须按时足额支付。

第七十四条　社会保险基金经办机构依照法律规定收支、管理和运营社会保险基金，并负有使社会保险基金保值增值的责任。

社会保险基金监督机构依照法律规定，对社会保险基金的收支、管理和运营实施监督。

社会保险基金经办机构和社会保险基金监督机构的设立和职能由法律规定。

任何组织和个人不得挪用社会保险基金。

第七十五条　国家鼓励用人单位根据本单位实际情况为劳动者建立补充保险。

国家提倡劳动者个人进行储蓄性保险。

第七十六条　国家发展社会福利事业，兴建公共福利设施，为劳动者休息、休养和疗养提供条件。

用人单位应当创造条件，改善集体福利，提高劳动者的福利待遇。

第十章　劳动争议

第七十七条　用人单位与劳动者发生劳动争议，当事人可以依法申请调解、仲裁、提起诉讼，也可以协商解决。调解原则适用于仲裁和诉讼程序。

第七十八条　解决劳动争议，应当根据合法、公正、及时处理的原则，依法维护劳动争议当事人的合法权益。

第七十九条　劳动争议发生后，当事人可以向本单位劳动争议调解委员会申请调解；调解不成，当事人一方要求仲裁的，可以向劳动争议仲裁委员会申请仲裁。当事人一方也可以直接向劳动争议仲裁委员会申请仲裁。对仲裁裁决不服的，可以向人民法院提起诉讼。

第八十条　在用人单位内，可以设立劳动争议调解委员会。劳动争议调解委员会由职工代表、用人单位代表和工会代表组成。劳动争议调解委员会主任由工会代表担任。

劳动争议经调解达成协议的，当事人应当履行。

第八十一条　劳动争议仲裁委员会由劳动行政部门代表、同级工会代表、用人单位方面的代表组成。劳动争议仲裁委员会主任由劳动行政部门代表担任。

第八十二条　提出仲裁要求的一方应当自劳动争议发生之日起六十日内向劳动争议仲裁委员会提出书面申请。仲裁裁决一般应在收到仲裁申请的六十日内作出。对仲裁裁决无异议的，当事人必须履行。

第八十三条　劳动争议当事人对仲裁裁决不服的，可以自收到仲裁裁决书之日起十五日内向人民法院提起诉讼。一方当事人在法定期限内不起诉又不履行仲裁裁决的，另一方当事人可以申请人民法院强制执行。

第八十四条　因签订集体合同发生争议，当事人协商解决不成的，当地人民政府劳动行政部门可以组织有关各方协调处理。

因履行集体合同发生争议，当事人协商解决不成的，可以向劳动争议仲裁委员会申请仲裁；对仲裁裁决不服的，可以自收到仲裁裁决书之日起15日内向人民法院提出诉讼。

第十一章　监督检查

第八十五条　县级以上各级人民政府劳动行政部门依法对用人单位遵守劳动法律、法规的情况进行监督检查，对违反劳动法律、法规的行为有权制止，并责令改正。

第八十六条　县级以上各级人民政府劳动行政部门监督检查人员执行公务，有权进入用人单位了解执行劳动法律、法规的情况，查阅必要的资料，并对劳动场所进行检查。

县级以上各级人民政府劳动行政部门监督检查人员执行公务，必须出示证件，秉公执法并遵守有关规定。

第八十七条　县级以上各级人民政府有关部门在各自职责范围内，对用人单位遵守劳动法律、法规的情况进行监督。

第八十八条　各级工会依法维护劳动者的合法权益，对用人单位遵守劳动法律、法规的情况进行监督。

任何组织和个人对于违反劳动法律、法规的行为有权检举和控告。

第十二章　法律责任

第八十九条　用人单位制定的劳动规章制度违反法律、法规规定的，由劳动行政部门给予警告，责令改正；对劳动者造成损害的，应当承担赔偿责任。

第九十条　用人单位违反本法规定，延长劳动者工作时间的，由劳动行政部门给予警告，责令改正，并可以处以罚款。

第九十一条　用人单位有下列侵害劳动者合法权益情形之一的，由劳动行政部门责令支付劳动者的工资报酬、经济补偿，并可以责令支付赔偿金：

（一）克扣或者无故拖欠劳动者工资的；

（二）拒不支付劳动者延长工作时间工资报酬的；

（三）低于当地最低工资标准支付劳动者工资的；

（四）解除劳动合同后，未依照本法规定给予劳动者经济补偿的。

第九十二条　用人单位的劳动安全设施和劳动卫生条件不符合国家规定或者未向劳动者提供必要的劳动防护用品和劳动保护设施的，由劳动行政部门或者有关部门责令改正，可以处以罚款；情节严重的，提请县级以上人民政府决定责令停产整顿；对事故隐患不采取措施，致使发生重大事故，造成劳动者生命和财产损失的，对责任人员依照刑法有关规定追究刑事责任。

第九十三条　用人单位强令劳动者违章冒险作业，发生重大伤亡事故，造成严重后果的，对责任人员依法追究刑事责任。

第九十四条　用人单位非法招用未满十六周岁的未成年人的，由劳动行政部门责令改正，处以罚款；情节严重的，由市场监督管理部门吊销营业执照。

第九十五条　用人单位违反本法对女职工和未成年工的保护规定，侵害其合法权益的，由劳动行政部门责令改正，处以罚款；对女职工或者未成年工造成损害的，应当承担赔偿责任。

第九十六条　用人单位有下列行为之一，由公安机关对责任人员处以十五日以下拘留、罚款或者警告；构成犯罪的，对责任人员依法追究刑事责任：

（一）以暴力、威胁或者非法限制人身自由的手段强迫劳动的；

（二）侮辱、体罚、殴打、非法搜查和拘禁劳动者的。

第九十七条　由于用人单位的原因订立的无效合同，对劳动者造成损害的，应当承担赔偿责任。

第九十八条　用人单位违反本法规定的条件解除劳动合同或者故意拖延不订立劳动合同的，由劳动行政部门责令改正；对劳动者造成损害的，应当承担赔偿责任。

第九十九条　用人单位招用尚未解除劳动合同的劳动者，对原用人单位造成经济损失的，该用人单位应当依法承担连带赔偿责任。

第一百条　用人单位无故不缴纳社会保险费的，由劳动行政部门责令其限期缴纳；逾期不缴的，可以加收滞纳金。

第一百零一条　用人单位无理阻挠劳动行政部门、有关部门及其工作人员行使监督检查权，打击报复举报人员的，由劳动行政部门或者有关部门处以罚款；构成犯罪的，对责任人员依法追究刑事责任。

第一百零二条　劳动者违反本法规定的条件解除劳动合同或者违反劳动合同中约定的保密事项，对用人单位造成经济损失的，应当依法承担赔偿责任。

第一百零三条　劳动行政部门或者有关部门的工作人员滥用职权、玩忽职守、徇私舞弊，构成犯罪的，依法追究刑事责任；不构成犯罪的，给予行政处分。

第一百零四条　国家工作人员和社会保险基金经办机构的工作人员挪用社会保险基金，构成犯罪的，依法追究刑事责任。

第一百零五条　违反本法规定侵害劳动者合法权益，其他法律、行政法规已规定处罚的，依照该法律、行政法规的规定处罚。

【阅读材料6-3】

甲骨文击败谷歌　赢得 Java 版权案

Java 是 Java 面向对象程序设计语言（Java 语言）和 Java 平台的总称，由 Sun 公司团队完成最初的开发和发布。与传统程序不同，Java 推出之际就被作为一种开放的技术，全球数以万计的 Java 开发公司被要求所设计的 Java 软件必须相互兼容。

2009 年，甲骨文公司通过收购 Sun 公司获得了 Java 版权。2006 年 Sun 公司公布的 OpenJDK 属于开源项目，而在此之前的 SunJDK（现在是 OracleJDK）属于甲骨文并购 Sun 所获得的商业版权内容。

谷歌公司的安卓操作系统是世界上销量最好的智能手机平台之一。

甲骨文公司 2010 年在加州对谷歌提起诉讼，称谷歌不恰当地将部分 Java 内容嵌入安卓，并为其版权主张索要高达约 10 亿美元的赔偿。

旧金山地区法院法官威廉·阿尔索普认为，甲骨文公司不能对 Java 的部分内容主张版权保护，而在 2014 年 5 月 9 日，联邦巡回上诉法院的三名法官推翻了这一判决。

联邦巡回上诉法院法官凯瑟琳·欧玛利写道："我们认为，指引计算机执行目标操作的一系列命令也许包含符合版权保护的表达。"

曾写过一篇简报声援谷歌的加州大学伯克利分校法学院教授帕米拉·萨缪尔森则认为，联邦巡回上诉法院的判决意味着软件公司如今在判断如何才能写出不侵犯版权的互用性计算机程序时将面临不确定性。他说："现有的判决必将震动软件行业"。

但是甲骨文公司的律师约书亚·罗森克兰兹却表示法律在这些问题上一直都十分清晰，"对于联邦巡回上诉法院的判决根本没有什么可震惊的"。

这起案件涉及应用程序界面（API）是否可受版权保护的问题。在旧金山的判决中，甲骨文公司认为安卓系统抄袭了 37 个 Java API 代码段，而这些代码属于 Oracle 商业私有 JDK 的一部分。

阿尔索普判决认为，谷歌所复制的 Java API 并不受版权保护，所有人都可免费使用。联邦巡回上诉法院推翻了这一看法，判决甲骨文公司胜诉，并责令初审法院恢复陪审团对谷歌对 37 个 Java API 侵权的认定。

欧玛利写道："我们发现初审地区法院未能在什么能享受版权保护这一门槛问题（这是最低门槛）以及构成侵权活动的行为的范围之间进行妥善区分"。

审理此案的联邦巡回上诉法院法官一致要求由阿尔索普对谷歌的行为是否应根据合理使用受到保护进行继续审理。

谷歌曾辩称，软件只应受到专利而非版权的保护。然而欧玛利表示，联邦巡回法院有义务尊重对软件的版权保护，"除非最高法院或国会告诉我们不要这样做"。

甲骨文公司法律总顾问多利安·戴利将此次判决称为"依赖版权保护促进创新"的行业的"胜利"。而谷歌则表示这设立了一个"有损计算机科学和软件发展的判决先例"，之后谷歌提请美国最高法院听审该案。

谷歌在抗辩中表示，当开发安卓系统时除了复制部分 Java 别无选择，因为现在 Java 非常流行并且程序员需要熟悉的 API 来编写 Java 程序。这种"功能性"的代码是不受美国版权法保护的。

甲骨文公司请求美国最高法院拒绝受理谷歌对其安卓版权案的上诉。在 2014 年 12 月 8 日提交的一份诉状移送令请愿书中，甲骨文公司称联邦巡回上诉法院判决谷歌侵犯其计算机源代码的判决不能被推翻。

甲骨文公司在法庭文件中写道："如果该搜索引擎公司成功上诉到最高法院，将放缓软件行业的创新和投资，并延缓后代软件的研发""如果其代码失去版权保护将会摧毁整个软件产业"。

甲骨文公司表示谷歌的侵权行为好似剽窃了一部著名小说每段文字的第一句、章节以及小标题，然后套用剩下的部分。

"巡回上诉法院只是认为上千行的原创并极富创意的源代码符合版权保护。这并不意味着每一个曾被称为'API''接口'或'数据文件格式'的内容都要受版权保护。它们中的许多都不具有足够的原创性。"

一场引发美国硅谷全程密切关注的案件由华盛顿美国联邦巡回上诉法院做出了裁决，认定甲骨文公司可对谷歌公司在设计其安卓智能手机操作系统时所使用的部分 Java 编程语言拥有版权。由此甲骨文公司击败谷歌，赢得了这场法律诉讼的胜利。

【阅读材料6-4】

山西省吕梁地区交口县蔡家沟煤矿"5.18"特大煤尘爆炸事故

2004年5月18日18时18分，山西省吕梁地区交口县蔡家沟煤矿井下维修硐室发生一起特大煤尘爆炸事故，造成33人死亡，直接经济损失293.3万元。

根据《煤矿安全监察条例》等有关法律法规的规定，相关部门成立了蔡家沟煤矿"5.18"煤尘爆炸事故调查组（以下简称事故调查组）。

事故调查组经过现场勘察、调查取证和技术分析，查清了事故原因，认定了事故性质和责任，提出了对有关责任人员的处理建议和防范措施。

矿井基本情况：

蔡家沟煤矿为村办集体煤矿，由蔡瑞明个人承包经营。事故发生前，该矿的采矿许可证、煤炭生产许可证、营业执照全部过期，且未经山西省人民政府有关部门批准擅自组织生产，属违法组织生产矿井。

该矿始建于1987年，1988年投产。矿井原设计生产能力2×10^4t/年，2000年6月矿井进行改扩建后，设计生产能力为6×10^4t/年。现在实际产量为每天300t左右。该矿现有职工92人，分两班作业。

该矿采用竖井、斜井开拓方式，矿井采煤方式为以掘代采，放炮落煤。井下布置有南北两个生产作业区域，分别布置了10个和9个掘进头。矿井通风方式为中央并列抽出式，矿井总入风量为780m³/min，总排风量为850m³/min。

矿井相对瓦斯涌出量为0.75m³/t，为低瓦斯矿井；煤尘爆炸指数为34.33%，具有爆炸危险性；煤层具有自燃倾向性。

该矿的"四证"情况为：采矿许可证有效期至2003年11月，煤炭生产许可证有效期至2000年6月30日，营业执照有效期至2003年3月22日。2003年4月，该矿矿长取得了矿长资格证书，有效期至2005年12月。

2001年山西省乡镇煤矿停产整顿验收时，该矿申请了验收，但山西省煤矿安全生产专项整顿工作领导组未予批准，一直处于待批状态。2003年11月，山西省煤矿安全生产专项整顿工作领导组办公室以晋煤整顿办函〔2003〕73号文件下发了《关于搞好待批乡镇煤矿复产验收工作的通知》，要求对待批矿井按新的验收标准重新组织验收。该矿虽上报了材料申请验收，但山西省煤矿安全生产专项整顿工作领导组办公室未予批准，仍为待批矿井。按照山西省人民政府晋政办发〔2003〕38号文件有关"没有参加专项整治验收和上报省整顿办未批准的矿井，坚决不准生产"的规定，该矿不得生产。

事故经过及抢救情况：

2004年5月18日18时18分，蔡家沟煤矿井下维修硐室发生爆炸事故，当时井下共有34人。18时40分，该矿向双池镇人民政府报告了事故情况。

吕梁地委、行署接到事故报告后，迅速组织汾西矿业集团公司救护大队、吕梁地区矿山救护大队和孝义市矿山救护中队赶赴事故现场进行抢救。20时50分，汾西矿业集团公司救护大队一个小队开始入井进行侦察，搜索遇险人员。5月19日0时40分，成功救出1名井底放煤工。

经过全体救护队员的奋力抢救，截至6月5日，33名遇难矿工尸体全部找到，抢救工作结束。

事故原因及性质：

直接原因： 蔡家沟煤矿煤尘具有爆炸危险性，但该矿不按规定采取防尘措施，井下生产运输过程中大量煤尘飞扬，致使井下维修硐室的煤尘达到爆炸浓度；工人违章在维修硐室焊接三轮车时产生的高温焊弧引爆煤尘。

间接原因：

第一，蔡家沟煤矿在采矿许可证、煤炭生产许可证及营业执照已过期且未经验收合格的情况下，违法组织生产。

第二，蔡家沟煤矿安全生产管理混乱。违反《安全生产法》和《煤矿安全规程》的规定，没有保证矿井防尘方面的资金投入，没有建立完善的矿井防尘供水系统，南、北煤库均未安设喷雾洒水装置，没有预防和隔绝煤尘爆炸的措施；也没有采取及时清除巷道中的浮煤、清扫或冲洗沉积煤尘、定期撒布岩粉等措施；井下布置了19个掘进头，通风系统紊乱，无法将矿尘稀释排出；工人违章长期在井下使用电焊机；在没有消除矿井存在的重大事故隐患的情况下，违章指挥工人进行生产。

第三，双池镇党委、人民政府及有关机构没有采取有效措施加强对待批矿井的管理。有关人员工作严重失职，镇党委书记（原镇长）三次到蔡家沟煤矿检查，未能发现该矿的违法生产问题；镇在该矿蹲点的干部未及时向有关负责人汇报该矿的违法生产问题，也没有采取措施予以制止；镇煤管站的有关人员在多次检查中发现该矿的违法生产问题，只采取了填写整改三定表、封绞车等措施，没有进一步采取措施制止该矿违法生产，也没有及时发现该矿存在的井下未采取洒水灭尘措施、工人违章在井下长期使用电焊机等重大事故隐患。

第四，交口县人民政府及有关部门对蔡家沟煤矿监管不力。县煤炭工业管理局多次发现该矿的违法生产问题，但没有采取有效措施予以制止；在对该矿派驻安全监察员时，将不能履行职责的人员聘任为驻矿安全监察员，使安全监察员的监督作用形同虚设。公安部门没有严格执行爆破器材的四级审批制度，在审批过程中把关不严，未能制止该矿私自购买炸药违法组织生产。交口县电力公司未落实上级有关要求，没有对蔡家沟煤矿采取停电措施。县人民政府对煤炭管理、公安等部门对待批煤矿监管不力的问题失察。

第五，吕梁地区煤炭工业局和吕梁煤炭安全纠察支队在对待批的蔡家沟煤矿进行检查时，只采取了封绞车、下整改等措施，未能采取有效措施制止该矿违法组织生产。

第六，吕梁地区行署对全区煤矿安全生产专项整治工作组织、领导不力，对地区煤炭工业局和吕梁煤炭安全纠察支队等有关职能部门对待批煤矿监管不力的问题失察。

事故性质：

经调查认定，蔡家沟煤矿"5.18"煤尘爆炸事故是一起责任事故。

防范措施：

第一，吕梁地区各级领导干部要全面落实《国务院关于进一步加强安全生产工作的决定》，并结合本地区的实际情况，研究提出搞好煤矿安全生产的具体措施和办法，尽快扭转全区煤矿重、特大事故频发的被动局面。

第二，吕梁地区行署和交口县人民政府要切实加强对待批矿井的管理。要按照国家及山西省人民政府的有关规定，对辖区内所有待批矿井限期进行停产整顿，并进行彻底的摸底排查，符合安全生产条件的，尽快验收并按有关程序上报省人民政府有关部门审批，经批准后方可恢复生产，未经批准的不得恢复生产。

第三，要强化对煤矿防尘工作的监管。监督煤矿建立完善的防尘供水系统，主要运输巷、掘进巷道、煤仓及溜煤眼口、装卸载点等地点必须安设防尘供水管路。开采有煤尘爆炸危险煤层的矿井，必须有预防和隔绝煤尘爆炸的措施，及时清除巷道中的浮煤，清扫和冲洗沉积煤尘，定期撒布岩粉和对主要大巷刷浆。

第四，加大对煤矿防火工作的监督检查力度。要监督煤矿建立井下防火制度，严禁在井下进行电焊、气焊和喷灯焊接工作，严禁携带烟火入井、使用灯泡取暖和使用电炉，坚决消灭井下明火、明电作业和失爆现象。

【阅读材料6-5】

重庆女医生擅自到灾区救灾被医院辞退

在医院没有批准的情况下，女医生前往四川灾区做医护志愿者，回来后被单位通知办理离职手续。昨日，女医生娄继英表示，她将在与律师协商后，提起劳动仲裁。

娄继英原来是重庆市某医院住院部的助理医师，她告诉记者，汶川特大地震发生后，她主动请缨到灾区去服务，但一直没得到领导批准。5月19日，她毅然与另外3名得到批准的同事及其他志愿者奔赴四川什邡灾区。在接下来的三天时间里，懂得外科包扎和缝合的她，与同事一起帮助受伤群众。然而，当她回到重庆后，却被医院告知，由于她连续旷工3日，医院为严肃劳动纪律，决定对其按自动离职处理。

"批评、扣工资我都愿意接受，就是没想到让我办离职手续。"娄继英感到很委屈。昨日，她与律师一起来到医院，要求医院撤销决定。

"作为医生，擅自丢下病人，不管去干什么，都有违职业道德。"医院院长表示，娄继英去灾区的当天，该院接到区卫生局通知，要求他们派车去接送从灾区转运来渝的伤员。由于人手紧张，医务科长再次强调不准娄继英去灾区。然而，作为住院部助理医师的娄继英，在还有二十几名病人住院、第二天还有两个手术的情况下，擅自离开医院。

"医生与其他职业不同，你的工作是关系到其他病人的安危的。"医院医务科长说。院长表示，娄继英没有经过任何医院领导的同意，擅自离岗，连续旷工三天，医院才决定按照人事管理制度规定，对其按自动离职处理。

重庆市江北区卫生局医政科的一位李姓工作人员称，卫生局曾对双方进行协调，但医院态度坚决，卫生局又无权利直接干涉医院的人事管理，因此，她认为娄继英只能通过劳动仲裁等途径解决问题。

律师认为，娄继英想为灾区群众服务的想法是值得肯定的，但她没有经过单位批准而擅自离岗，这个行为却是不正确的。我国《企业职工奖惩条例》规定，企业在作出除名决定前，应先对职工进行批评教育，批评教育无效的，单位才可以按照本单位规章制度，作出解除劳动合同的规定。但这些规章制度须是通过民主程序制订、向劳动者公示过、符合法律规定的规章制度。如果医院在对娄继英进行批评教育无效之后，依照上述规章制度作出自动离职处分，那么是无可厚非的。

习题与思考题

6-1 什么是知识产权？

6-2 知识产权有哪两种类型？

6-3 知识产权权益包含哪两部分？

6-4 工业产权包括哪些？